Pr

全国信息化工程师—NACG数字艺术人才培养工程指定教材

高等院校数字媒体专业"十二五"规划教材

Premiere影视剪辑项目制作教程

(第二版)

主　编　武　虹

副主编　陶立阳　冯　艳

李光洁　方宝铃

上海交通大学出版社

内 容 提 要

本书全部采用一线实例讲解 Adobe Premiere 的基础知识和项目制作，介绍软件的工作环境、节目的剪辑、转场的添加、滤镜的应用、影片的叠加、运动效果的创建、字幕的制作、栏目剪辑实例、影视剪辑实例，最后提供综合性强的实例，涉及动画设置、运动设置、影像组合模式、集成声音与动画、集成与输出等内容。

本书主要面向影视编辑用户，适合初、中级读者学习使用，也供从事多媒体设计、影像处理从业人员自学参考，同时还可以作为大中专院校相关专业、相关计算机培训班的教学用书。

图书在版编目(CIP)数据

Premiere影视剪辑项目制作教程/武虹主编. —2版. 上海：上海交通大学出版社，2015(2016重印)

高等院校数字媒体专业“十二五”规划教材　全国信息化工程师 NACG 数字艺术人才培养工程指定教材

ISBN 978-7-313-08267-1

Ⅰ. ①P…　Ⅱ. ①武…　Ⅲ. ①视频编辑软件-高等学校-教材　Ⅳ. ①TN94

中国版本图书馆 CIP 数据核字(2012)第 154484 号

Premiere影视剪辑项目制作教程

(第二版)

武　虹　主编

上海交通大学 出版社出版发行

(上海市番禺路 951 号　邮政编码 200030)

电话：64071208　出版人：韩建民

上海锦佳印刷有限公司 印刷　全国新华书店经销

开本：787mm×1092mm　1/16　印张：18　字数：462 千字

2012 年 7 月第 1 版　2015 年 7 月第 2 版　2016 年 9 月第 4 次印刷

ISBN 978-7-313-08267-1/TN　定价：63.00 元

全国信息化工程师—NACG数字艺术人才培养工程指定教材

高等院校数字媒体专业“十二五”规划教材

编写委员会

本书编写人员名单

主　编　武　虹

副主编　陶立阳　冯　艳　李光洁　方宝铃

参　编　余　刚　吴　丹　杨昌洪

序

数字媒体产业在改变人们工作、生活、娱乐方式的同时，也在新技术的推动下迅猛发展，成为经济大国的重要支柱产业之一。包括传统意义的互联网及眼下方兴未艾的移动互联网，无不催生数字内容产业的高速发展。我国人口众多，当前又处在国家战略转型时期，国家对于文化产业的高度重视，使我们有理由预见在全球舞台上，我们必将成为不可忽视的重要力量。

在国家政策支持的大环境下，国内涌现了一大批动漫、游戏、后期制作等专业公司，其中不乏佼佼者。同时国内很多院校也纷纷开设了动画学院、传媒学院、数字艺术学院等新型专业。工作中我接触到许许多多动漫企业和学校，包括美国、欧洲、日韩的企业。很多企业都被人才队伍的建设与培养所困扰，他们不但缺乏从事基础工作的员工，高级别的设计师更是匮乏。而相反部分学校的学生毕业时却不能很好地就业。

作为业内的一份子，我深感责任重大。我长期以来思考以上现象，也经常与一些政府主管部门领导、国内外的企业领导、院校负责人探讨此话题。要改变这一现象，需要政府部门的政策扶持、企业单位的参与以及学校的教学投入，需要所有业内有识之士的共同努力。

我欣喜地发现，部分学校已经按照教育部的要求开展校企合作，引入企业的技术骨干担任专业课的教师，通过“帮、带、传”培养了学校自己的教学队伍，同时积累了丰富的项目化教学经验与资源。在有关部门的鼓励下，在热心企业的支持下，在众多学校的参与下，我们成立编委会，组织编写该项目化教材，希望把成功的经验与大家分享。相信这对于我国数字艺术的教学改革有着积极的推动作用，为培养我国高级数字艺术技能人才打下基础。

最后受编委会委托，向给予编委会支持的领导、企业界人士和编写人员表示深深的感谢。

朱梅??

2012年5月

前 言

当数字化技术介入媒体之后，新的媒体形式开始打破传统媒体的界限，出现了电影、激光视盘、交互多媒体、网络等传播方式，它们以相融的方式并存着。新型媒体对于人们审美体验方式的改变是巨大而深刻的，而掌握一门与此相关的技术对于此行业的从业人员来说是必不可少的。

Premiere Pro CS4 是 Adobe 公司推出的最新版本的视频编辑软件，它在继承了前版本特效滤镜功能强大、界面操作简便、兼容多影片格式等优点的基础上，加强了操作的简便性，已经被广泛应用到数码处理、相册制作、影视编辑、影视特效等领域，并得到了广大视频编辑者的肯定，是目前最优秀的视频编辑软件之一。

本书在体例上进行了创新，以左右分栏的形式，对知识的讲解有清晰的划分。其中，左栏包含软件相关知识点及实例操作过程中涉及的问题，右栏是实例制作步骤的详解。读者在阅读时，可根据对知识性质的需求进行选择性阅读。这种体例的编排会使阅读更具有针对性与趣味性。全书共包含 16 章，即 16 个经典实例操作，涉及 Premiere Pro CS4 在编辑合成、字幕制作、片头设计、电子相册及专题片制作等诸多领域的应用。

本书共 68 学时，建议学时分配如下：

章 节	课时	章 节	课时
第 1 章 趣味图片	3	第 10 章 画轴展开效果	4
第 2 章 春天	2	第 11 章 画中画效果	4
第 3 章 原始素材的处理	6	第 12 章 水波倒影效果	4
第 4 章 制作移动电视墙	4	第 13 章 短片“动物世界”	5
第 5 章 制作滚动字幕	4	第 14 章 新年倒计时	6
第 6 章 打字机效果	4	第 15 章 栏目片头介绍	6
第 7 章 汉字书法特效	4	第 16 章 “浪漫一生”婚礼纪念册	8
第 8 章 时间倒流特效	2	合 计	68
第 9 章 运动的时钟	2		

本书配有多媒体课件，包含了全部实例的制作过程演示和素材。读者使用多媒体课件，配合本书的讲解可以达到事半功倍的效果。多媒体课件可以在以下地址下载：www.jiaodapress.com.cn，www.nacg.org.cn。

本书图文并茂，可作为职业院校影视及电脑动漫专业的相关课程教学用书，也可以作为培训机构的培训用书，还可作为影视广告设计人员、影视剪辑与节目包装人员、摄影爱好者的参考用书。

由于时间仓促，加之编者水平和从事工作的经验有限，书中存在的错误和不当之处，敬请广大读者批评指正。

作 者

2012 年 5 月

CONTENTS 目录

CONTENTS 目录

1 趣味图片

本课学习时间：3课时

学习目标：熟悉 Premiere CS4 界面的设置，能进行基本操作

教学重点：对制式及创建新文件各属性进行认识

教学难点：管理素材，对各轨道进行管理

讲授内容：创建新文件，修改素材持续时间，调整素材在时间上的先后组合，导入音频，输出影片

课程范例文件：\ chapter1\final \趣味图片.proj

案例　趣味图片

本章课程总览

在使用 Premiere Pro CS4 进行视频编辑之前，首先需要了解影视编辑制作的流程，便于在今后的学习或工作中有一个清晰的思路。本实例主要对影片中的运动效果进行讲解。通过实例的学习，带领读者逐步掌握 Premiere Pro CS4 在视频编辑上的各种方法及技巧。同时，也向读者介绍了一些运动效果编辑的常识，使读者的实际制作奠定良好的基础。

使用Premiere Pro CS4进行视频编辑，除了要求有良好的设计思路外，更重要的是对软件功能和编辑流程的熟练掌握。通过本实例的学习，读者可以了解如何在Premiere Pro CS4中逐步制作出完整视频影片的工作流程。

知识点提示

作为日益被广泛应用与认可的影视编辑软件，Premiere Pro CS4在非线性编辑领域占据了越来越重要的地位。在进行正式学习之前首先对线性编辑与非线性编辑的概念作一个简单的了解。

线性编辑

线性编辑是一种较为传统的影视编辑手段，它利用磁带作为介质。线性编辑是按照信息记录的顺序从磁带中提取视频数据，同时在另一个录像重新排放这些数据。所以，线性编辑需要较多的外部设备，如放像机、录像机、特技发生器、字幕机、工作程序十分复杂。随着非线性编辑的应用，线性编辑已逐渐退出了历史舞台。

非线性编辑

非线性编辑是相对于线性编辑来说的。相对来说非线性编辑显得简单得多了，它几乎集所有的硬件设备为一体，运用非线编辑器就可实现素材的采、编、特效、输出等处理。这种高度的集成性与操作的简易性，使得非线性编辑已经成为当今一种主流的编辑手段，被广泛地应用于电视片头、宣传片、大型文艺节目等的制作当中。

01.

单击Premiere Pro CS4的快捷方式Pr，我们即可打开Premiere Pro CS4应用程序，进入欢迎窗口，如图1-1所示。

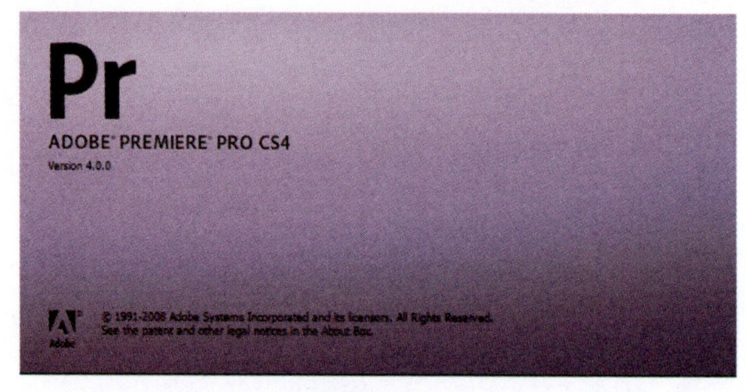

图1-1

程序会提示选择新建或者打开一个项目文件，也可以通过Recent Project列表打开最近编辑的几个视频项目文件，如图1-2所示。

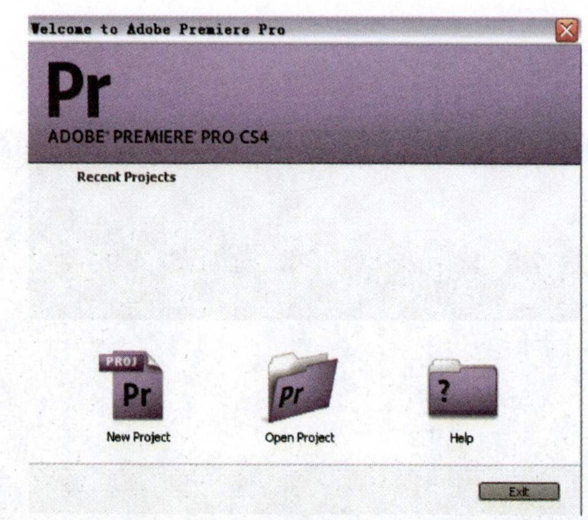

图1-2

02.

单击New Project选项，将自动弹出对话框，如图1-3所示。在该对话框中可以对新建项目的参数进行设置，包括图像与文字安全区域、视频、音频等选项。

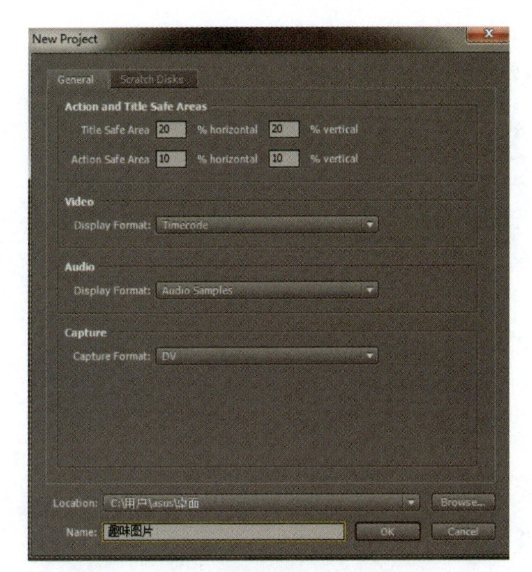

图 1-3

单击右下方的 Browse 按钮可对文件存储路径进行指定，在 Sequence name 选项中可对文件进行命名。本实例将其命名为“趣味图片”。

单击 OK 按钮，在弹出 New Sequence 对话框中可对新建文件进行更精确的设置，如图 1-4 所示。

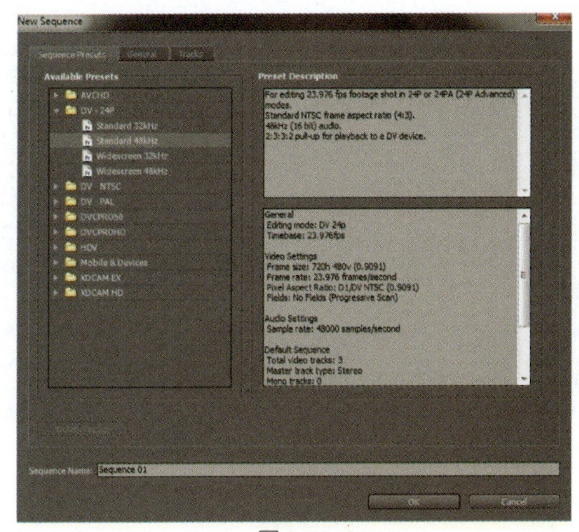

图 1-4

本实例，我们在 Sequence Presets 面板中选择 DV-PAL 中的第二项 standard 48 kHz 选项，相应在右边面板中对选项所涉及的详细信息进行描述，如 General、Video settings、Audio settings、Default sequence 等。

单击 General 面板，确定 Timebase 选项中的速率为 25frames/second，在 Video 选项组的 Frame size 文本框中设置屏幕的尺寸为 720×576，如图 1-5 所示。

操 作 提 示

Premiere Pro CS4 与以前的版本在创建新文件时略有不同。在 General 面板中可以对图像与文字的安全区域进行设定。

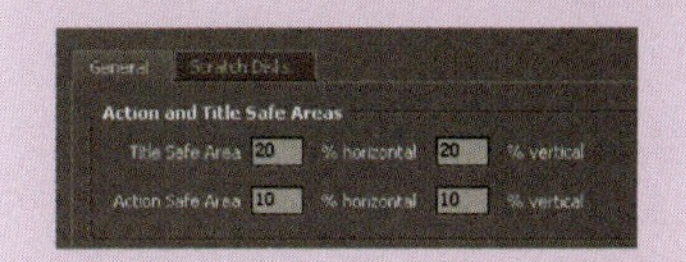

给素材添加转场

素材间的转场，要求两个素材间有重叠的部分，否则就不会同时显示，这些重叠的部分就是前一个素材出点与后一个素材入点相接的部分。

将需要添加的转场特效直接拖动到 Timeline 窗口中两个素材的连接处。

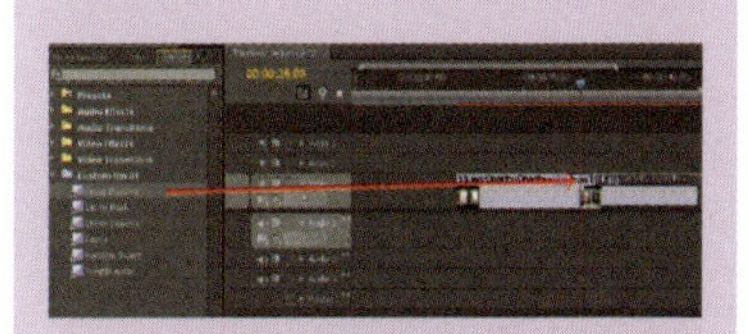

效果如下图所示。

知识点提示

电视制式

NTSC 和 PAL 是全球两大主要的电视广播制式。

1. NTSC

NTSC 是 National Television System Committee 的缩写，其制式主要应用于日本、美国、加拿大、墨西哥等。

2. PAL

PAL 是 Phase Alternating Line（逐行倒相）的缩写，英国、新加坡、中国、澳大利亚、新西兰等国采用这种制式。

PAL 制式又分为 PAL B/G，PAL I，PAL D/K 等标准，我国普遍采用 PAL－D 电视模式。

标准的数字化 PAL－D 电视标准分辨率为 720×576，24 bit（字节）的色彩位深，25 fps，画面的宽高比为 4∶3。

Premiere Pro CS4 操作界面

Premiere Pro CS4 的操作界面与以前版本相比并没有很大的改变，大致可以把界面分成五个部分：

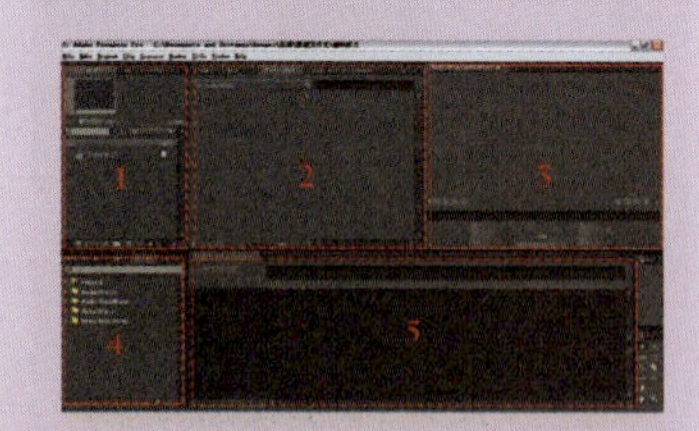

1. Project（项目管理窗口）

在此区域可以对导入的素材进行管理及对素材在项目窗口的显示方式进行选择。

2. Source\Effect Controls（素材与效果控制窗口）

在此区域可以对导入的素材

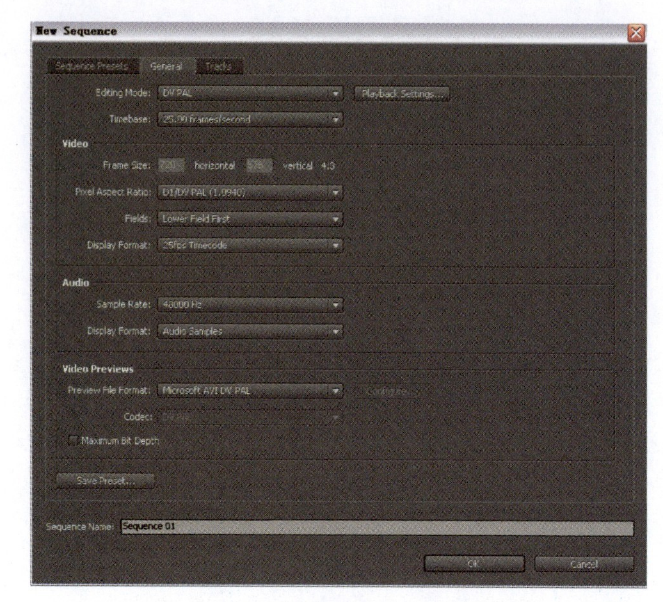

图 1－5

单击 Tracks 面板，确定视屏轨道与音频轨道的数量是否需要增减。本实例采用默认数值。

设置完成后，单击 OK 按钮，即可进入视频编辑模式的工作界面，见图 1－6。

图 1－6

03.

将所需要的素材添加到创建的窗口里，是进行视频编辑的第一步工作。具体操作如下：

在 Project 窗口的空白处双击，打开“导入文件”窗口，选择素材文件“chapter1 \media\小别针 01”～“小别针 04”，单击“打开”按钮，将素材导入到 Project 窗口中，如图 1－7 所示。

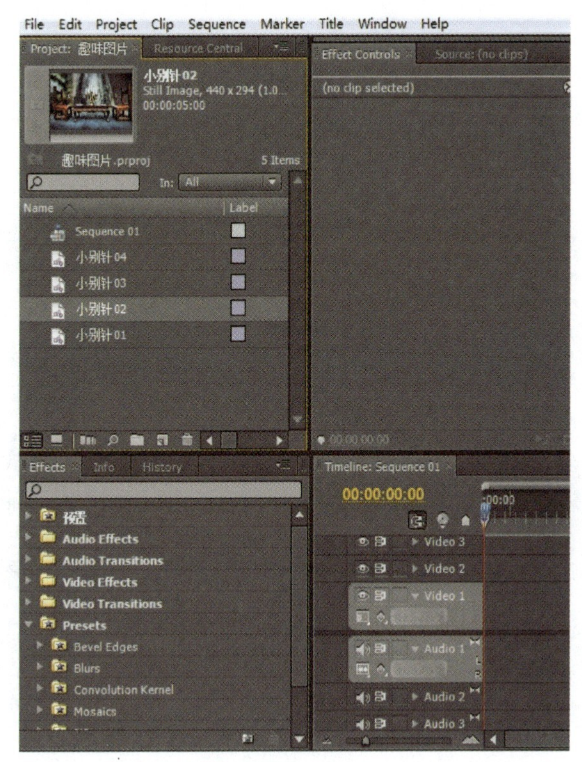

图 1-7

04.

将 Project 窗口的图片素材“小别针 01”拖到 Timeline 窗口中的视频轨道 Video 1 上，使素材的入点在 00:00:00:00 的位置上，如图 1-8 所示。

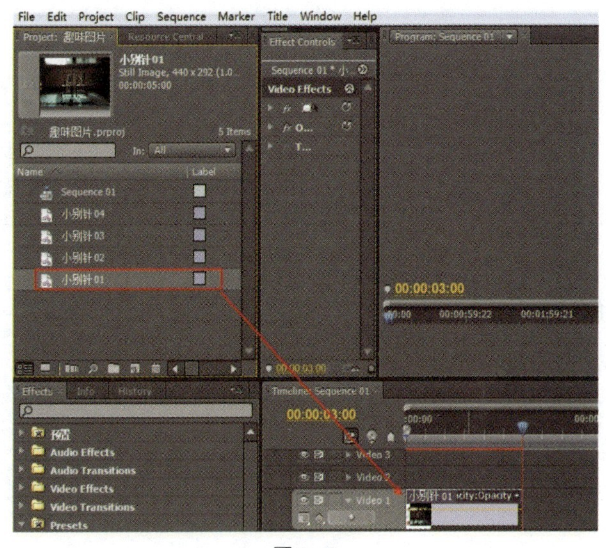

图 1-8

进行预览及进行初步的筛选，并可以对特效关键帧进行设定并调整。

3. Program（节目监视器窗口）

在此区域可以对素材进行编辑及预览。

4. 功能面板

在此区域涵盖了视频、音频特效面板、历史记录面板、信息面板等。

5. Timeline（时间线窗口）

对影片进行剪辑与编辑的重要区域。

Project 窗口

Project 窗口可以分为以下三大部分：

（1）素材的缩略图。

（2）Project 窗口的工作区域：在此区域可以对序列线及素材进行管理。

（3）在区域 3 内可对素材的排列方式进行选择、新建与清除操作。

：列表视图方式。

：图标视图方式。

：自动匹配到序列。

：查找。

：容器。

：新建分类。

：清除。

导入文件的方式

方法一：通过菜单栏下的 File→Import...打开导入对话框，找到素材存储的路径，单击打开即可。

方法二：按〈Ctrl〉+〈I〉快捷键打开导入对话框，找到素材存储的路径，单击"打开"按钮即可。

方法三：双击项目面板的空白区域打开导入对话框，找到素材存储的路径，单击打开即可。

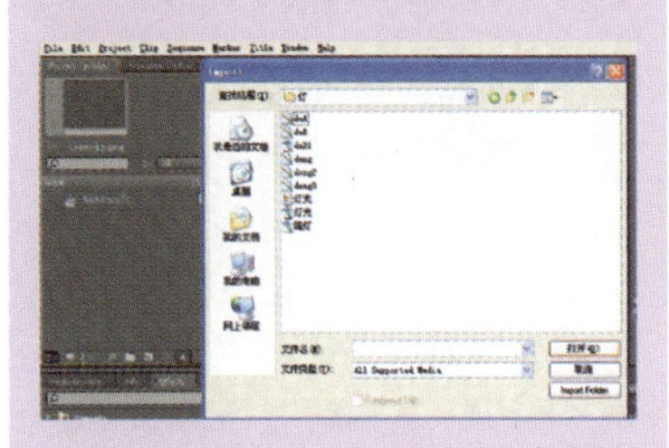

操 作 提 示

在导入文件对话框中，可以根据需要选择不同的导入方式。

Import Folder(导入文件夹)

可以将文件夹当中的素材同时导入，不仅可以一次性导入多张素材，同时可以在 Project 窗口方便地管理素材。

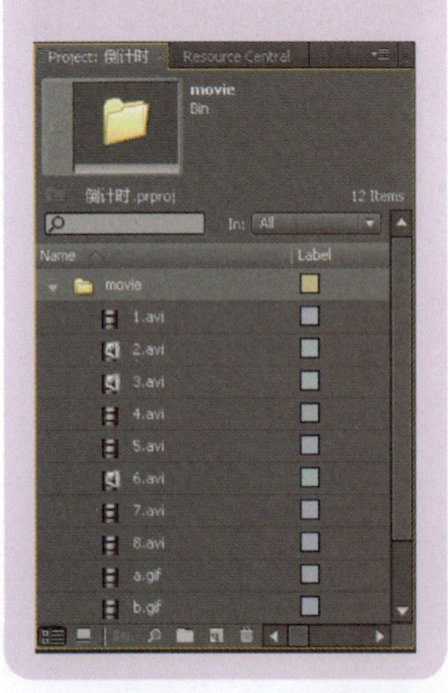

05.

在 00:00:03:00 的位置上将素材"小别针 02"拖动到时间线上的 Video 1 轨道上，如图 1-9 所示。

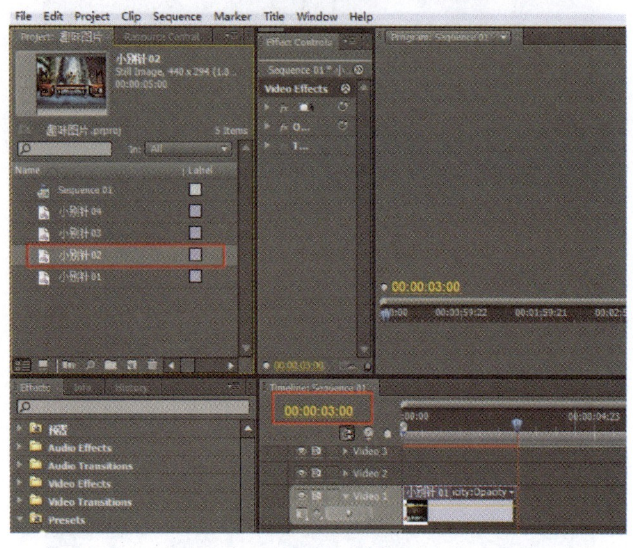

图 1-9

06.

用同样的方法把素材图片素材"小别针 03"、"小别针 04"也添加进 Video 1 轨道上，每张图片在轨道上持续的时间都为 3 秒，如图 1-10 所示。

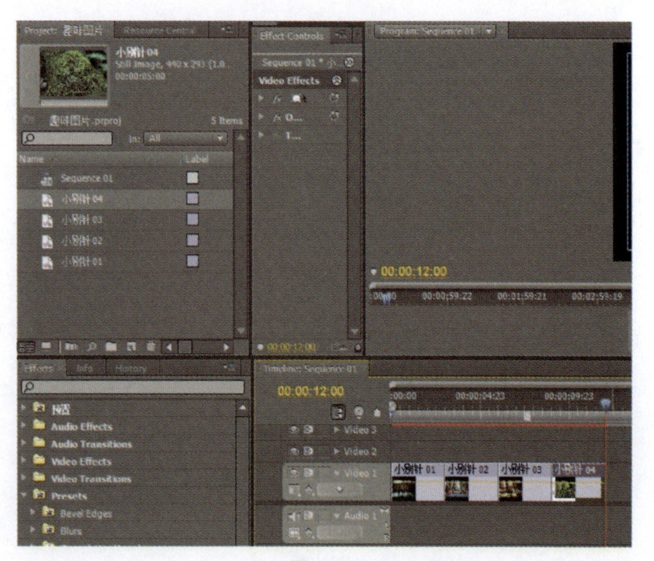

图 1-10

07.

导入素材文件“趣味图片.psd”，打开如图 1－11 所示的对话框，采用 Merge All Layers（拼合图层）的方式导入图片素材。单击 OK 按钮。

图 1－11

把导入的图片拖移到 Timeline 窗口中的 Video 2 轨道上，如图 1－12 所示。

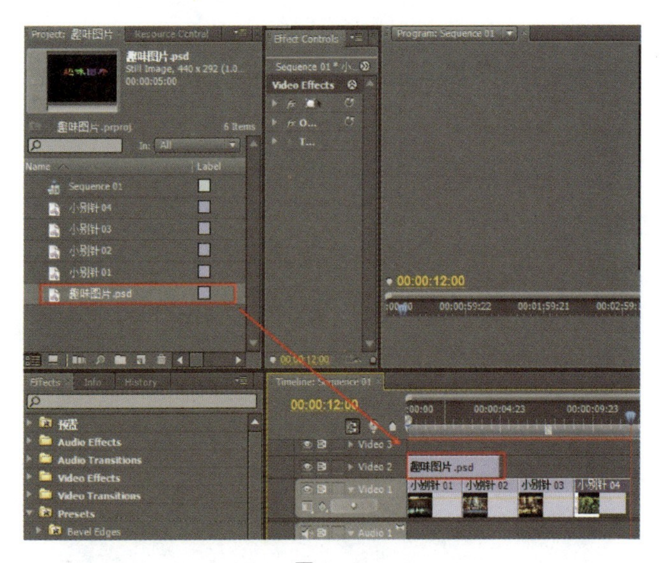

图 1－12

选中 Video 2 轨道上的素材，单击鼠标右键，在弹出的命令菜单中选择 Speed/Duration 命令，如图 1－13 所示。

Numbered Stills（静帧序列）

勾选此选项，会输入整个图像序列。

在 Project 窗口中以一个序列名称命名。

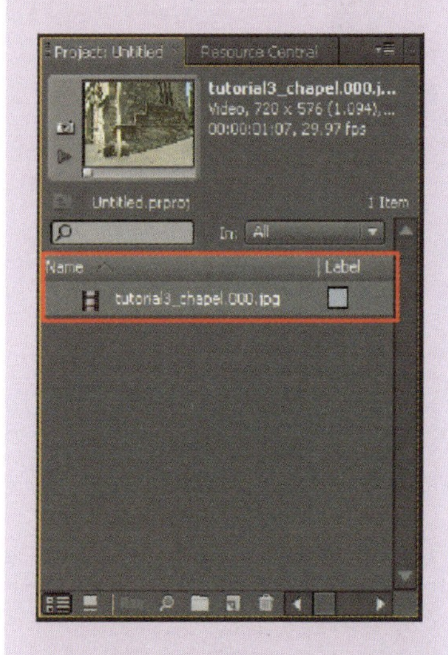

在实际的操作过程中，可能会对面板进行自由的组合或根据个人的操作习惯进行改变。方法十分简单，用鼠标左键选中要移动的面板，然后拖动到想要的区域，释放鼠标即完成操作。

如果要回到默认的面板。可以进行如下操作：

单击菜单栏中的“Window”→“Workspace”→“Reset Current Workspace...”，即可把窗口恢复到默认设置。

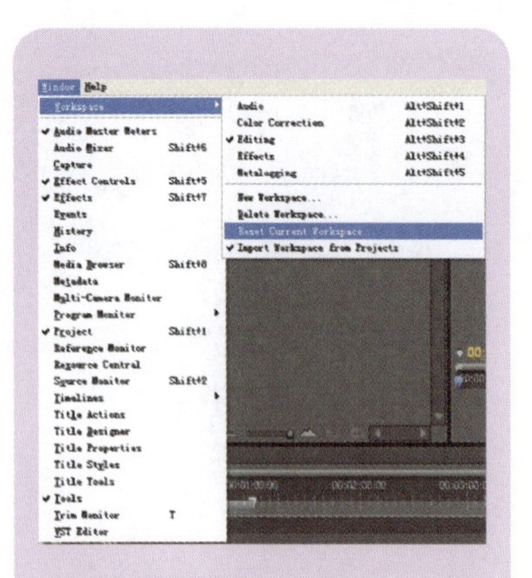

重命名素材的方法

项目面板中的素材导入后，可进行重命名的处理。

方法一：选中项目面板中的素材单击右键，选择 Rename 命令即可对素材进行重命名处理。

方法二：用鼠标左键选中素材，当素材名称周边出现一个小方框时，即可对素材的名称进行重命名处理，如下图所示。

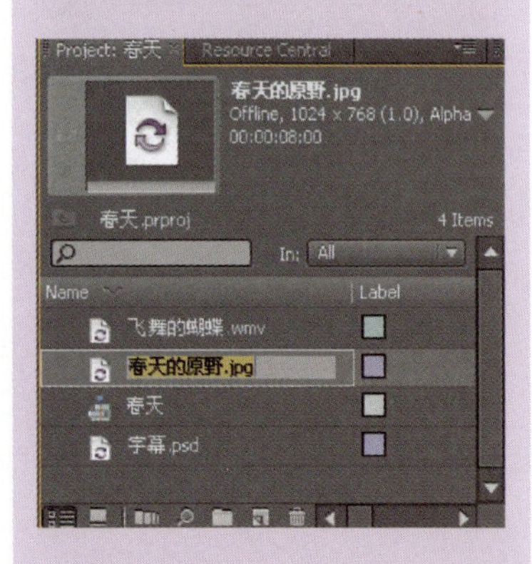

知 识 点 提 示

Photoshop 的图片文件在 Premiere Pro CS4 中是使用频率高的一类文件。作为 PS 的默认格式 PSD 文件在进行导入时有两种方式。

1. Merge All Layers

合并所有的图层。用此种方

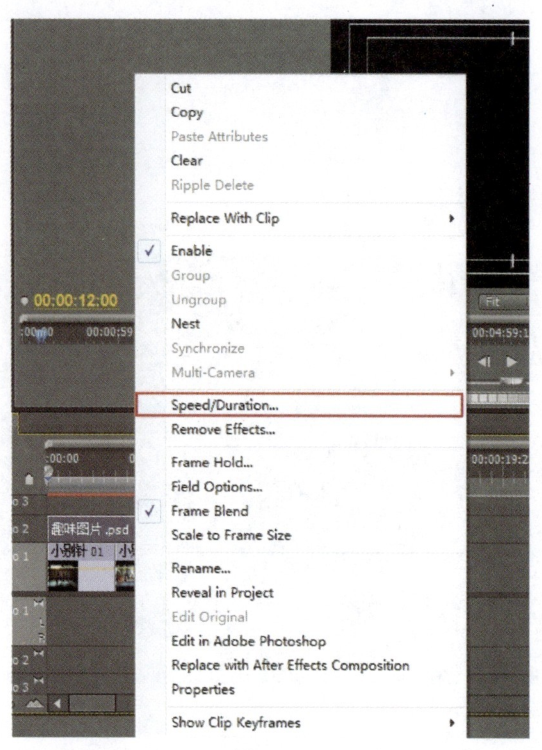

图 1-13

在打开的对话框中根据 Video 1 中素材的长度将 Video 2 的素材长度改为 00:00:12:00，如图 1-14 所示。表示该素材的持续时间修改为 12 秒，可以使该图像在加入到时间线后在画面中持续 12 秒钟。

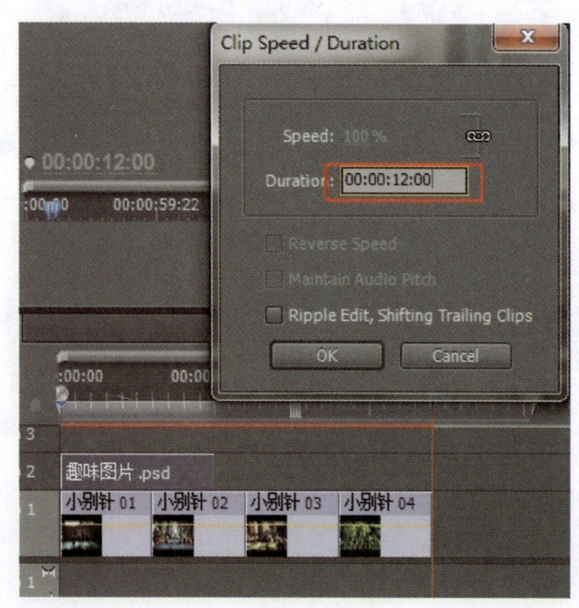

图 1-14

先选中 Video 2 轨道，将时间指针向前移动一些，再单击 Program(监视器)窗口，拖动图片的变换点，适当调整图片在视频中的位置和大小，这样在进行图片浏览时，视频的左上角都有“趣味图片”视频说明文字，如图 1－15 所示。

图 1－15

08.

在编辑好视频素材后，需要为影片添加音频效果，使影片的内容表现更加完善。将音频素材文件“chapter1\media\花火. wma”导入到 Project 窗口中，并拖动到 Audio1 轨道上，将其放置在开始位置，即 00:00:00:00，如图 1－16 所示。

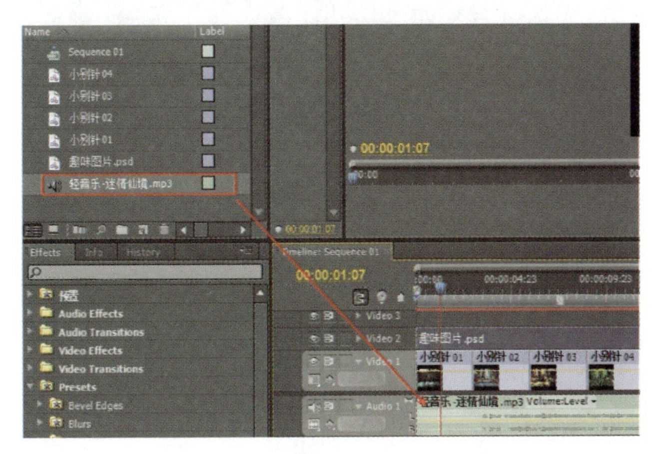

图 1－16

式导入，将把 PSD 文件中的图层进行合并。

2. Individual Layers

对 PSD 图像文件选择分层导入的形式，导入的文件将保留原有 PSD 文件的图层信息。在项目面板中将被放入到 Picture 文件夹当中，里面有所有的图层信息。

在 Premiere Pro CS4 中可使用的素材类型很多，以下是可用的素材类型：

视频文件：AVI、MOV 和 WMV。

音频文件：WAV 和 MP3。

图像文件：BMP、JPG、PNG、TIF、TGA、PSD、AI 等。

操 作 提 示

默认视频转场的使用方法

使用“应用视频切换效果”(Apply Video Transition)可以在素材之间立即使用默认的切换效果。

方法一：将时间指针放置在素材的连接位置。选择菜单栏中的 Sepuence→Apply Video Transition 即可实现。

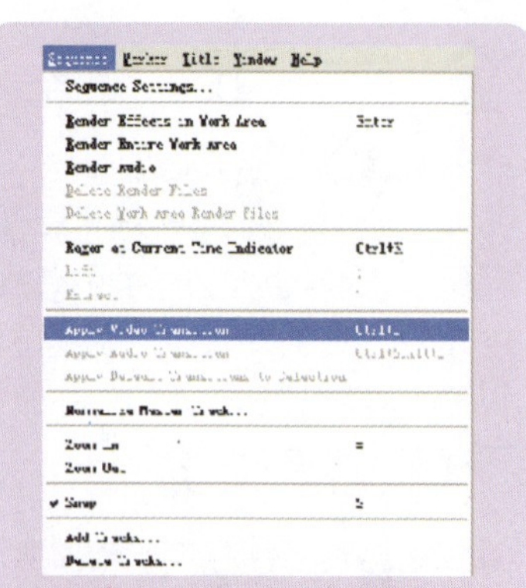

方法二：直接应用热键〈Ctrl〉+〈D〉，即可为视频连接添加 Apply Video Transition（应用视频切换）效果。

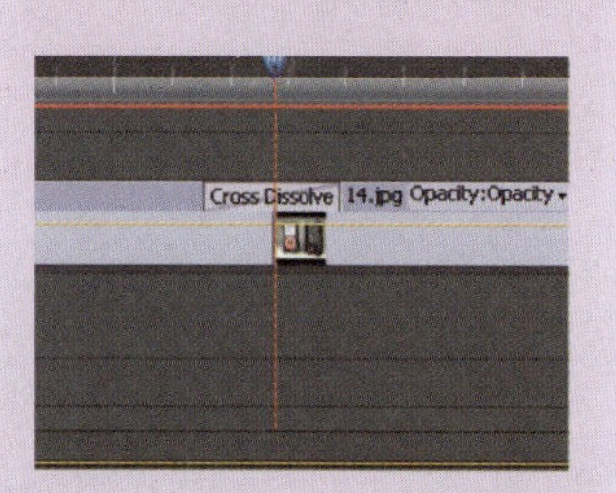

在默认的状态下，Premiere 会使用“叠化”（Cross Dissolve）作为视频默认切换。

默认音频转场的使用方法

方法一：将时间指针放置在音频素材的连接位置。选择菜单栏中的 Sequence → Apply Audio Transition 即可实现。

使用 Apply Audio Transition 命令可以在素材之间立即产生默认的音频切换效果。

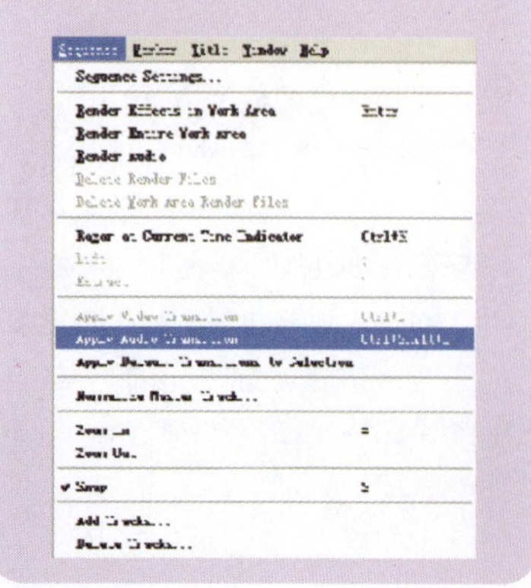

09.

在完成了以上所有的步骤之后，我们需要把制作的第一个实例输出成影片。选择 File→Export→Media...命令，弹出如图 1－17 所示对话框。

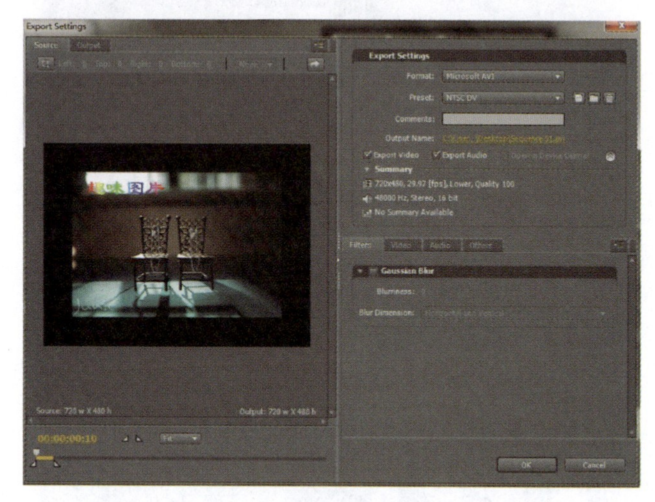

图 1－17

10.

在对话框中我们对输出的影片进行设置。选择 Format 选项，在下拉列表中选择 Microsoft Avi 选项，在 Preset 中选择 PAL DV，在 Output Name 中队输出文件进行命名，并指定存储的路径，如图 1－18 所示。

图 1－18

在右下角选择 Video 面板，确定是否为 PAL DV 制式。

11.

选择 Audio 面板，设置 Sample Rate 为 44 100 Hz，其他选项保持不变，如图 1－19 所示。

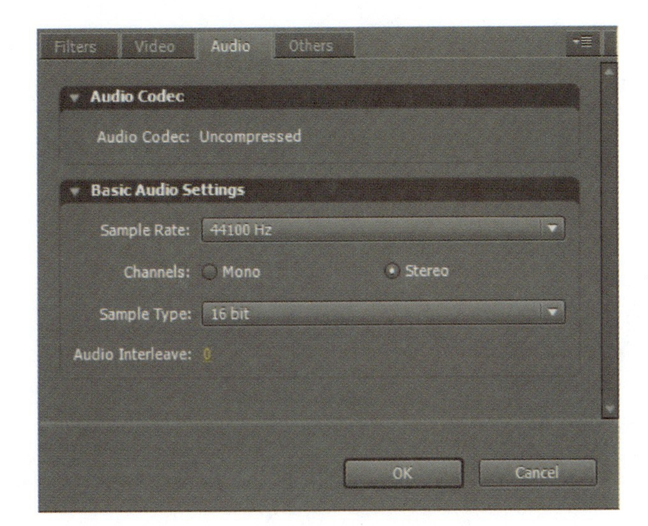

图 1－19

12.

单击 OK 按钮，在弹出的 Export movie 对话框中选择好保存的路径，然后单击“保存”按钮，便可以在打开的 Rendering 对话框中看到输出影片的过程了。如图 1－20 所示。

图 1－20

方法二：直接应用热键〈Ctrl〉＋〈Shift〉＋〈D〉，即可为音频连接添加上 Apply Audio Transition（应用视频切换）效果。

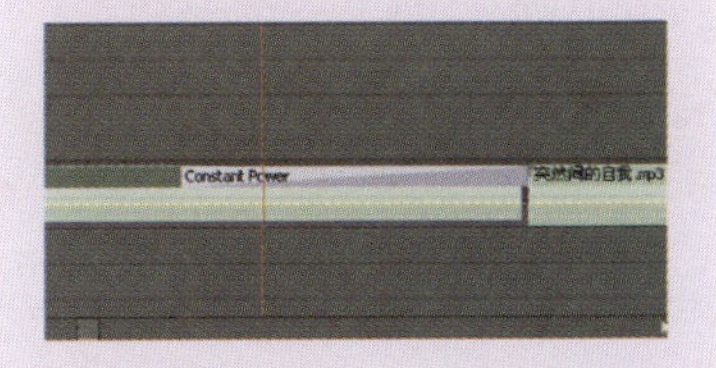

音频的默认切换是“恒定放大”（Constant Power）。

视频转场效果自身带有参数设置，通过更改设置就可以实现转场特效的变化。

双击添加在两个素材之间的转场特效，将出现下图所示的界面。

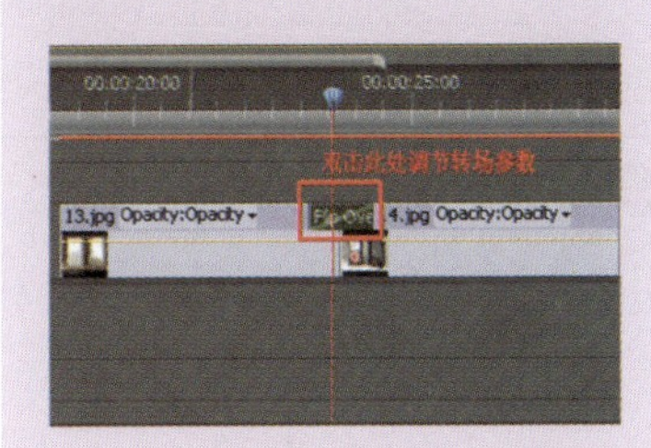

打开 Effect Controls（特效控制）窗口，选择已经应用的转换效果，相关的参数设置就会出现在其中，如下图所示。

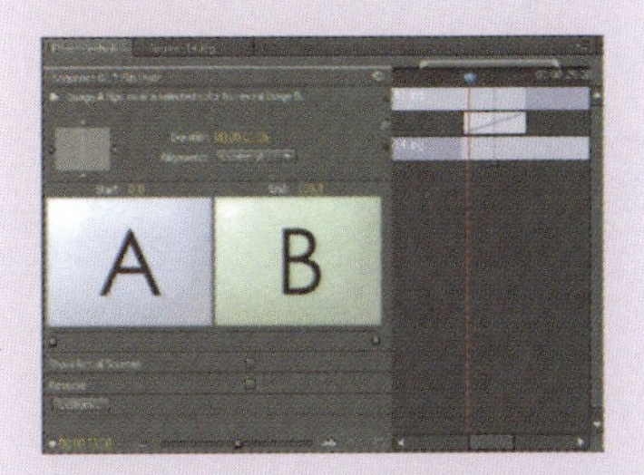

转场参数设置窗口的右侧，以轨道分布的形式显示了两个素材相互重合的程度以及转场的持续时间。

本章小结

本章是全书的开篇，将引导读者进入 Premiere Pro CS4 的影音世界。实例一将带领大家循序渐进地掌握软件的面板设置与相关的基本知识、操作方法和使用步骤，对其中涉及的一些知识点，如电视制式、图片文件的导入等进行了专门的提炼讲解，读者在跟做学习的同时也需要对本章知识点进行消化理解，才能起到事半功倍的效果。

课后练习

1. 全球主要的两大电视制式是________。
   A. PAL
   B. NTSC
   C. NTCS
   D. PLA
2. 简要说明线性编辑与非线性编辑之间的区别。
3. 什么样的操作可以使组合后的窗口面板恢复到默认的设置？

2 春 天

本课学习时间：2 课时

学习目标：通过本实例的学习可以对 Premiere CS4 当中的关键帧设置进行初步的认识与了解及协调应用

教学重点：位移关键帧的设置

教学难点：位移关键帧与大小关键帧设置

讲授内容：Speed/Duration 命令，关键帧动画基本参数（Scale 比例、Position 位置、Rotation 旋转、Opacity 透明度）

课程范例文件：\chapter2\final\春天.proj

本章课程总览

静态的图片素材通过 Premiere 当中的一些关键帧的基本参数的设置，可以实现简单的动画效果。本实例通过对蜜蜂素材的位置、比例、旋转等参数的设置，实现蜜蜂采花蜜的效果。

案例 春天

知 识 点 提 示

非线性编辑流程

任何非线性编辑的工作流程，我们都可以把它们大体地划归为采集素材、编辑素材、输出成片三部分。更具体地，可以分为以下五步：

第一步：素材采集与导入

采集就是利用 Premiere 将模拟视频、音频信号转换成数字信号存储到计算机中，或者将外部的数字视频存储到计算机中，成为可以处理的素材。导入主要是将在其他软件中处理过的图像或是音频素材置入到 Premiere 中，为下一步编辑做好准备。

第二步：素材编辑

对采集的素材进行处理包括挑选可用的片断、设置素材的出点与入点。也可在 Timeline 上利用软件中的剪辑工具进行编辑处理，并放在时间上合适的位置。

第三步：特效处理

对于导入的视频素材，特效处理包括转场、特效、合成叠加。对于音频素材，特技处理包括转场、特效。令人震撼的画面效果，就是在这一过程中产生的。而非线性编辑软件功能的强弱，往往也是体现在这方面。配合某些硬件，Premiere Pro 还能够实现特技播放。

01.

启动 Premiere Pro CS4，单击 New Project，创建一个新的项目文件，如图 2-1 所示。

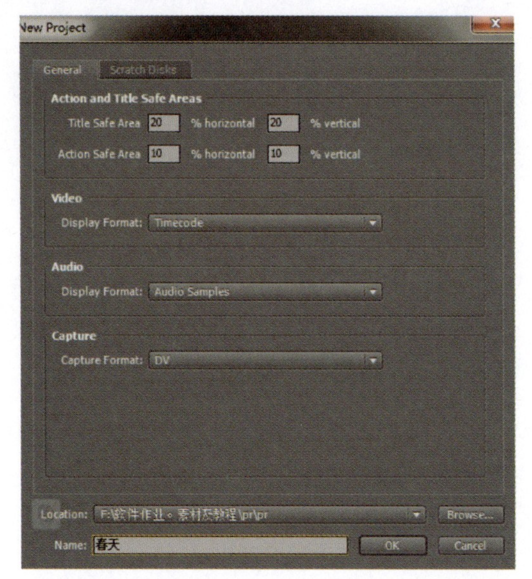

图2-1

02.

在 New Project 对话框中，选择 Sequence Presets 面板中 DV-PAL 中的第二项 Standard 48kHz 选项，并在 Sequence Name 栏中为项目命名为“春天”，单击 OK 按钮，如图 2-2 所示。

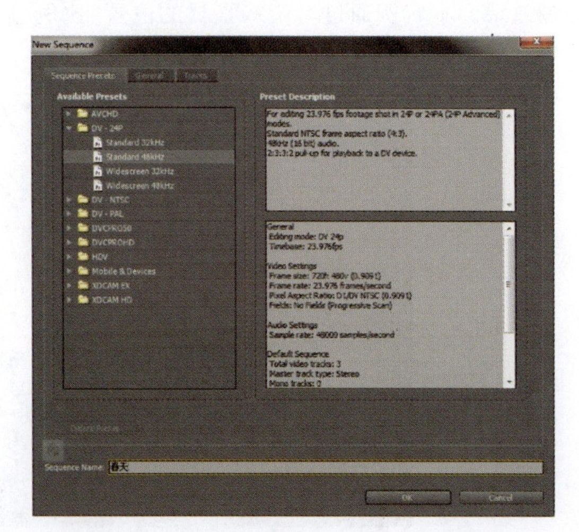

图2-2

单击 General 面板，确定 Timebase 选项中的速率为 25frames/second，在 Video 选项组的 Frame size 文本框中设置屏幕的尺寸为 720×576，如图 2－3 所示。

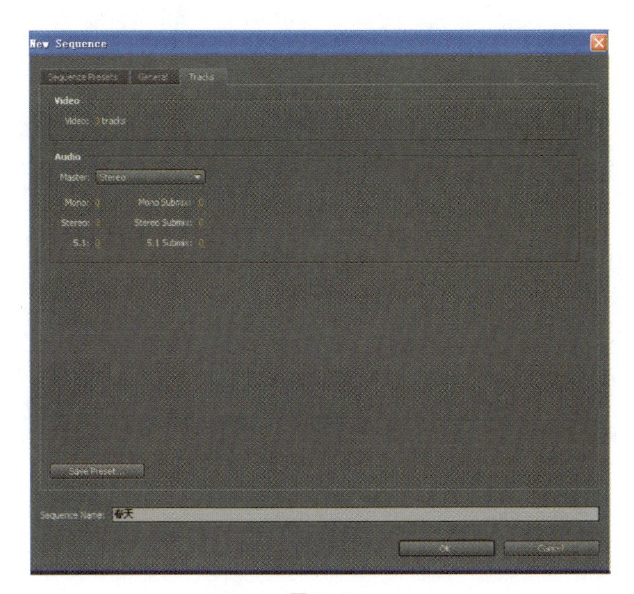

图2－3

03.

将素材文件“chapter2\media\春花. Jpg”和“chapter2\media\字幕. psd”导入到 Project 窗口中，出现“Import Layered File：背景”对话框，单击 OK 按钮之后出现“Import Layered File：春天”对话框，再单击 OK 按钮，将 PSD 图层文件以默认的 Merge All Layers（合并图层）方式导入，如图 2－4 所示。

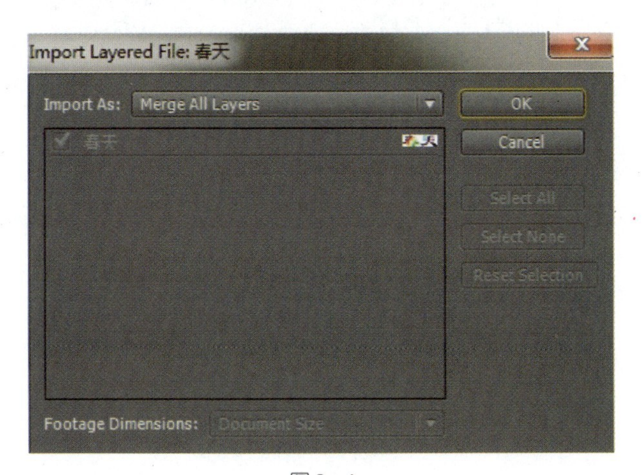

图2－4

第四步：字幕制作

字幕是节目中非常重要的部分，它包括文字和图形两个方面。Premiere Pro 中制作字幕很方便，几乎没有无法实现的效果，并且还有大量的模板可供选择。

第五步：输出成片

对素材进行编辑后，就可输出成可用的视频文件。也可以转换成合适的格式发布到网络或是刻录保存到 DVD 光盘等介质上，当然也可以输回到录像带当中。

操 作 提 示

调节下图中红框中的时间可以缩短或拉长添加在视频之间转场特效持续的时间，在右侧的面板中能直观地显示调节之后转场时间持续的长短。

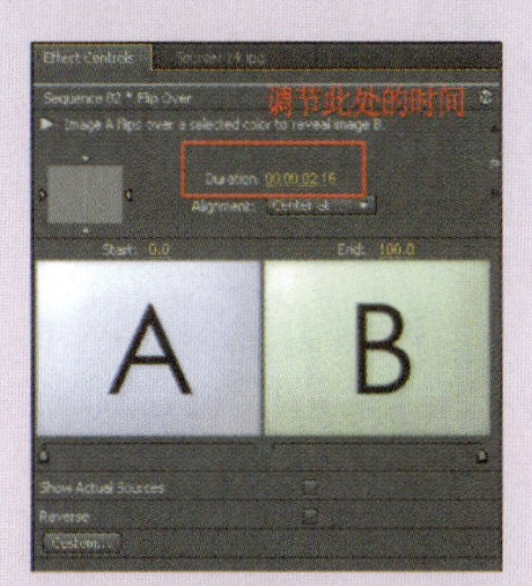

左侧面板

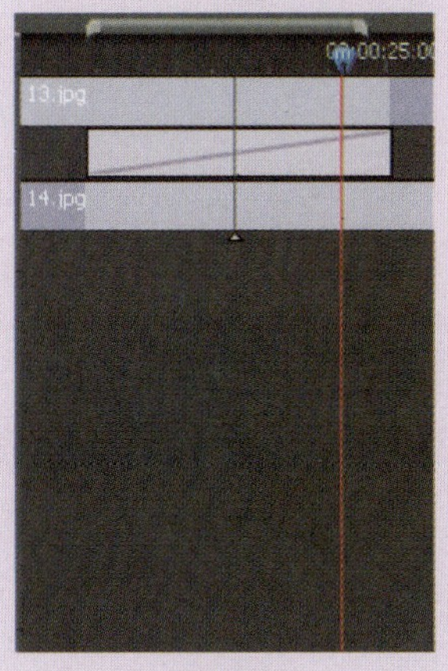

右侧面板

知识点提示

Timeline 窗口

Timeline 窗口是 Premiere 重要的编辑窗口，下面对此窗口中的各功能设置作一全面的介绍。

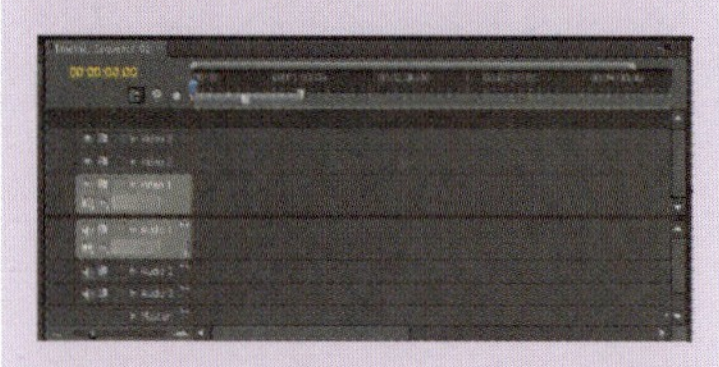

Snap(边缘吸附)：按下该按钮，在调节时间指针时，自动吸附到最近的边缘上。

Set Unnumbered Marker (标记)：在 Timeline 窗口的时间标尺上设置时间标记。

Toggle Track Lock(锁定属性)：设置轨道的可编辑性，当按此按钮，轨道处于不可编辑状态。再次按此按钮，轨道恢复可编辑状态。

Collapse/Expand Track (隐藏或展开轨道)：隐藏/展开视频轨工具栏或音频轨工具栏。

Set Display Style(显示方式)：单击该按钮，弹出下拉菜单，可以根据需要对轨道素材显示方式进行选择，共有四种显示方式。

Show Head and Tail(显示首帧和尾帧)：在 Timeline 窗口中只显示轨道素材的第一帧和最后一帧。

Show Head Only(显示首帧)：在 Timeline 窗口中只显示素材文件的第一帧。

04.

按热键〈Ctrl〉+〈I〉，打开 Import 对话框，将素材文件"chapter2\media\蜜蜂. wmv"导入到 Project 窗口中，如图 2－5 所示。

图2－5

05.

为素材"蜜蜂. wmv"设置时间长度。在 Project 窗口中的"蜜蜂. wmv"上单击鼠标右键，选择 Speed/Duration... 命令，打开 Clip speed/Duration 对话框，设置时间长度为 00:00:04:20，即表示将该素材的持续时间修改为 4 秒 20，如图 2－6 所示。

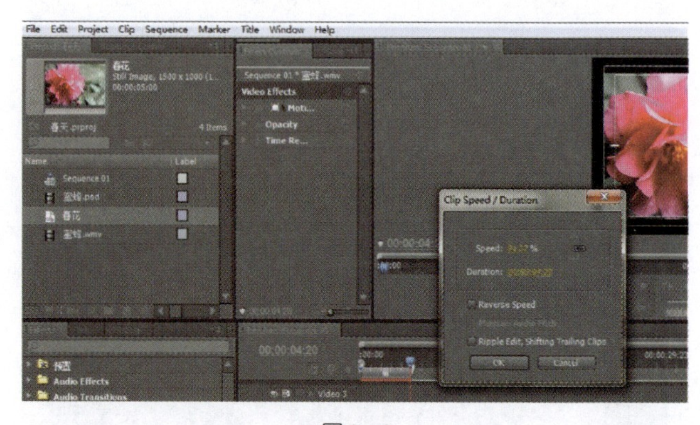

图2－6

06.

依照同样的方法，用 Speed/Duration... 命令打开 Clip Speed/Duration 对话框，如图 2－7 所示。为"春花. jpg"素材设置时间长度为 00:00:04:20。

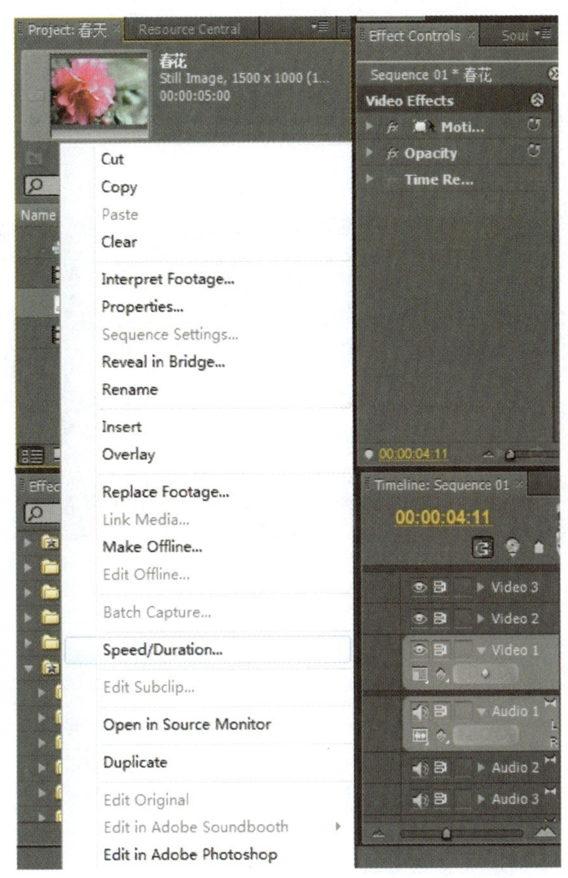

图2-7

07.

将 Project 窗口中的素材"春花. jpg"拖动到 Timeline 窗口中的 Video 1 轨道上，入点在 00:00:00:00，如图 2-8 所示。

图2-8

Show Frames（全帧显示）：在 Timeline 窗口中显示素材文件的每一帧。

Show Keyframes（显示关键帧）：单击该按钮，显示轨道中素材的关键帧。

Hide Keyframes（隐藏关键帧）：单击该按钮可隐藏轨道中素材的关键帧。

GO to Next Keyframe（跳到下一个关键帧）：设置时间指针定位在被选素材轨道上的下一个关键帧上。

Add/Remove Keyframe（增加/移除关键帧）：在时间指针位置上，设置轨道上被选素材当前位置为关键帧。

Go to Previous Keyframes（跳到上一个关键帧）：设置时间指针定位在被选素材轨道上的上一个关键帧上。

Toggle Track Output（音频静音开关）：单击此按钮，可以听到声音，反之则是静音状态。

Show Waveform（显示方式切换）：单击该按钮，弹出下拉菜单，可以根据需要对音频轨道素材显示方式进行切换。

Show Clip Keyframes（显示声音素材关键帧）：在轨道中显示声音素材的关键帧，并可以设置关键帧。

Show Clip Volume（显示素材音量）：在轨道中显示素材音频的音量，并可以调节关键帧。

Show Track Keyframes(显示轨道音频关键帧):可以对音频轨道设置关键帧。

Show Track Volume(显示轨道音量):显示轨道音量,可以对轨道的音量进行调节。

Hide Keyframes(隐藏关键帧和音量):隐藏声音关键帧和音量,以及轨道关键帧和音量。

关键帧的常用参数

在 Premiere 中对一些常用参数进行关键帧的设置,可以实现素材的特效控制。下面对这些常用参数作一介绍。

Position(位置属性)

对素材的位置属性进行控制。可设定关键帧,实现运动效果。

Scale(比例属性)

对素材比例(大小)属性进行控制,可设定关键帧,实现缩放效果。其中还包括 Uniform Scale 缩放。

Rotation(旋转属性)

对素材的旋转属性进行控制,可设定关键帧,实现素材的旋转运动效果。

Anchor position(锚点位置属性)

对素材的锚点位置进行控制,可设定关键帧,确定素材的中心点位置,改变运动效果。

Opacity(透明度属性)

对素材的透明度属性进行控制,可设定关键帧,实现素材透明度改变的特效。素材的淡入与淡出可通过此参数设定进行实现。

08.

将素材"蜜蜂.wmv"拖动到 Timeline 窗口中的 Video 2 轨道上,入点在 00:00:00:00 位置上,如图 2-9 所示。

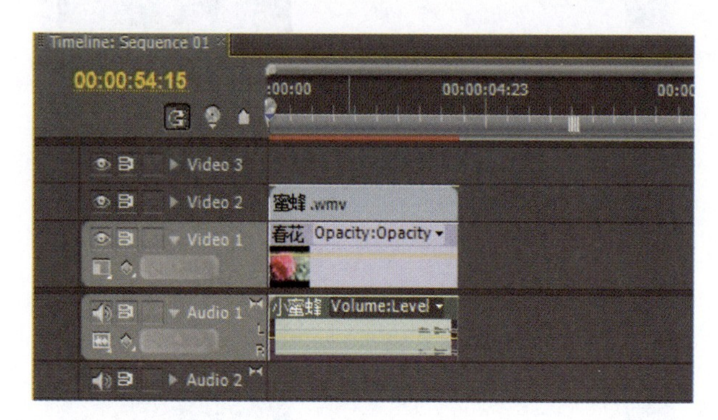

图2-9

09.

由于导入的"蜜蜂.wmv"有黑色的背景,不能直接得到需要的影片效果,应在进行正式制作之前去除素材的背景。

在 Effect(效果)面板当中选择 Video Effect→Keying→Color Key 命令。在选择命令的同时按鼠标左键不放,拖动添加到 Video 2 轨道上的"蜜蜂.wmv"素材上,如图 2-10 所示。

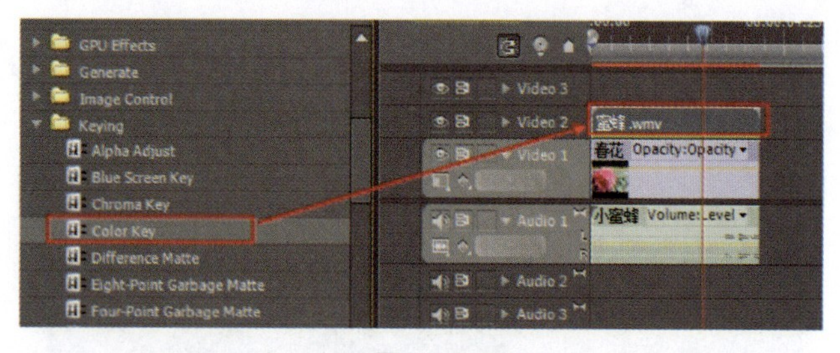

图2-10

10.

在 Effect Controls(特效控制)面板中,选择 Key Color 组中 Key Color 选项后面的"吸管工具"按钮,然后移动鼠标到 Monitor 窗口中,在蜜蜂素材的黑色背景范围上按下鼠标左键,设置键控颜色为黑色后,可以看到使用了特效之后，蜜蜂图像从黑色背景中完整地抠了出来，如图2－11所示。

图2－11

11.

如图2－12所示，选择“蜜蜂. wmv”，在Effect controls面板中，单击Motion选项前的三角形按钮，展开该选项，改变Scale值，即将其尺寸调整到与整个画面和谐的大小，然后在Motion窗口中预览修改后的“蜜蜂. wmv”效果。

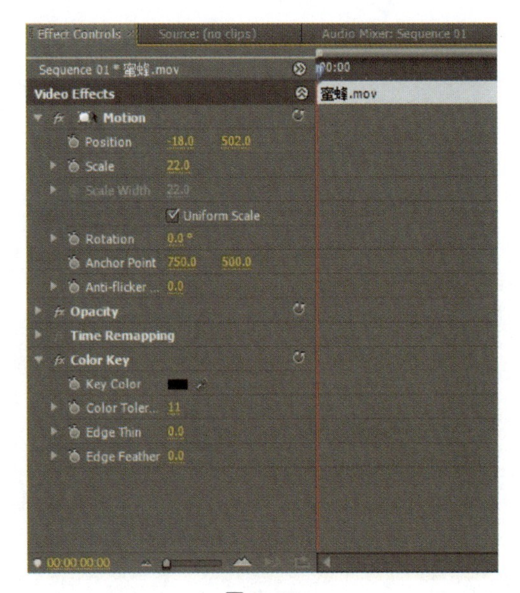

图2－12

12.

下面我们将对关键帧进行调整。将时间指针拖动到00:00:00:00位置，单击Position选项前面的时间码按钮，然后单击Position选项后面的Add/Remove Keyframe

Effect Controls(效果控制)面板

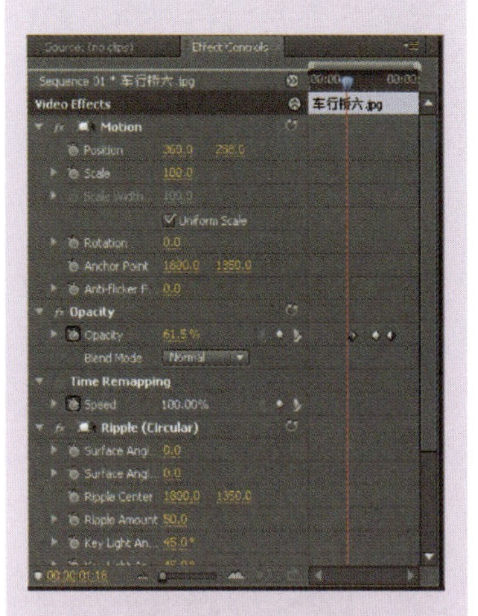

Effect Controls(效果控制)面板可以快速创建与控制视频与音频特效和切换效果。单击并拖动时间指针，特效设置可以随时间变化而改变特效。更改设置会在效果控制面板和时间线中创建关键帧(由图中的菱形图标表示)。

如果一段素材当中，为其添加了多种特效滤镜，在效果控制面板中，可以查看并编辑各个不同的滤镜设置。

关闭效果控制面板当中每个滤镜前的 fx 按钮，可以查看添加效果前后的对比，以更好地对画面效果进行控制。

操 作 提 示

添加关键帧时,在第一个关键帧添加好之后,其余关键帧在进行数值改变时,会自行进行添加。用户只需把时间指针移动到合适位置,然后改变数值,程序会自动添加关键帧,而不需要再单击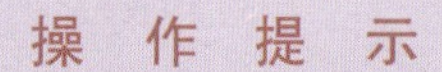按钮。

知 识 点 提 示

Tool(工具)面板

Selection Tool(选择工具):用于在 Timeline 中选择与移动素材。

Track Select Tool(轨道选择工具):可选中一条轨道上所有分类。单击轨道工具并按住〈Shift〉键可以选定多条轨道。

Ripple Edit Tool(波纹编辑工具):用于在 Timeline 中调整入点与出点,但轨道上其他素材的

按钮,在此添加一个关键帧,并将 Position 坐标值改为(-18.0, 502.0),如图 2-13 所示。

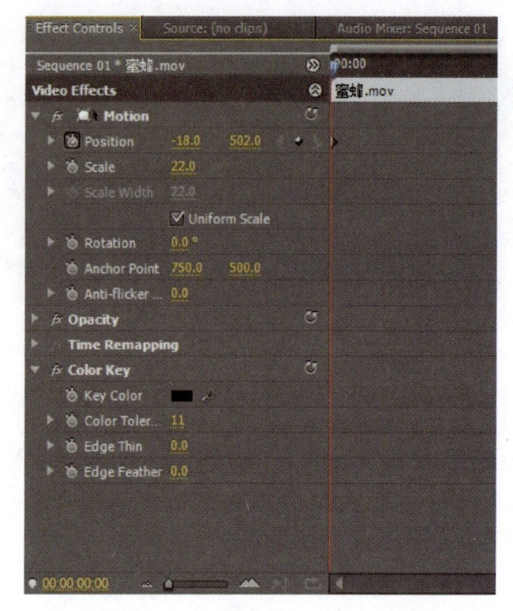

图2-13

将时间指针拖动到 00:00:01:12 位置,单击 Position 选项后面的 Add/Remove Key Frame 按钮,在此添加一个关键帧,将 Position 的坐标值改为(174.3, 261.0),如图2-14 所示。

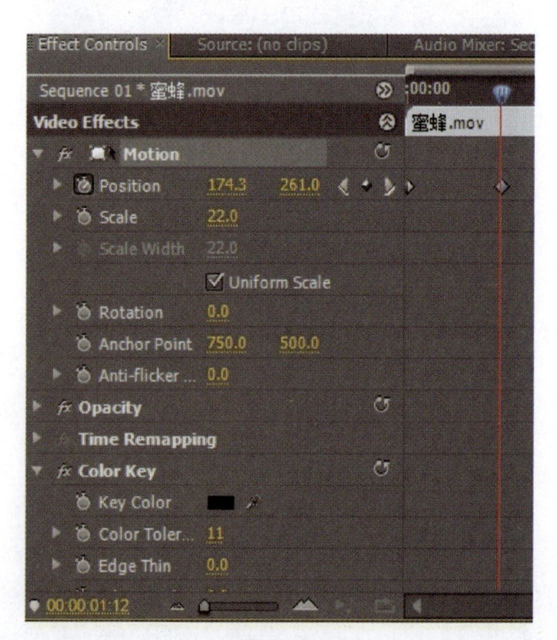

图2-14

将时间指针拖动到 00:00:02:13 位置，单击 Position 选项后面的 Add/Remove Key Frame 按钮，在此添加一个关键帧，将 Position 的坐标值改为(295.8，213.4)，如图2－15 所示。

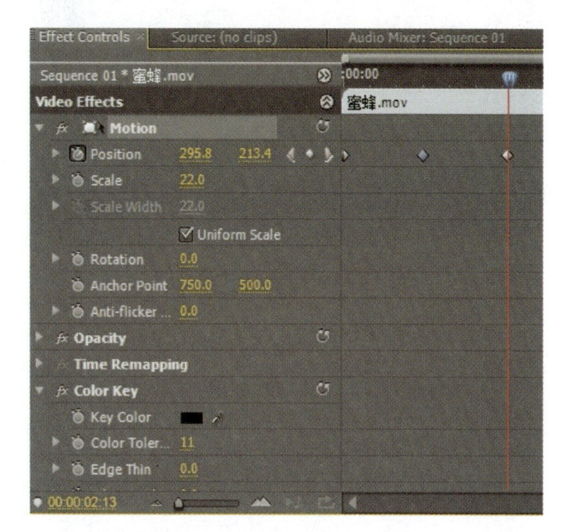

图2－15

将时间指针拖动到 00:00:04:17 位置，单击 Position 选项后面的 Add/Remove Key Frame 按钮，在此添加一个关键帧，将 Position 的坐标值改为(291.6，214.0)，如图2－16 所示。

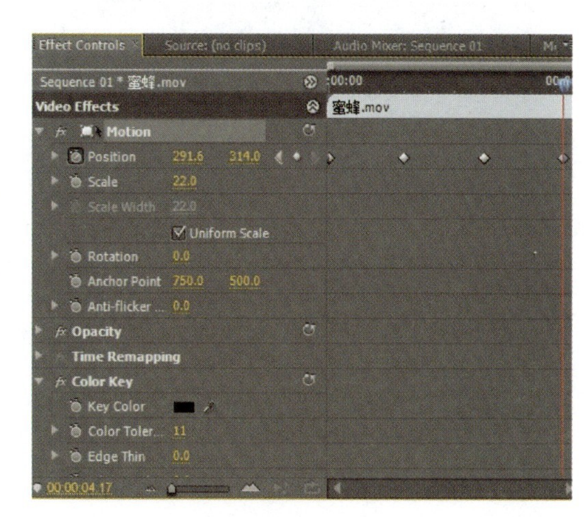

图2－16

在 Program 窗口中用鼠标单击蜜蜂对象，将其选中，可以显示刚才为蜜蜂设置的运动路径，用鼠标拖动路径的节点，可以对路径进行调节，如图 2－17 所示。

长度不受影响。

Rolling Edit Tool(滚动编辑工具)：用于改变两个相邻素材的长度。一个素材变短，另一个素材则会变长。

Rate Stretch Tool(比例缩放工具)：单击并拖动一段素材的边缘，通过改变素材的长度，来改变素材的播放速率。

Razor Tool(剃刀工具)：可以剪切一段素材，按住<Shift>键可以在多条素材中剪切。

Slip Tool(滑动工具)：可以在保持其总长度不变的情况下，改变一段素材的入点与出点，对相邻素材不产生影响。

Slide Tool(推移工具)：改变前一素材的出点和后一素材的入点，并且保持所剪辑素材的入点与出点不变。

Pen Tool(钢笔工具)：可以在调整视频和音频时，在素材上创建关键帧。

Hand Tool(抓手工具)：可以在 Timeline 的不同部分滚动查看而不必更改缩放比例。

Zoom Tool(缩放工具)：提供了在 Timeline 中放大和缩小的方式。

Program 节目监视器窗口

在 Program 节目监视器窗口中，为方便对图像进行观看，可以调整图像下部的百分比使图像的显示能满足编辑的要求。

使用 Fit(适合)监视器大小的比例来显示画面，既能满足操作方便的要求，又能使画面有足够观看的空间。

图 2 - 17

将时间指针拖动到 00：00：00：00 位置，在 Effect Controls 面板中，单击 Rotation 选项添加一个关键帧，将旋转值设为 0，如图 2 - 18 所示。然后在 Program 窗口中预览效果。

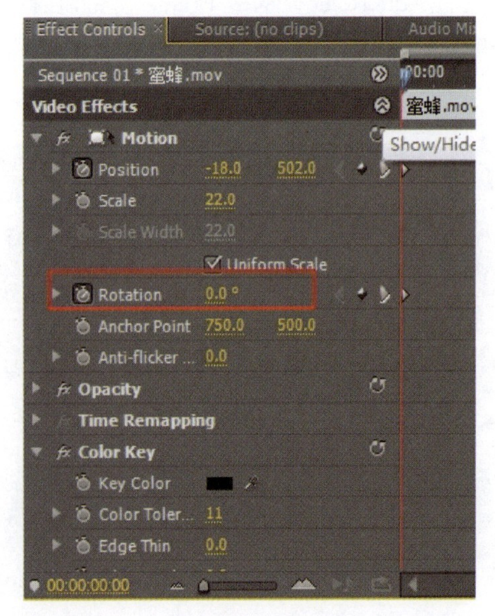

图 2 - 18

将时间指针拖动到 00：00：01：12 位置，在 Effect Controls 面板中，单击 Rotation 后的 Add/Remove Key Frame 选项，在 Rotation 选项中添加一个关键帧，将旋转

值设为 44,如图 2－19 所示,然后在 Program 窗口中预览效果。

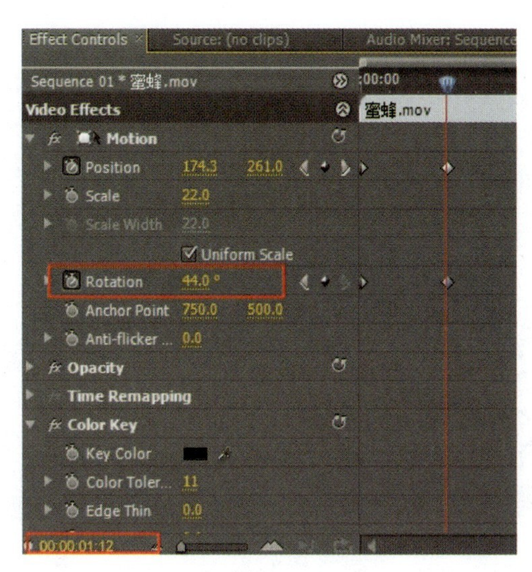

图 2－19

将时间指针拖动到 00∶00∶02∶13 位置,在 Effect Controls 面板中,单击 Rotation 后的 Add/Remove Key Frame 选项,在 Rotation 选项中添加一个关键帧,将旋转值设为 199,如图 2－20 所示,然后在 Program 窗口中预览效果。

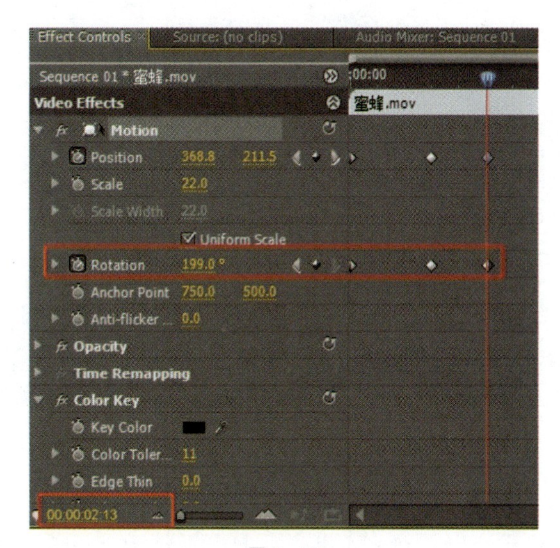

图 2－20

将时间指针拖动到 00∶00∶04∶17 位置,在 Effect controls 面板中,单击 Rotation 后的 Add/Remove Key

操 作 提 示

Premiere Pro CS4 在进行编辑时,系统会自动进行保存。但在操作时,应该随时对文件进行保存,以防出现意外情况,未保存的文件,而前功尽弃。

知 识 点 提 示

Premiere 在输出时常见的几种输出格式:

1. AVI(Video For Windows)文件

AVI 全称为 Audio Video Interleaved,是由 Microsoft 公司于 1992 年推出,是 Windows 平台下一种非常常见的视频格式。

2. MOV(Quick Time Movies)文件

MOV 即 Quick Time 影片格式,它是由 Apple 公司开发的一种音频、视频文件格式,主要应用于 Mac 平台,随着技术的进一步发展,现在 Windows 平台也可以进行应用。

3. WMV(Windows Media)文件

WMV 是 Microsoft 推出的一种使用 Windows Media Video 编码的流媒体格式。在同等视频质量下,WMV 格式的体积非常小,因此很适合在网上播放和传输。

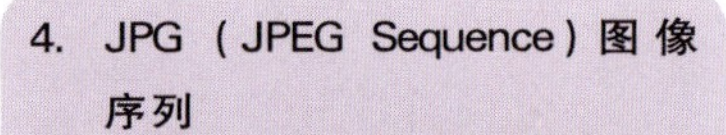

4. **JPG （JPEG Sequence）图像序列**

以 JPG 格式的图片文件序列所组成的一段动态画面。

5. **TGA（Targa Sequence）图像序列**

以 TGA 格式的图片文件序列所组成的一段动态画面。

Frame 选项，在 Rotation 选项中添加一个关键帧，将旋转值设为 0，如图 2－21 所示，然后在 Program 窗口中预览效果

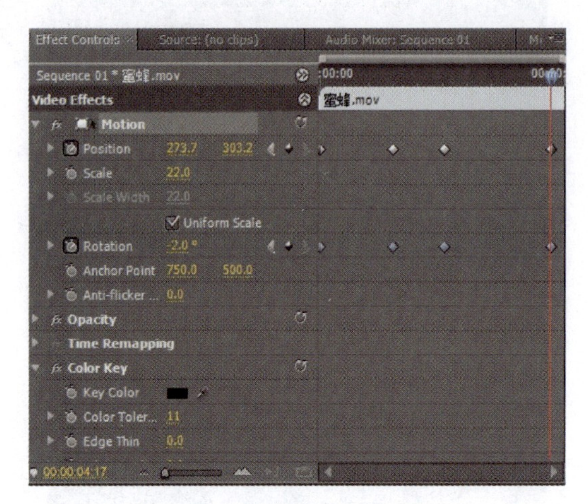

图 2－21

为了使影片更加完善，选择 Project 窗口中的素材"字幕. psd"，将其拖动到 Timeline 窗口中的 Video 3 轨道上，入点在 00∶00∶03∶00 位置，如图 2－22 所示。

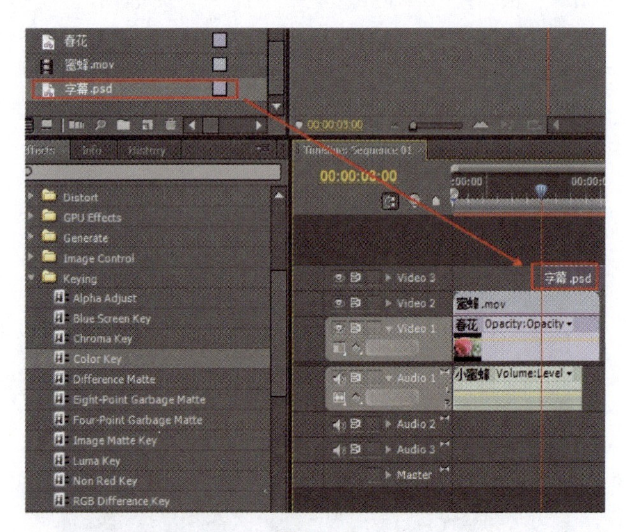

图 2－22

按快捷键〈Ctrl〉+〈S〉，对项目文件进行保存，然后单击 File→Export→Media. . . ，打开 Export Setings 对话框，在该对话框中设置影片保存位置和名称，如图 2－23 所示。单击 OK 按钮后，自动启动 Adobe Media Encode 界面，单击 Start Queue 按钮，在保存位置找到已保存的

影片就可以开始欣赏了。最后效果如图 2 - 24 所示。

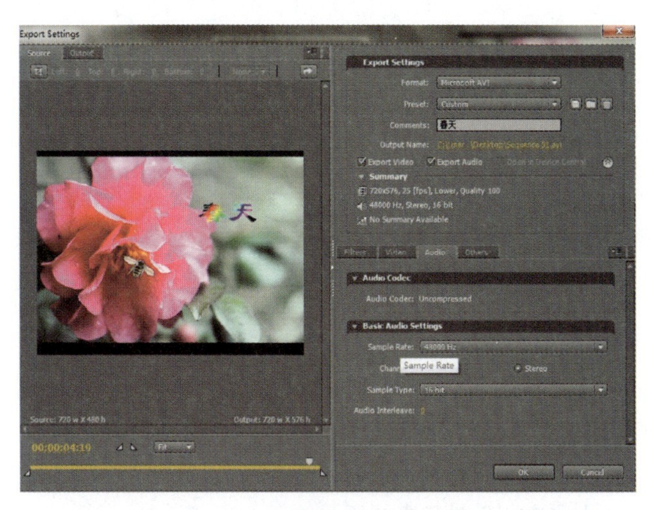

图 2 - 23

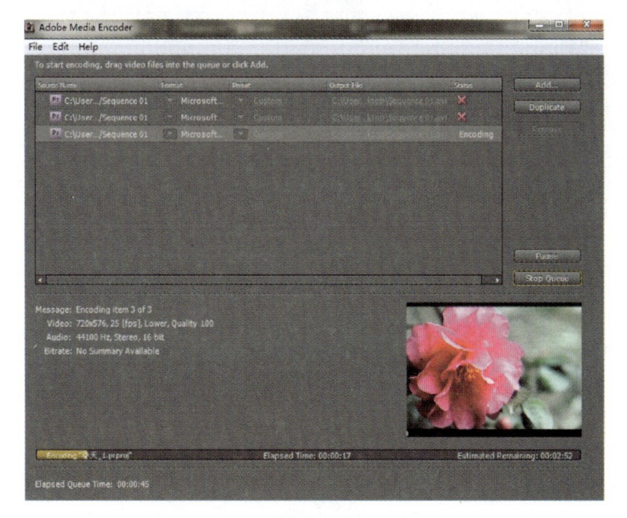

图 2 - 24

本章小结

本章首次在 Premiere Pro CS4 中对各项常用参数，如位移参数、大小参数、透明度参数进行特效关键帧设置，创建画面的动态效果对于关键帧的调整是本章的一个难点，如何通过各项参数的设定制作出自然而协调的动态效果，需要大家在制作过程当中用心体会。

课后练习

1. 非线性编辑细分可划分为哪五步？
2. 画面效果的淡入淡出可通过调节下面________参数来实现。
   A. Scale
   B. Position
   C. Opacity
   D. Rotation
3. PAL 制此种电视制式的画面大小为________。
   A. 1 024×768
   B. 720×576
   C. 720×480
   D. 576×480

3 原始素材的处理

本章学习时间： 6课时

学习目标： 了解利用Premiere对前期拍摄回来的素材进行选择及修正优化处理的方法

教学重点： RGB色彩模式的理解与具体运用，降噪滤镜(Remove Grain)

教学难点： 对色彩的理解与运用

讲授内容： RGB色彩模式原理，基本调色滤镜的运用，降噪滤镜(Remove Grain)的运用

课程范例文件： \chapter3\原始素材处理.proj，\chapter3\原始素材的处理(抠像).proj，\chapter3\原始素材(校色).proj

本章课程总览

案例一 降噪

案例二 抠像

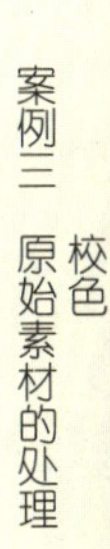

案例三 原始素材的处理 校色

在多数情况下，由于各种条件的限制，拍摄获得的素材往往并不是十分理想的。通过使用Premiere的一些颜色滤镜，往往能够优化拍摄回来的视频素材，得到比较理想的效果，从而方便后期的进一步处理。在这一章里将会学习掌握这些技巧方法。同时还将会学习一些RGB色彩模型方面的相关知识。这些知识不仅局限于在Premiere中的应用，在整个CG (Computer Graphics)领域都有着相当广泛的应用。

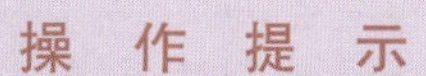

操 作 提 示

QuickTime

在导入 MOV 格式的素材时，可能会弹出如下对话框，提示此素材为不支持的格式。这多是因为播放器的原因，安装 QuickTime 即可解决。

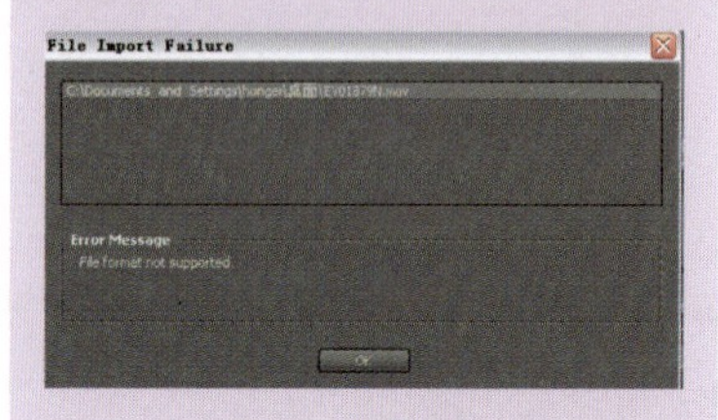

QuickTime 是苹果公司提供的系统级代码的压缩包，它不仅是一个媒体播放器，而且是一个完整的多媒体架构，QuickTime 不仅可以实现媒体的实时捕捉，以编程的方式合成媒体，导入和导出现有的媒体，还有编辑和制作，压缩，分发，以及用户回放等多个环节。

对于一个 MOV 格式的影音文件，在安装 QuickTime 的情况下才能将其导入到 Premiere 当中进行编辑。

3.1 降噪

01.

启动 Premiere，创建新的项目文件和序列，命名为“原始素材的处理”，如图 3－1、图 3－2 所示。

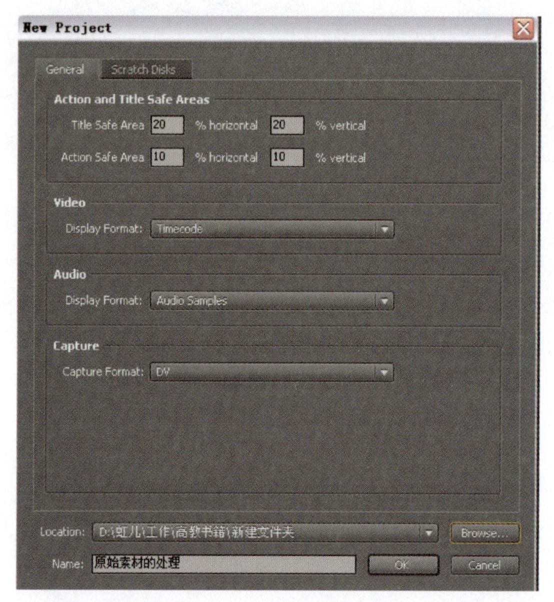

图 3－1

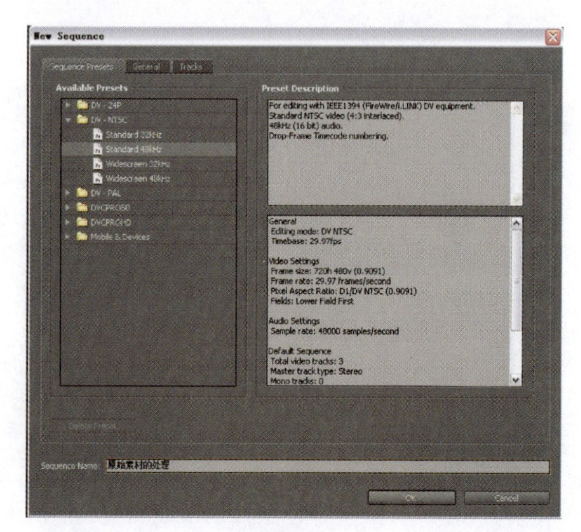

图 3－2

导入视频素材“chapter3\movie. mov”，双击后在 Source 面板中对其进行预览，如图 3－3 所示。

图3-3

此段素材因为前期拍摄的原因，在采集后，素材当中的噪波使画面产生较为严重的颗粒感，使用 Remove Noise 滤镜对其进行优化处理，使其能满足后期剪辑和处理的需要。Remove Noise 滤镜为一款外挂滤镜，需将其添加入程序，方能使用。添加滤镜方法见右侧“操作提示”。

02.

将“movie. mov”素材拖动到 Timeline 窗口中，如图 3-4 所示。

图3-4

单击键盘上的〈+〉键放大 Timeline 编辑区域，如图 3-5 所示。

图3-5

外挂滤镜的添加方法

(1) 复制需要添加的滤镜。

(2) 右键单击桌面上 Premiere 的快捷方式。在弹出的菜单中选择“属性”。

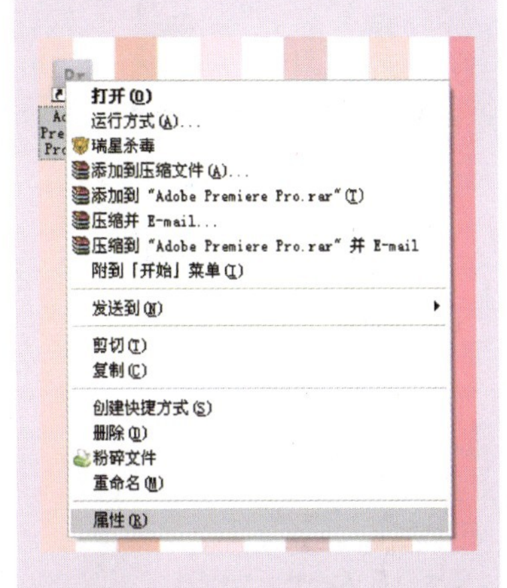

(3) 在弹出的菜单中选择“查找路径”。

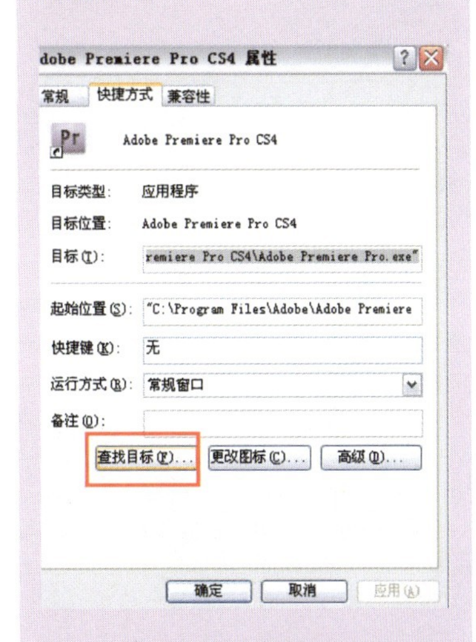

(4) 在弹出的页面当中，双击“plug-ins”文件夹。

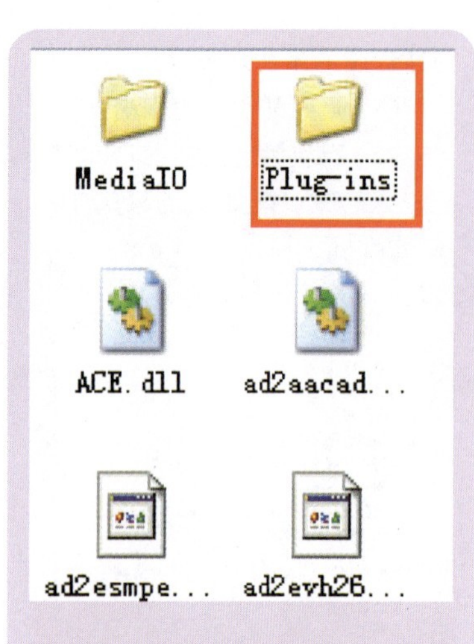

（5）在弹出的页面当中双击 en-US 文件夹。

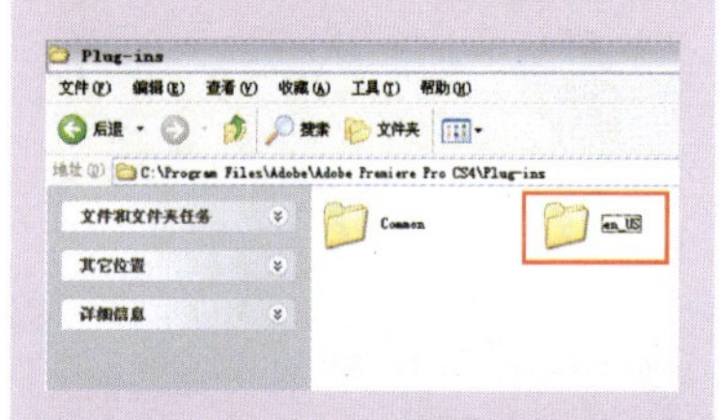

（6）将第一步复制的外挂滤镜粘贴进 en-US 文件夹。

（7）重启 Premiere 应用程序，即可使用新安装的滤镜。

03.

在 Effects 面板中搜索 Remove Grain 特效，该特效为第三方插件，在使用前应确保其已经安装，如图 3－6 所示，将其拖动到 Timeline 窗口中的素材上。

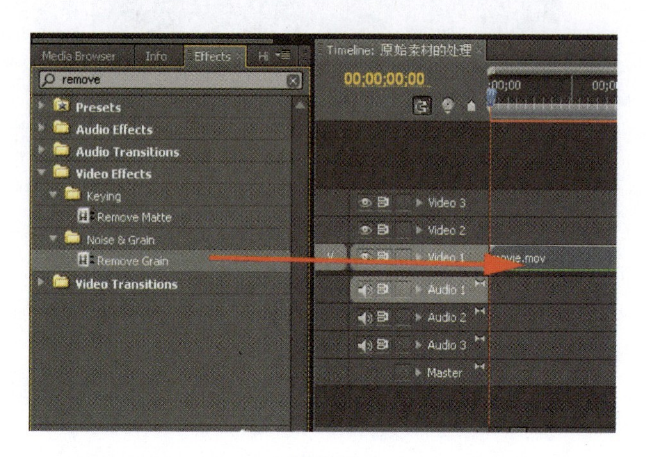

图 3－6

在 Effect Controls 面板中有对 Remove Grain 特效进行调节的参数。

“Remove Grain”是一个专门的降噪滤镜，它的功能十分强大，下面通过这个滤镜让画面平滑起来。先选择“Viewing Mode”（预览模式）为“Noise Samples”（噪点采样），如图 3－7 所示。

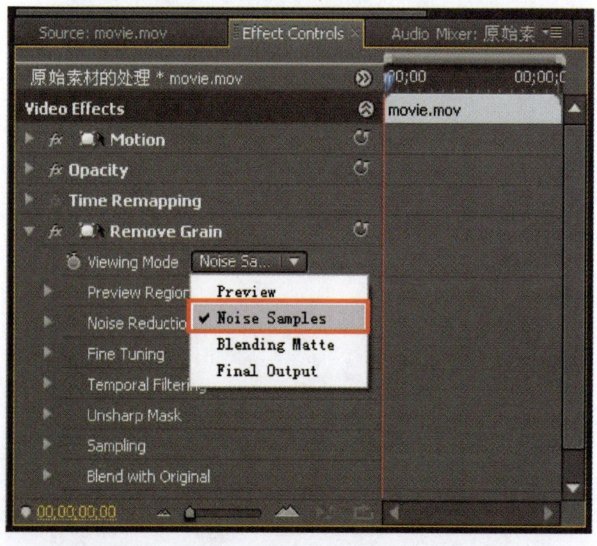

图 3－7

如图3－8所示，单击滤镜中的Sampling左边的小三角，展开该项目。用户可以通过“Number of Samples”这一栏来设置降噪滤镜的采样点数。采样点越多，最后得到的效果就越好，但过多的采样点会导致CPU运算负荷的增加，所以具体的采样数目需要根据使用电脑的性能来设置。

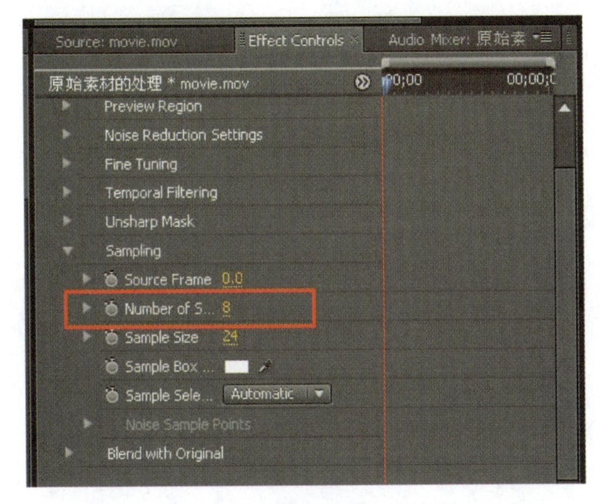

图3－8

系统将用默认的方式进行自动采样，但在实际制作的过程当中，常常通过改变Sample Selection为Manual进行（手动）采样，如图3－9所示。

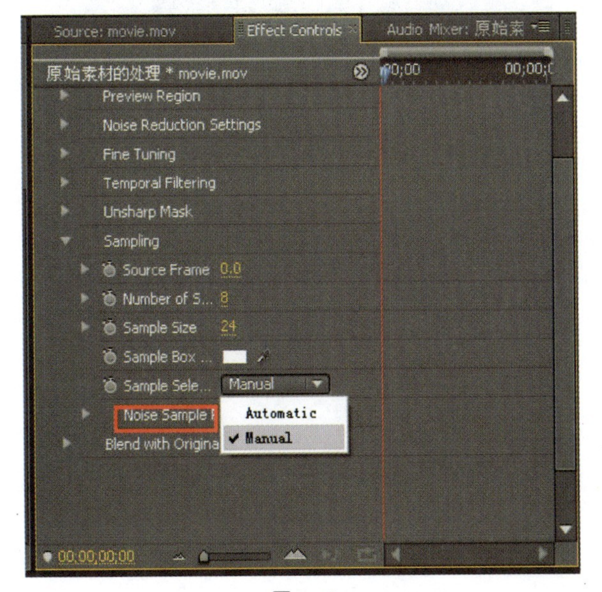

图3－9

快速寻找滤镜

Premiere CS4自带有很多滤镜效果，再加上大量的第三方插件滤镜，造成在软件中滤镜分支过多过杂。在滤镜面板中，用户寻找所需要的滤镜效果可能需要耗费很多时间。

通过Effects面板的搜索功能可以迅速找出用户所需要的某个滤镜效果。

Remove Grain 滤镜的 Sampling 栏

Source Frame：采样来源帧，用于设置采样画面，样本图像来源于素材的帧数位置；

Number of Samples：采样点数目；

Sample Size：采样点尺寸大小；

Sample Box Color：采样点边框颜色；

Sample Selection：采样点模式选择。

这样，用户可以在画面中自行调整采样点位置，选择一个合适的采样点，如图 3－10。一般放在噪波比较明显的区域，如图 3－11 所示。

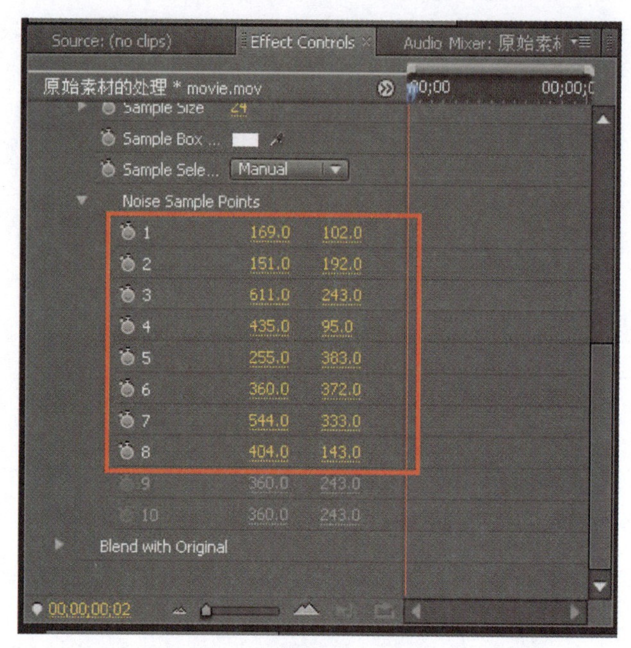

图 3－10

图 3－11

04.

完成采样点的设置后，把“Viewing Mode”（预览模式）改为“Final Output”（最终输出）模式，如图 3－12 所示。

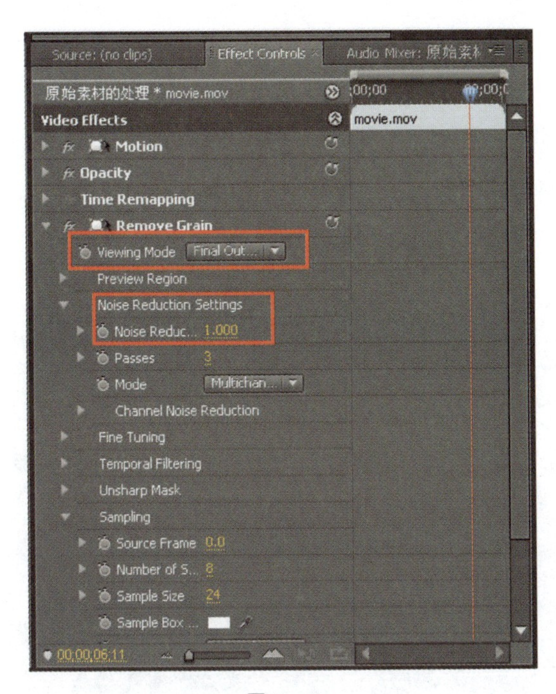

图3-12

展开 Noise Reduction Settings(噪波减少设定)栏,其中有一项 Noise Reduction,该属性可以调整噪波的削减幅度。把这项参数设定为 1,然后观察素材画面效果,如图 3-13 所示。

图3-13

操 作 提 示

Noise Reduction Settings 的使用注意

该属性可以调整噪波的削减强度,属性值越高,则噪点削减强度越高。但该属性值不宜设置得过高,否则会造成画面虚化,反而影响图像效果。寻找出一个合适的参数需要读者耐心调整才能得出。

知 识 点 提 示

为了使后期能对拍摄的素材进行抠像,达到理想的效果。应尽可能使用专业的背景进行拍摄。一般情况下抠像使用蓝绿屏。蓝色使用标准蓝色(PANTONE2735),绿色使用标准绿色(PANTON354)。这些东西在专业的摄影器材店里都有销售。

Blue Screen Key(蓝屏抠像)各参数含义如下

Threshold(阈值):用来调整素材蓝色背景的不透明程度。

3.2 蓝屏抠像

01.

启动 Premiere,选择 New Project,创建新的项目文件和新序列,命名为"原始素材处理(抠像)",如图 3-14、图 3-15 所示。

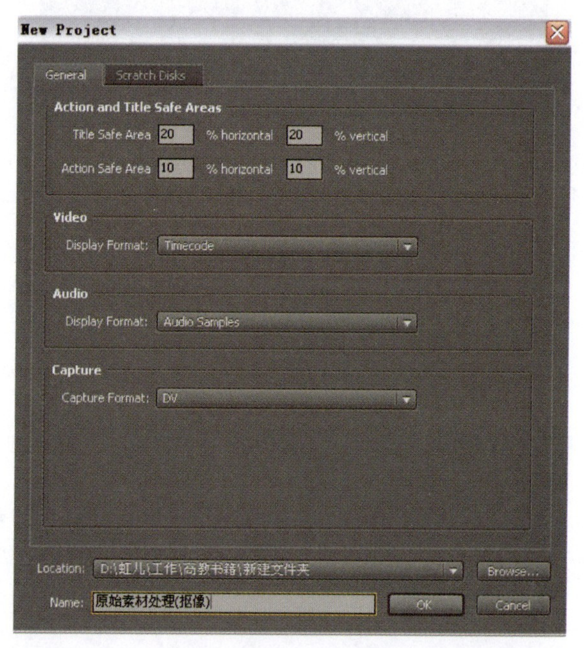

图 3-14

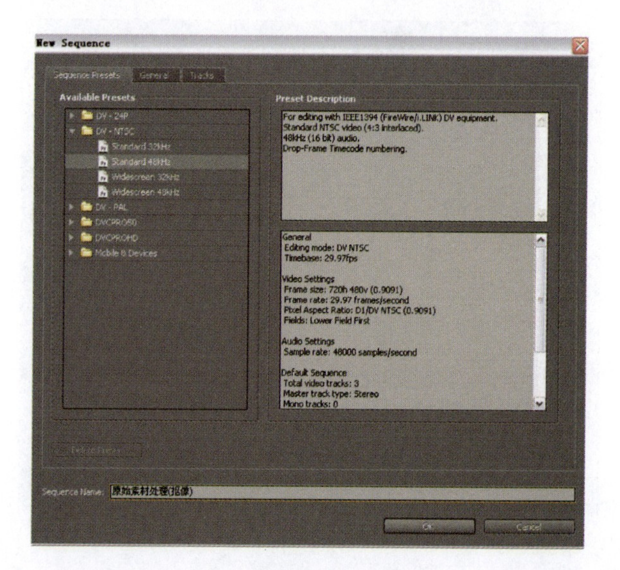

图 3-15

02.

双击 Project 窗口中的空白区域，导入 chapter 3 中的素材文件“蓝屏抠图素材”视频，如图 3－16 所示。

图 3－16

将此素材拖动到 Timeline 窗口中的 Video 2 中，并在 Program 视窗中调整其大小，如图 3－17 所示。

图 3－17

03.

在 Effects 面板中搜索“Blue Screen Key”。这是一款

Cut off(中止)：设置被叠加图像的中止位置。

Smoothing(平滑)：提供了三种不同的平滑方式。

(1) None 不平滑处理。

(2) Low 低平滑处理。

(3) High 高平滑处理。

Mask Only(仅蒙板)：勾选该选项，被叠加图像仅作为蒙板使用。

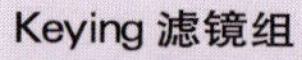

Keying 滤镜组

在 Effects 面板中的 Keying（键控）滤镜组（如下图），用户可针对素材，挑选合适的滤镜。

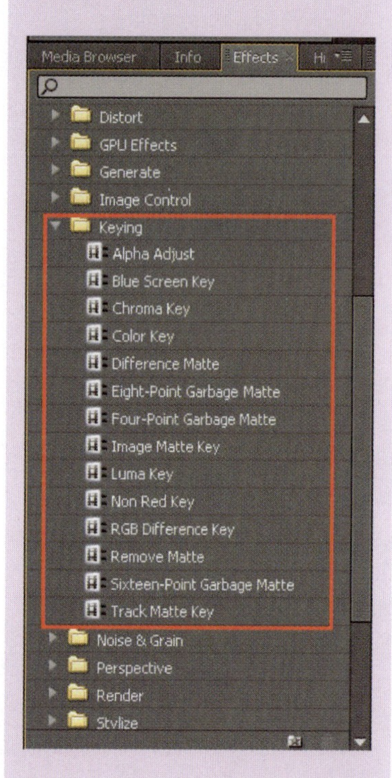

专门针对蓝屏拍摄的素材进行抠像使用的滤镜。将滤镜拖动到 Timeline 中的素材上，如图 3－18 所示。

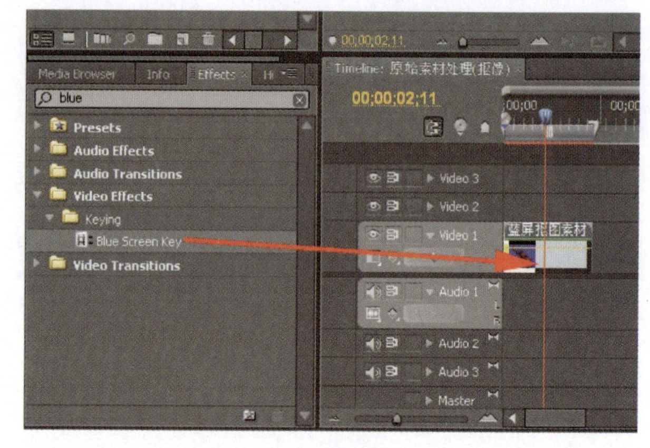

图 3－18

当滤镜应用到素材上时，可以通过 Program 窗口发现，素材中的背景蓝色已经全部被去除。

04.

此时，不用先调整滤镜中的参数，去除背景后，为了使提取出的图像有更好的参照，为其导入一个新的背景。

将 Video 1 轨道上的素材平行向上移动到 Video 2 轨道当中，如图 3－19 所示。

图 3－19

导入素材文件“chapter3\media\Christmas”(图 3-20)作为背景。

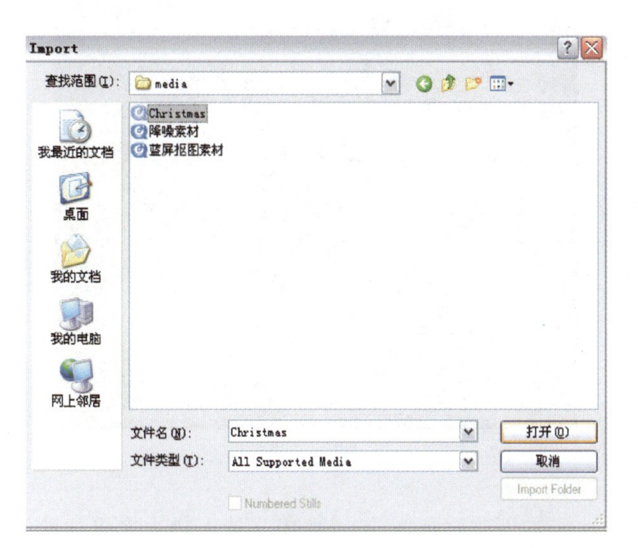

图3-20

将其拖动到 Video 1 轨道中，并在 Program 窗口中调整素材的大小，使其能够与前一段素材大小匹配。为了防止调整时误选 Video 2 当中的素材，可以将 Video 2 上的素材锁定，如图 3-21 所示。

图3-21

05.

对添加的“Blue Screen Key”的参数进行调整，但在调整之前，需对 Video 2 中的素材进行解锁，参数调整如图 3-22 所示。

操 作 提 示

在进行多轨编辑时，为防止编辑轨道对其他轨道发生影响，往往会对轨道进行锁定。只需单击下图红色方框位置，即可执行。当需要解锁时，也只需再单击一次钥匙图标，即解锁。被锁定的轨道将以倾斜带网点的虚线显示。

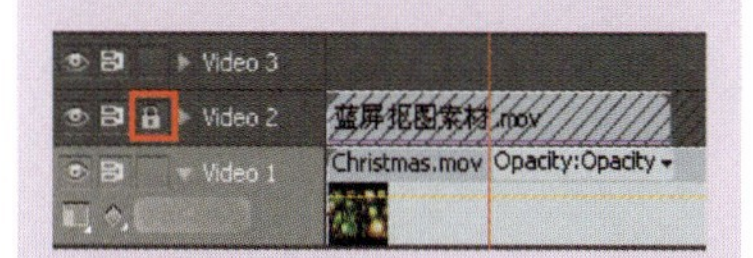

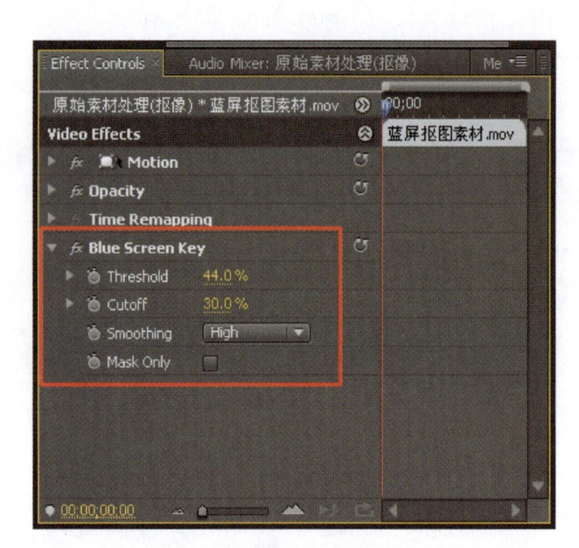

图 3－22

经过参数的调整，被提取出来的人物边缘更加的清晰，同时，因为蓝屏被抠除更加彻底，加入的背景也更加明亮。

06.

当“Blue Screen Key”滤镜中的 Threshold 或 Cut off 的数值达到一定时，背景将被融入到人物中，形成透明人的效果，如图 3－23 所示。

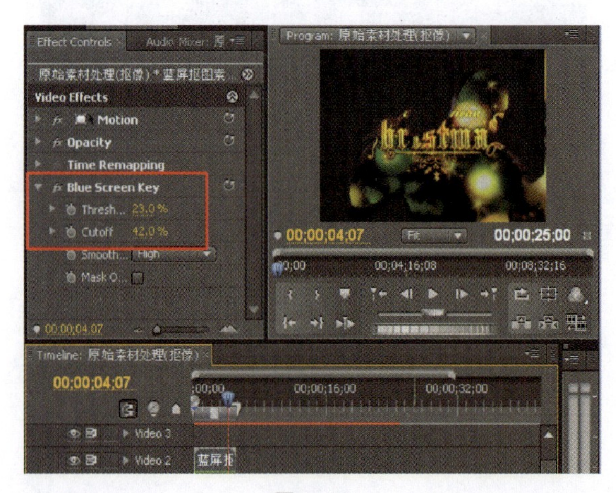

图 3－23

在进行制作时，可根据用户的需要，自行控制调节参数。

3.3 素材校色

01.

创建新的序列，命名为“原始素材(校色)”。

在 Project 窗口中的空白区域双击，导入视频素材文件“chapter3\media\原始素材(校色)”，如图 3－24 所示。

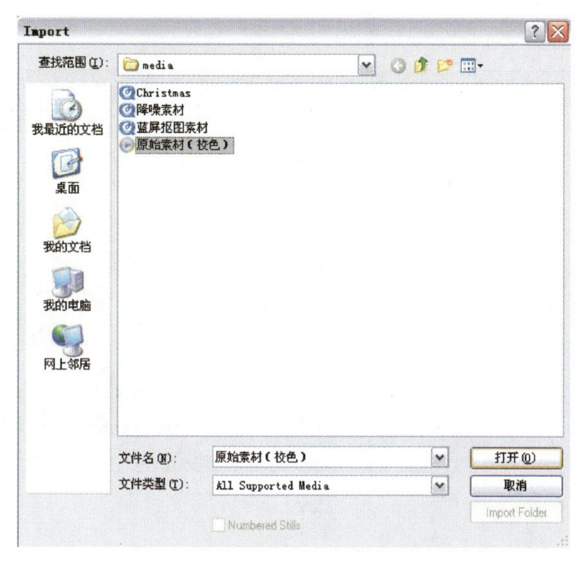

图 3－24

将它拖动到 Timeline 窗口中的 Video 1 轨道中，如图 3－25 所示。

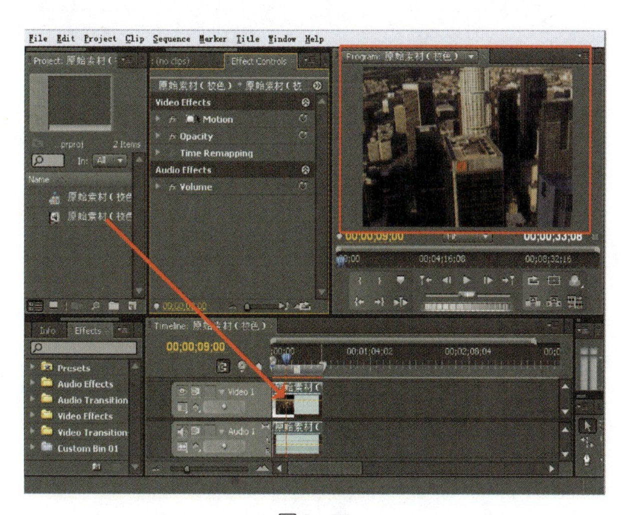

图 3－25

知识点提示

下面对图像进行色彩调整的几个常用参数进行详细的讲解。

1. 对比度(Contrast)

对比度指的是一幅图像中明暗区域最亮的白和最暗的黑之间不同亮度层级的测量，差异范围越大代表对比度值越大，差异范围越小代表对比度值越小，好的对比度可以使显示更生动、丰富。

2. 色相/饱和度(Hue/Saturation)

色相(Hue)：即各类色彩的相貌称谓，如大红、普蓝、柠檬黄等。色相是色彩的首要特征，是区别各种不同色彩的最准确的标准。任何黑白灰以外的颜色都有色相的属性。

色相的特征决定于光源的光谱组成以及有色物体表面反射的各波长辐射的比值对人眼所产生的感觉。

饱和度(Saturation)：是指色彩的鲜艳程度，也称色彩的纯度。饱和度取决于该色中含色成分和消色成分(灰色)的比例。含色成分越大，饱和度越大；消色成分越大，饱和度越小。

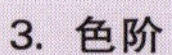

3. 色阶

色阶有两种：自动色阶和色阶。

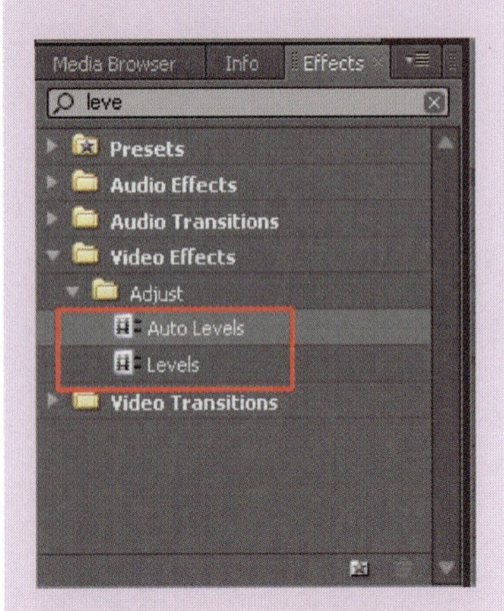

Auto Levels(自动色阶)：相当于相机的自动挡(类似傻瓜机)；

Levels(色阶)：相当相机的手动挡可以人工调节。色阶像统计数据用的直方图，它可以帮助用户处理照片明暗像素的信息，是计算和表达照片曝光情况的方法之一。色阶可以通过 RGB 通道进行调整，也可以对 RGB 三通道中的 R 通道、G 通道、B 通道分别调整。

单击下图红色方框的位置可以调出调整的直方图，通过不同通道对图像的色彩进行调整。

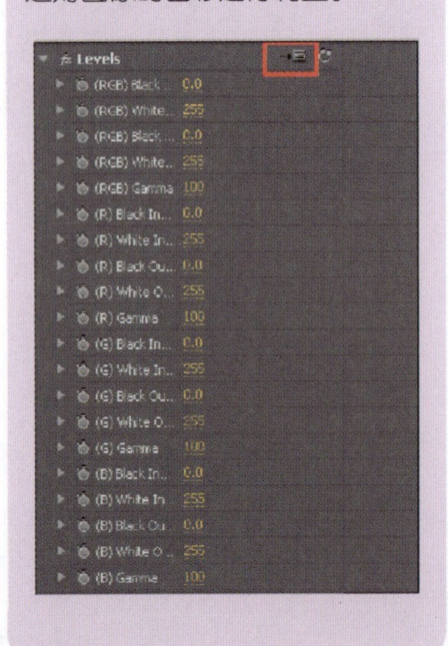

可以在 Program 窗口中看到此段素材存在的两点不足：画面色彩红色黄色过度；明暗对比度不足。

02.

在 Effects 面板中可以看到"Video Effects"中关于颜色调整的滤镜。选择其下选项 Color Correction 中的"Brightness & Contrast"，并将其拖动到 Video 1 轨道中的素材上，如图 3-26 所示。

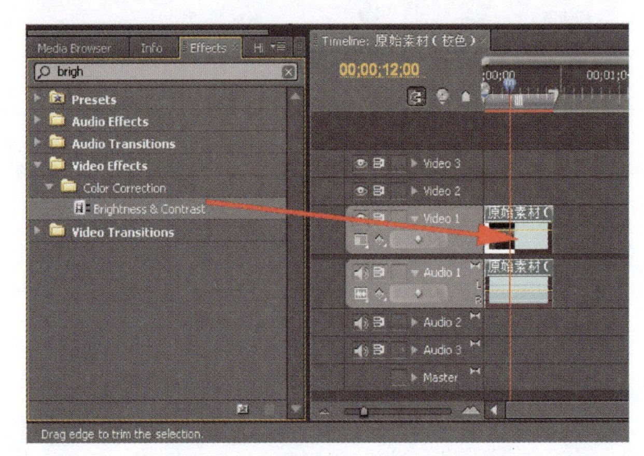

图 3-26

在 Effect Controls 面板中调节参数，调整 Brightness 和 Contrast 中的数值来增加素材的亮度与对比度，如图 3-27 所示。

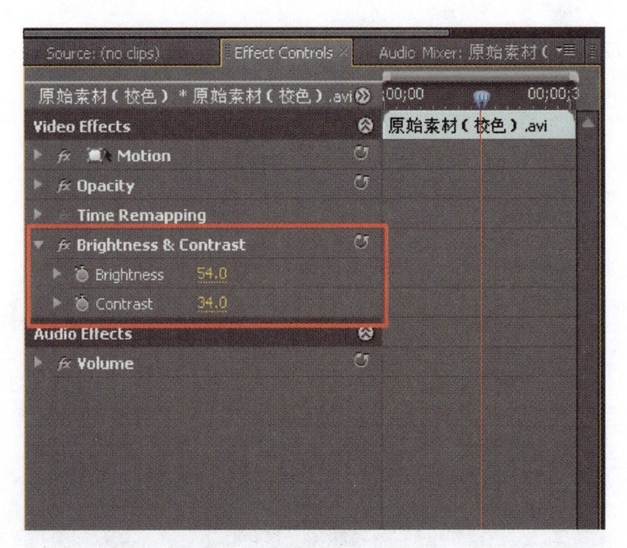

图 3-27

经过调整，如图 3－28 所示，画面整体的色调已经明显的明亮起来，更能表现出白天拍摄的画面效果。

图 3－28

03.

下面对画面略显偏红的色调进行调整，将 Effects 面板当中的 Color Balance（色彩平衡）滤镜拖动到素材中。在 Effect Controls 面板中调整 Color Balance（色彩平衡）滤镜的参数，数值调整如图 3－29 所示。

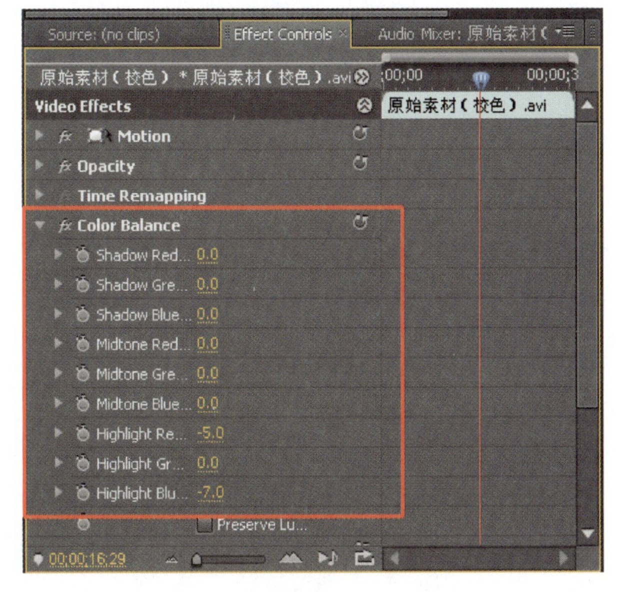

图 3－29

通过 RGB 通道进行调整：

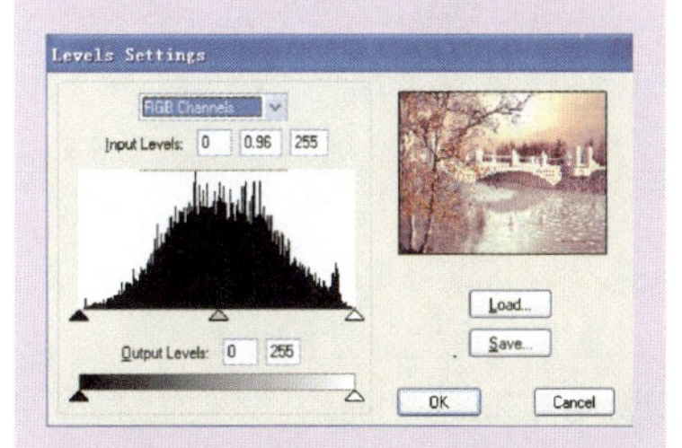

通过 R 通道进行调整：

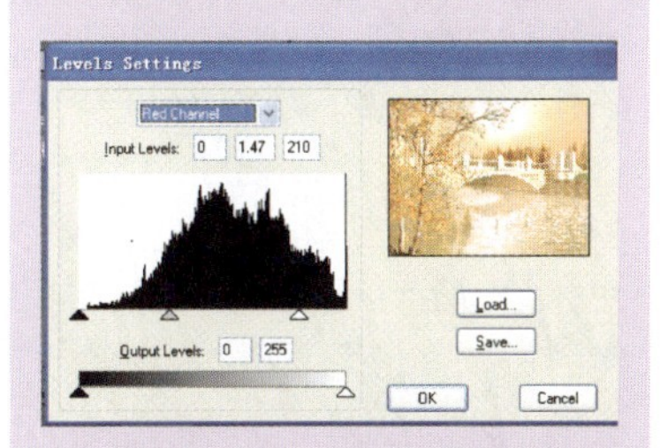

通过 G 通道进行调整：

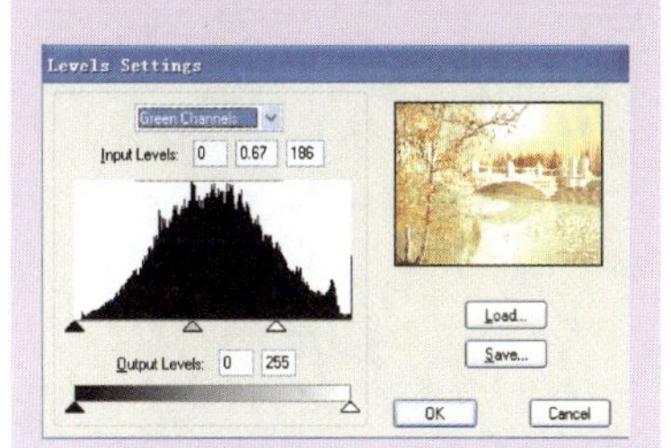

通过 B 通道进行调整：

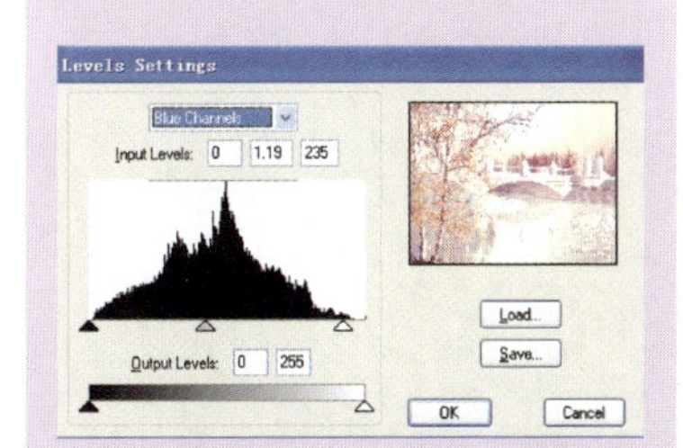

色阶通常是调节明度最佳的单一命令。用它调节时图像的对比度、饱和度损失小，最能保持图像的原汁原味。同时，在使用命令时能够放大图像来进行即时观察，非常方便，而且通过数字输入方式，可以使它的控制精度高而准确，是非常专业的调节命令。

RGB模式

RGB色彩模式是工业界的一种颜色标准，这个标准通过对红(R)、绿(G)、蓝(B)三个颜色通道的变化以及它们相互之间的叠加来得到各式各样的颜色的，RGB即代表红、绿、蓝三个通道的颜色。使用RGB色彩模式几乎可以表现人类视力所能感知的所有颜色。

RGB色彩模式为图像中每一个像素的RGB分量分配一个0～255范围内的值。例如：纯红色R值为255，G值为0，B值为0；灰色的R、G、B三个值相等(除了0和255)；白色的R、G、B都为255；黑色的R、G、B都为0。RGB图像只使用三种颜色，就可以使它们按照不同的比例混合，可以在屏幕上呈现出16 777 216种颜色。

在RGB模式下，每种RGB成分都可使用从0(黑色)到255(白色)的值。例如，亮红色使用R值246、G值20和B值50。当所有三种成分值相等时，产生灰色阴影。当所有成分的值均为255时，结果是纯白色；当所有成分值为0时，结果是纯黑色。

最终效果如图3-30所示。读者可以打开Color Correction面板中有关颜色调整的各项滤镜，体会各滤镜的功能。

图3-30

本章小结

本章主要讲解了如何通过 Premiere 来弥补一些由于各种原因造成拍摄效果不理想的素材画面。对素材进行降噪处理、调整画面的颜色、对蓝屏拍摄的素材进行抠像。这些都是在对原始素材进行处理时经常会碰到的问题。在实际的工作当中，必须灵活地运用本章所讲的知识点，并将其融会贯通，才能起到事半功倍的效果。在校色章节里有很多色彩的知识与概念需要读者用心去体会。大家可以查阅相关色彩原理的资料、书籍辅助对本章所学知识的理解。

课后练习

1. 在进行噪点取样时，是否点越多，降噪之后的效果越好？简要地说明理由。
2. 试说明 RGB 色彩模式。
3. 为使蓝屏拍摄的素材在进行抠像时能达到后期编辑的标准，在进行蓝屏拍摄时需要注意哪些问题？

制作移动电视墙

本课学习时间： 4 课时

学习目标： 能较为熟练的对素材的透明度、大小、位移进行关键帧的设置

教学重点： 能协调运用透明度、大小、位移关键帧设置制作运动效果

教学难点： 灵活使用相关命令的关键帧设置

讲授内容： Photoshop 图层导入，关键帧 Opacity（透明度）、Scale（大小）、position（位移）的设置

课程范例文件： \ chapter4\final\移动电视墙.proj

本章课程总览

在进行专题片或片头设计时，总是涉及对素材进行类似于电视墙效果的处理，这不仅可以在较短的时间内对素材进行主题性浏览，也可以制作出极富动感的视觉效果。本章将制作一个移动电视墙的效果，通过这个实例的制作将会对关键帧的设置有更进一步的认识。

案例　制作移动电视墙

01.

启动 Premiere CS4，单击 New Project 创建新的项目文件，打开 New Project 对话框，可对视屏文件的图像与文字安全区域、视屏、音频等进行设置。

选择 DV－PAL 制式中的 Standard 48kHz 选项，在 Sequence Name 栏中输入文件名“移动电视墙“。如图 4－1、图 4－2 所示。

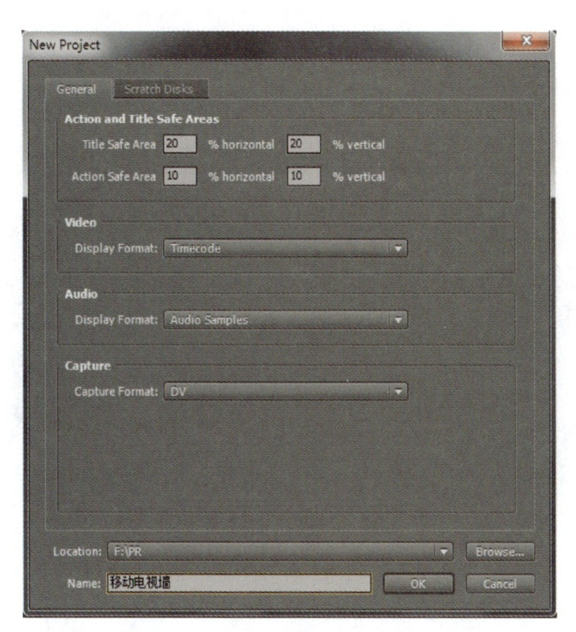

图4－1

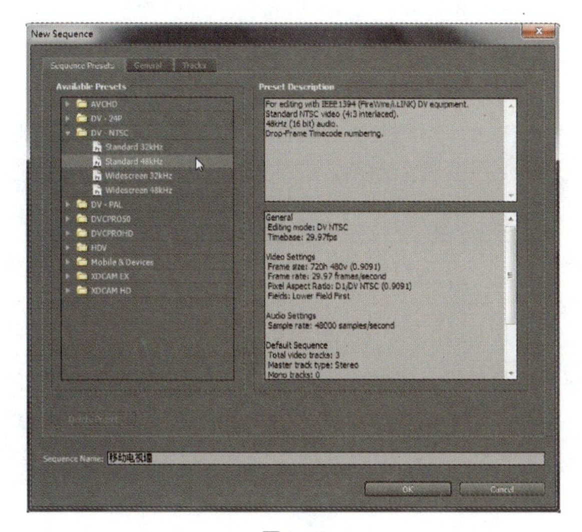

图4－2

知识点提示

Monitor（监视器）面板

主要用于在创建作品时对它进行预览。在预览作品时，在素材源监视器中单击“播放/停止”按钮可以播放或停止作品。工作时，也可以单击并拖动微调区域以微调或缓慢形式滚动影片。下面介绍 Premiere 中五种不同的监视器。

1. Source Monitor（素材源监视器）

素材源监视器显示还未放入 Timeline 中的视频序列中的源影片，可以使用素材源监视器设置素材的入点和出点，然后将它们覆盖到自己的作品中。素材源监视器也可以显示音频素材的波形。

在下一章中，将对 Source 监视器进行详细的讲解。

2. Program Monitor(节目监视器)

节目监视器显示在 Timeline 窗口的视频序列中组装的素材、图片、特效和切换效果,也可以提升和提取按钮移除影片。要在节目监视器中播放序列,只须单击窗口中的按钮。

:设置入点。

:设置出点。

:回到入点。

:回到出点。

:播放入点到出点。

:设置标记点。

:逐帧后退。

:播放。

:逐帧前进。

:回到前一个编辑点。

:到下一个编辑点。

:快速搜索滑块。

:微调。

:循环播放。

:安全框。

:提升。

:提取。

:修整监视器。

02.

打开素材文件“chapter4\media\素材. psd”。此图片为一个 PSD 分层图片,在进行导入时我们采用 Merge All Layers 的导入方式。除此之外,还可以对图片进行逐层导入方式,此种方式可以使图片在进行处理时具有更强的可操作性。因此实例是对图像进行同时移动和缩放改变,所以我们还是以合并的方式导入图片。如图 4 - 3所示。

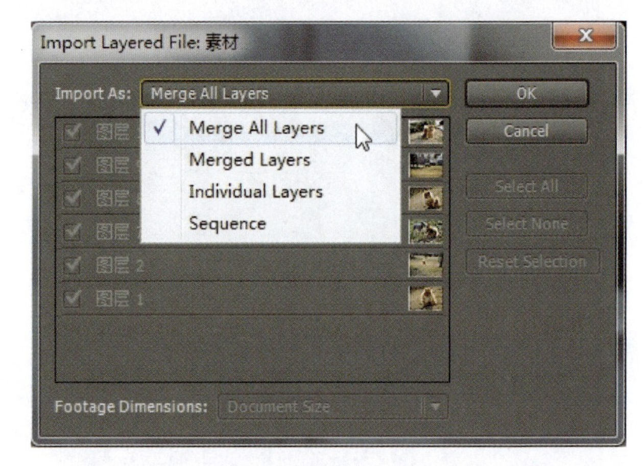

图4 - 3

03.

将导入的素材拖动到 Timeline 窗口中的 Video 1 轨道上,并放在开头的位置,如图 4 - 4 所示。

图4 - 4

因为图片大小与所建项目视频的大小有较大差距，Program视窗对图片大小进行更改，使其在画面当中正好能显示组合图片中的一张图片，以符合创意要求。如图4-5所示。

图4-5

04.

把图片移动到Program监视器之外，如图4-6所示，并使其处于00:00:00:00的位置，再对其进行位移关键帧的设置。

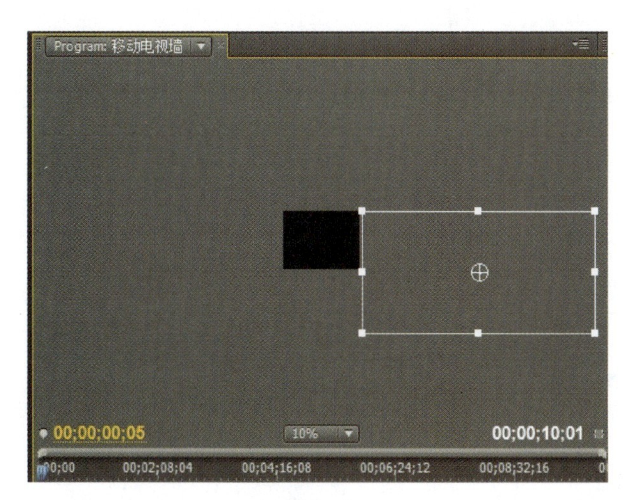

图4-6

3. Trim Monitor(修整监视器)

使用修整监视器可以精确地微调编辑。在节目监视器中单击其面板菜单中的 按钮可以快速访问Trim Monitor修整监视器。

在修整监视器面板中，一段素材的左边和右边显示在窗口的两边。要进行编辑，可以在素材的两个监视器视图之间单击并拖动，以在素材的任一边添加或移除帧。也可以单击并拖动到左边或右边的监视器仅编辑素材的左边或右边。

打开 Effect controls 面板中的 Motion 选项中的 Position(位移),对其进行关键帧的设置。在 00:00:00:00 位置上单击按钮 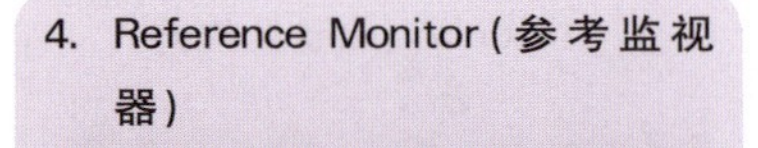,为 Position 添加关键帧,如图 4-7所示。

图4-7

05.

在 00:00:02:00 位置上为图像再添加关键帧,单击按钮,设置位置坐标轴为(370.0,508.0),如图 4-8所示。这两个关键帧的设置是为了使图片从右向左进行运动,使观看者能对其中的图像进行浏览。

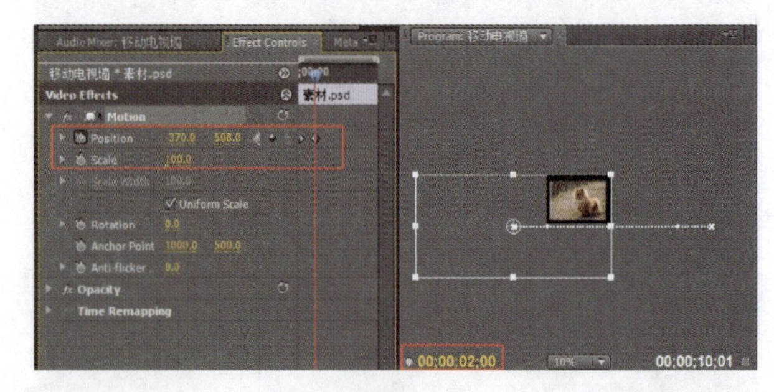

图4-8

06.

为了使后一步的移动沿着直线进行,我们在 00:00:

4. Reference Monitor(参考监视器)

在许多情况下,参考监视器是另一个节目监视器。许多 Premiere 使用它进行颜色和音调调整,因为在参考监视器中查看视频示波器(它可以显示色调和饱和度级别)的同时,可以在节目监视器中查看实际的影片。参考监视器可以设置为与节目监视器同步播放或统调,也可以设置为不统调。

5. Multi-Camera Monitor(多机位监视器)

如果前期进行了多机位拍摄取得素材,可以使用 Multi-Camera Monitor(多机位监视器),同时查看四个视频源,从而快速选择最佳的拍摄,将它录制到视频序列中。随着视频的播放,不断从四个同步源中做出选择,进行源素材之间的镜头切换。还可以选择监视和使用来自不同源的音频。

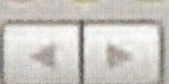
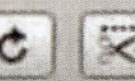

02:06 的位置再添加一个关键帧，位移数值不变(370.0，508.0)，如图 4-9 所示。

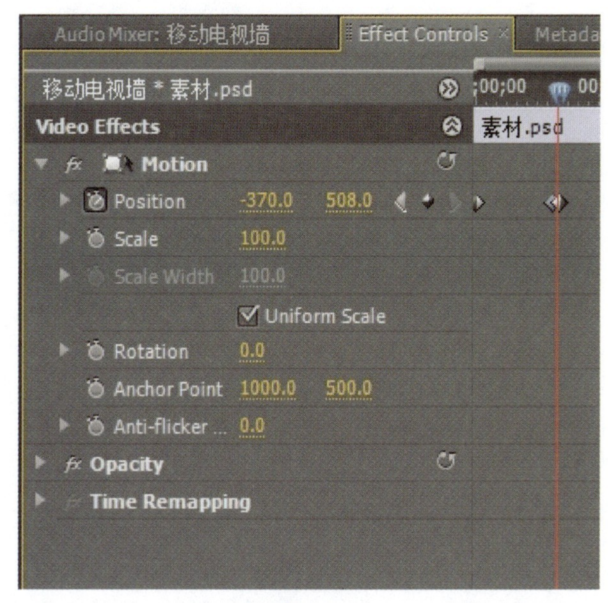

图 4-9

07.

接下来我们将对图像进行从下向上的运动的设置。在 00:00:04:00 位置为 Position 添加关键帧。数值为(370.0,508.0)，如图 4-10 所示。

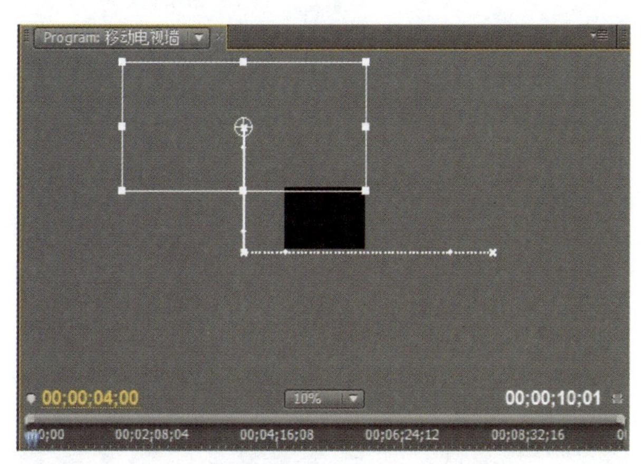

图 4-10

为画面制作从大到小的迅速缩小变化的效果，在 00:00:05:20 的位置为图像设置关键帧。为了保证前期图像是以原比例进行浏览，必须在 00:00:04:00 的

History(历史)面板

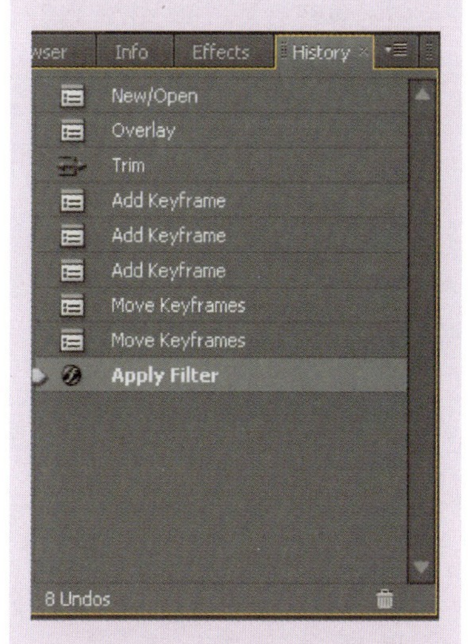

使用 Premiere 的 History(历史)面板，可以无限制地执行 Undo(撤销)操作。

工作时，历史面板会记录作品制作步骤。要返回到项目以前的状态，只需单击历史面板中的历史状态即可。

单击并重新开始工作之后，历史记录将会补改写，即返回历史状态的所有后续步骤将会从历史记录面板当中删除，被新的操作步骤所替代。

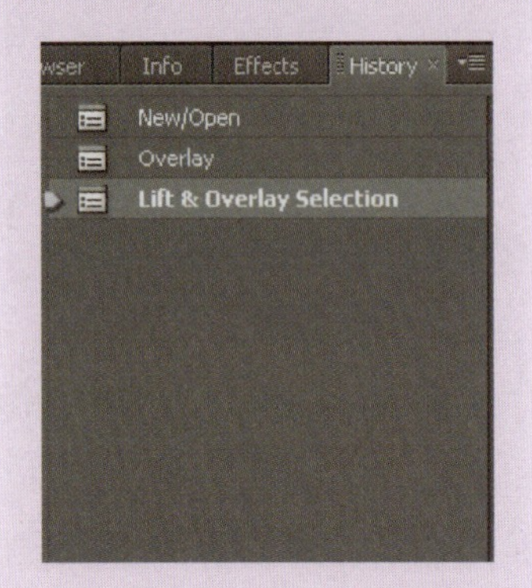

如果想在面板中清除所有历史，只需在面板（单击朝下的三角图标 可以打开）中选择 Clear History（清除历史）。

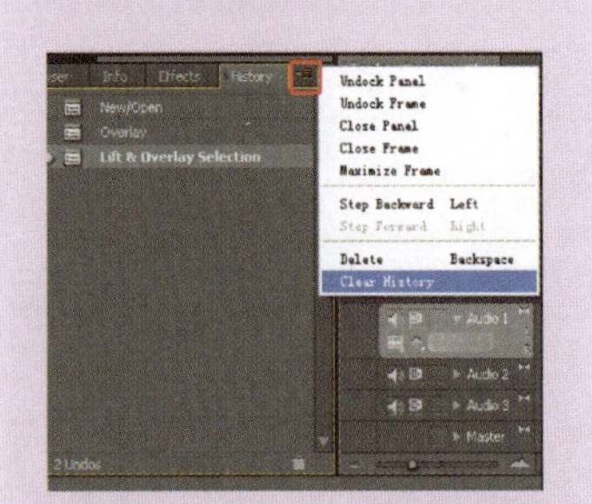

要删除某个历史状态，只需在面板中选中它并单击 Delete（删除）按钮（垃圾桶图标）。

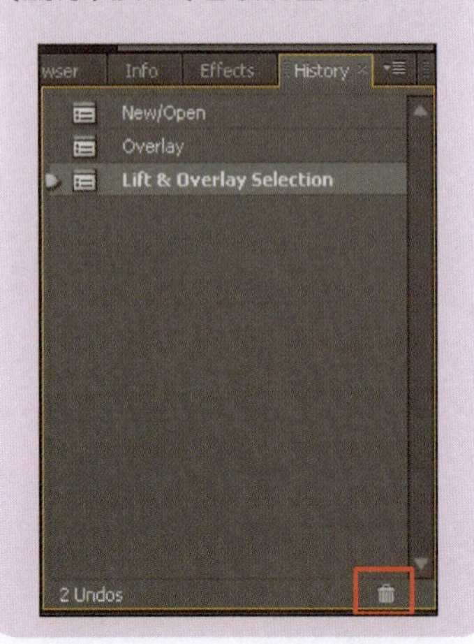

位置上为 Scale 设置关键帧。数值不做任何改变，如图 4－11 所示。

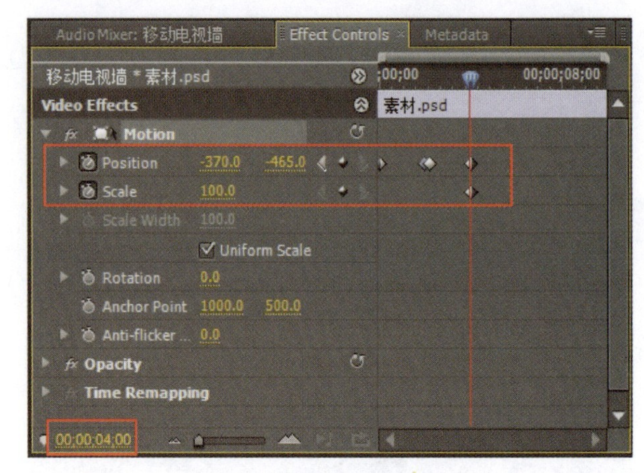

图 4－11

08.

在 00:00:05:20 位置上同时设置 Position 和 Scale 的关键帧，Position 的数值为（387. 4，280. 0），Scale 的数值为 10，如图 4－12 所示。

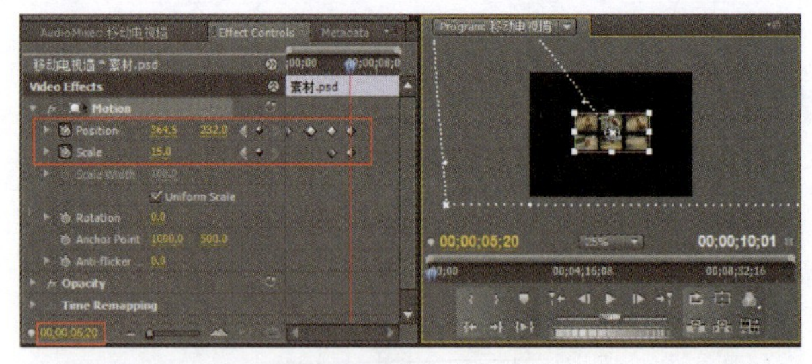

图 4－12

把时间轴移动到 00:00:06:20 位置，同时设置 Position 和 Scale 的关键帧，Position 的数值为（336. 2，568. 0），Scale 的数值为 86，如图 4－13 所示。

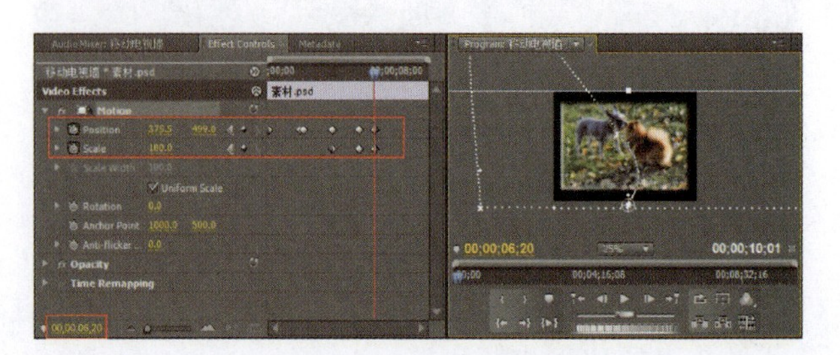

图 4－13

09.

为了使画面在定格后逐渐消失于屏幕，下面进一步为画面添加关于 Opacity（透明度）的关键帧。在 00:00:06:20 位置为画面添加上 Opacity（透明度）关键帧，数值为 100%，如图 4-14 所示。

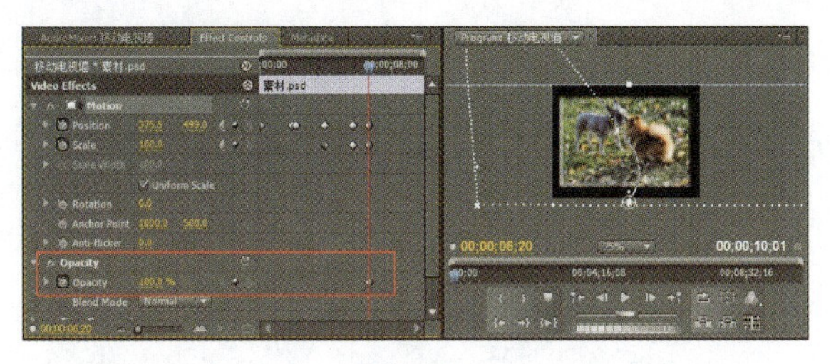

图 4-14

在 00:00:07:00 位置为画面添加上 Opacity（透明度）关键帧，数值为 0%，如图 4-15 所示。

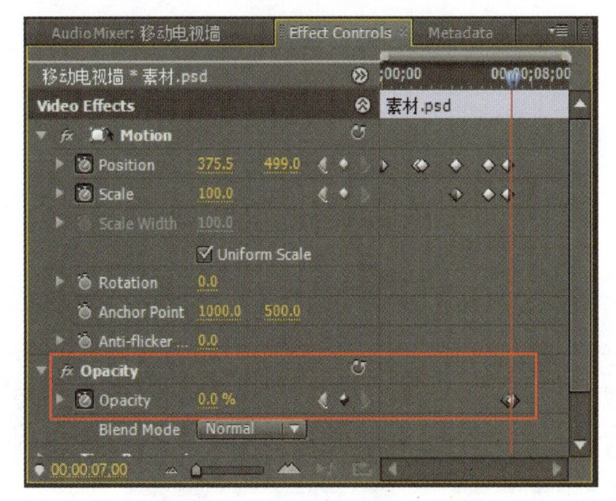

图 4-15

10.

对工作区域进行设定，拖动滑块到 00:00:07:00 的位置，如图 4-16 所示。

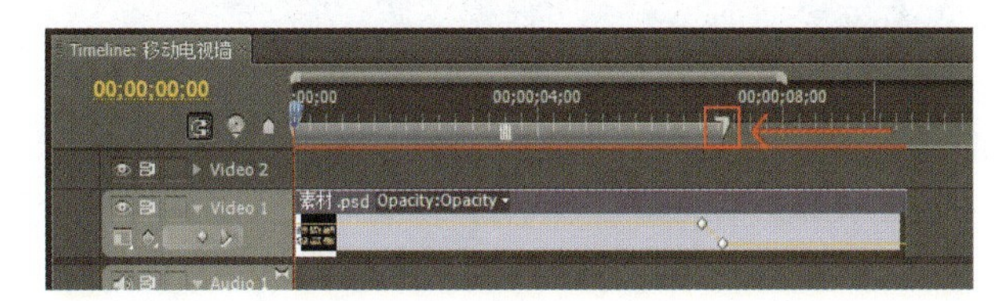

图 4-16

Info（信息）面板

信息面板提供了关于素材和切换效果，乃至 Timeline 中空白间隙的重要信息。要查看活动中的信息面板，只需要单击一段素材、切换效果或 Timeline 中的空白间隙。信息窗口将显示素材或空白间隙的大小、持续时间以及起点和终点。在编辑过程中，信息面板非常实用。

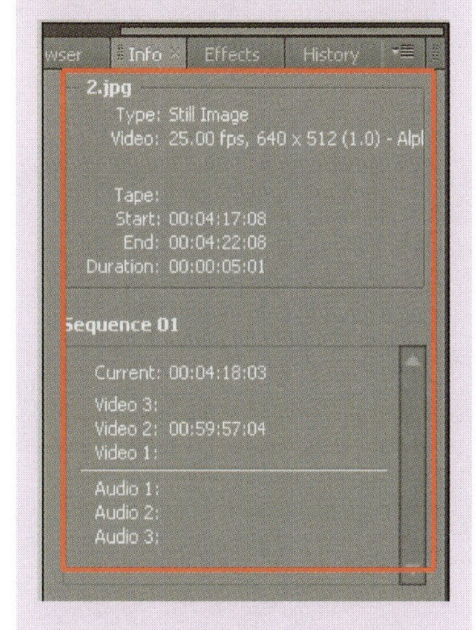

Events（事件）面板

Events（事件）面板列出了在使用第三方视频和音频插件时可能发生的错误。在事件面板中选定错误信息，然后单击 Details...（详情）按钮，可以看到关于特定错误的信息描述。

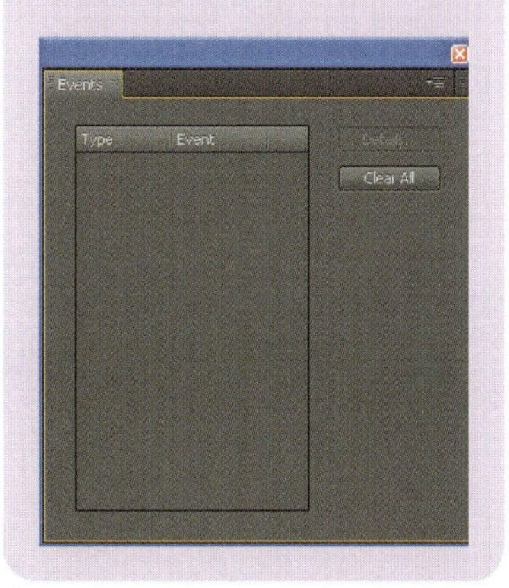

Audio Mixer(调音台)面板

Audio Mixer(调音台)面板,可以混合不同的音频轨道、创建音频特效和录制叙述材料。调音台实时工作能力使它具有这样的优势,在查看伴随视频的同时混合音频轨道并应用音频特效。关于调音台面板,将在第十六章进行详细的讲解。

操 作 提 示

常用面板热键显示

Project 面板:〈Shift〉+〈1〉。

Source 面板:〈Shift〉+〈2〉。

Timeline 面板:〈Shift〉+〈3〉。

Program 面板:〈Shift〉+〈4〉。

Effect Controls 面板:〈Shift〉+〈5〉。

Audio Mixer 面板:〈Shift〉+〈6〉。

Effects 面板:"〈Shift〉+〈7〉"。

单击键盘上的 Enter 键对工作区域进行预渲染,如图 4-17 所示。在影片输出前对影片进行观看,对没有达到效果的地方进行修改。这也是在进行影片输出前必不可少的一个步骤。

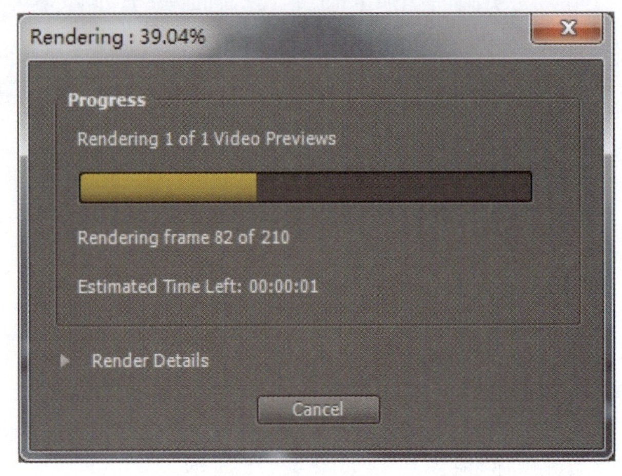

图 4-17

11.

添加素材文件当中的音频素材,使画面更加生动。预渲染后,如果效果满意,我们可以对项目文件进行输出,并观看影片的效果,如图 4-18 所示。

图 4-18

本章小结

本章运用 Premiere 中几组最基本的参数，如位移、大小、透明度设计并制作了一个移动电视墙的效果。对要在画面中显示的图片进行了动态的浏览，并在某个时间节点中对其进行突然的放大与缩小处理。同时，本章详细介绍 Premiere 中的几个重要面板功。在制作实例时，应加强对面板设置的理解与运用。

课后练习

1. 调出 Audio Mixer（调音台）面板的快捷键是________。

   A. 〈Shift〉+〈1〉

   B. 〈Shift〉+〈4〉

   C. 〈Shift〉+〈6〉

   D. 〈Shift〉+〈7〉

2. History（历史记录）面板，在 Premiere 当中起到了什么作用？

3. Premiere Pro CS4 为我们提供了________类型的监视器。

   A. 5 种

   B. 4 种

   C. 3 种

   D. 2 种

制作滚动字幕

本课学习时间： 60 分钟

学习目标： 掌握制作横向滚动字幕与纵向滚动字幕的方法

教学重点： 对字幕文字面板各属性的认识

教学难点： 对字幕文字面板各属性的灵活应用

讲授内容： 新建字幕文件，字幕编辑对话框属性，创建横向、纵向滚动字幕

课程范例文件： \chapter5\final\滚动字幕.proj

本章课程总览

电影的对白、电视中的辅助介绍、新闻短消息等多以滚动字幕的形式在视频中出现。其优点在于既可以使观众在欣赏节目之余了解更多相关或不相关的信息，又不影响主体节目的收看。Premiere CS4 为我们提供了建立横向和纵向的滚动字幕的功能，使字幕的创建更加快捷与简便。

案例　滚动字幕应用效果

5.1 制作横向字幕

01.

启动 Premiere CS4，创建新的项目文件，命名为“滚动字幕”，如图 5－1、图 5－2 所示。

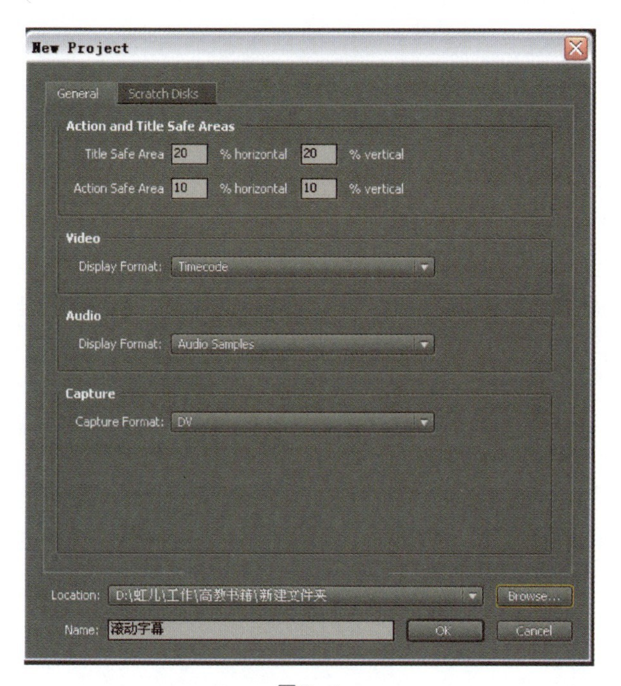

图 5－1

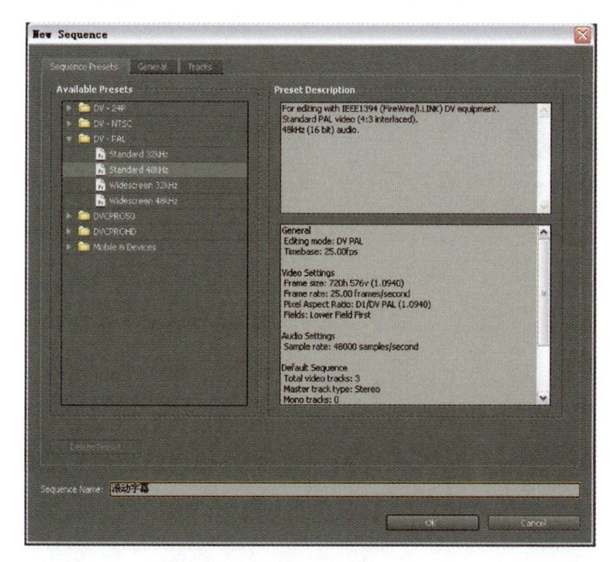

图 5－2

知识点提示

在 Premiere 中可以使用 Photoshop 或是 Illustrator 绘图软件来创建字幕。

但是也可以通过 Premiere 提供的字幕设计功能来创建文字和图形，还可以通过游动或滚动文字来制作阴影或是简单的动画效果。

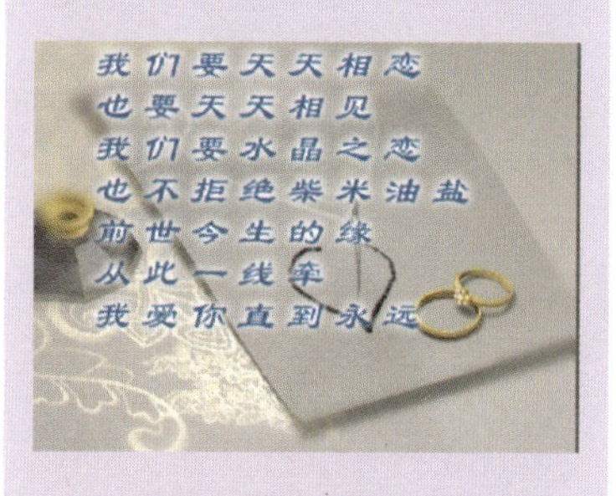

拍摄的素材并不会完全应用到最终的编辑中，对素材进行初步的剪辑处理，挑选需要的素材是编辑的第一步。

02.

用快捷键〈CtrL〉+〈I〉打开“导入”对话框，导入素材视频文件“chapter5\media\世纪经典. avi”，如图 5－3 所示。

图5－3

此视频文件在影片的前半部有一段黑屏过渡，在正式制作前，我们在素材监视器当中先对素材进行处理，以便进行下一步的制作。

03.

双击项目面板的“世纪经典”前的图标，如图 5－4 所示，可以在 Source 监视器当中可以看到素材已被放入其中。

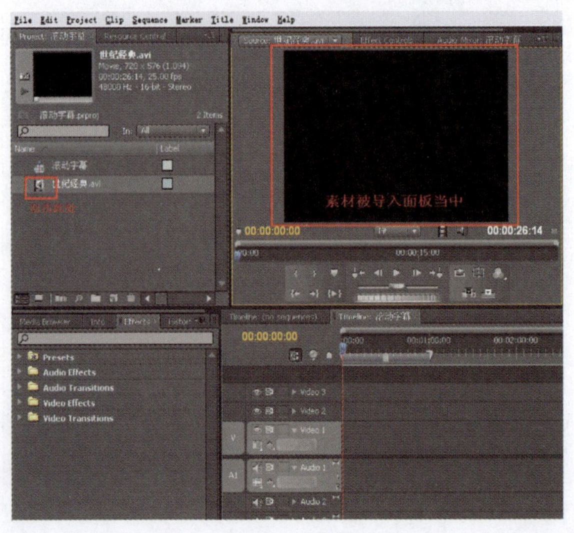

图5－4

下面我们可以在Source面板中对素材进行初步编辑。将时间码定在00:00:06:00处，按下入点按钮，设定素材的入点，如图5-5所示。

图5-5

继续播放素材，在00:00:26:05处，按下出点按钮，设定素材的出点，如图5-6所示。

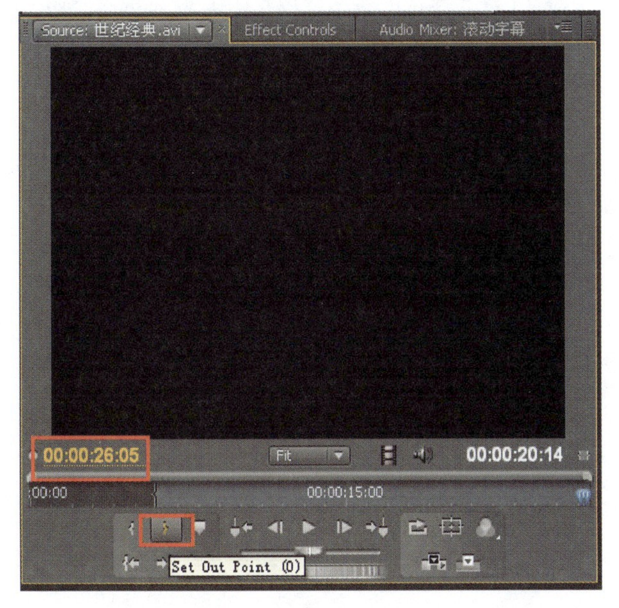

图5-6

知识点提示

Source面板

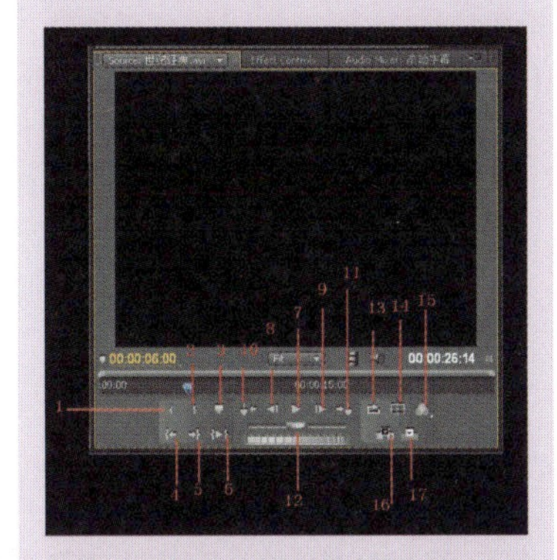

(1) 设定入点。

(2) 设定出点。

(3) 添加标记。

(4) 回到入点。

(5) 回到出点。

(6) 播放入点到出点。

(7) 播放。

(8) 逐帧后退。

(9) 逐帧前进。

(10) 回到前一个标记。

(11) 到后一个标记。

(12) 快速滚动播放。

(13) 循环播放。

(14) 安全框。

(15) 输出设置。

(16) 插入。

(17) 覆盖。

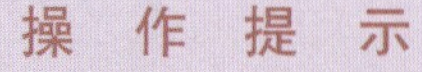

操 作 提 示

单击按钮和按钮，对时间轴中原有素材所放置的位置会发生影响。在进行操作时，应根据需要，选择合适的工具。

：将在两段素材之间执行插入处理，后段素材将向后移动。

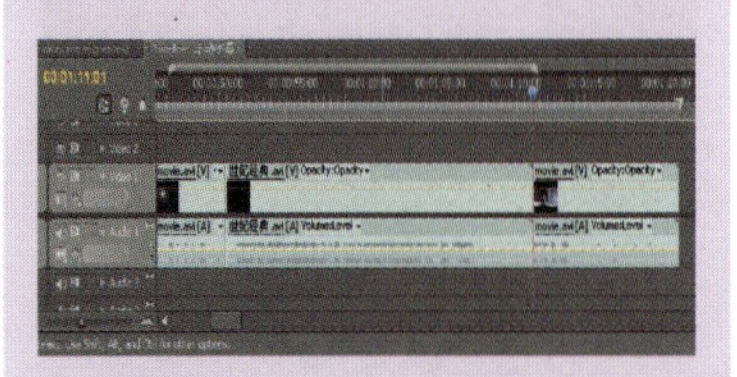

：将覆盖掉时间轴之后与插入素材等长的素材。

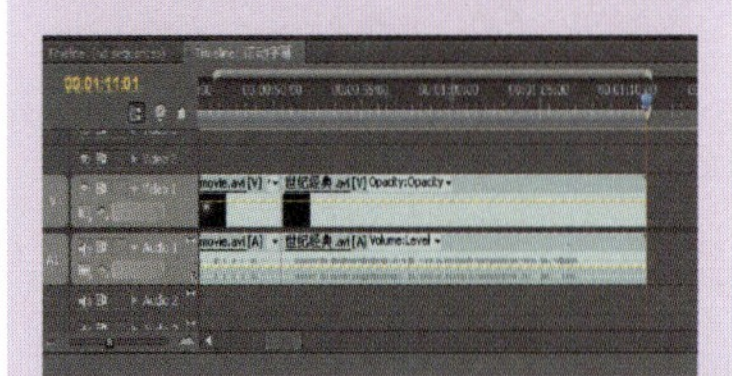

04.

把时间指针移动到00:00:00:00的位置，按下按钮，可以看到设置了入点与出点的素材被插入了轨道中，如图5-7所示。

图5-7

05.

在Project窗口的空白区域单击鼠标右键，在弹出的对话框当中选择New Item→Title...命令，新建字幕文件，如图5-8所示。

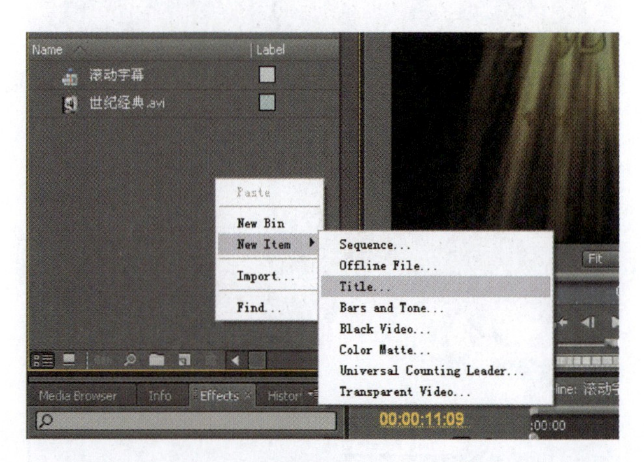

图5-8

在弹出的对话框当中，为新建的字幕文件命名为“字幕”，单击 OK 按钮，如图 5－9 所示。

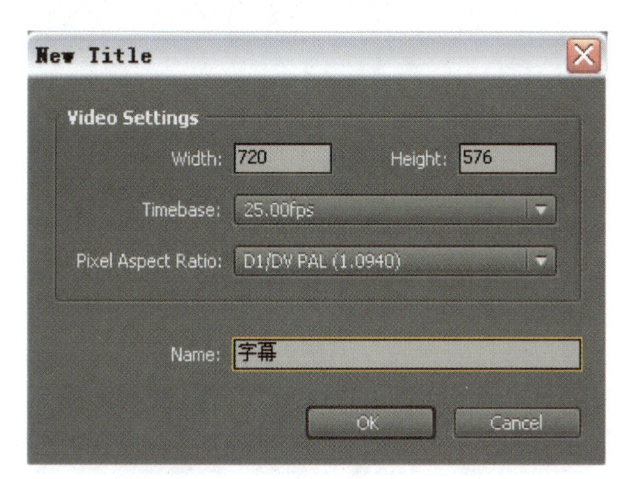

图5－9

06.

在对话框当中输入要在屏幕当中滚动播出的文字，这里可以打开素材文本文件“字幕”作为实例制作的文字说明，如图 5－10 所示。

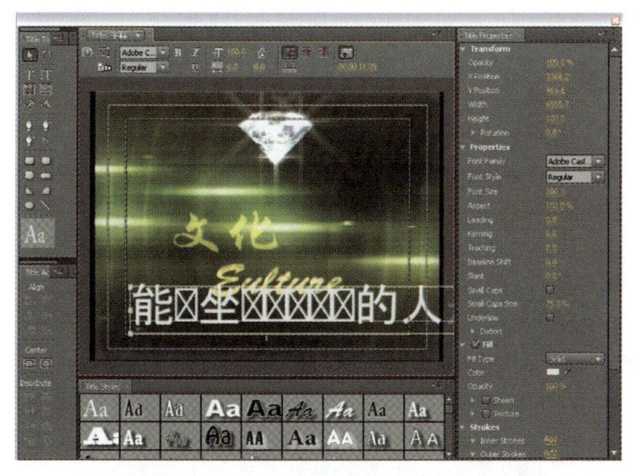

图5－10

可以发现，导入的文件会出现乱码的现象。此种情况的是因为字体的问题。下一步我们将为文字选择合适的中文字体。

在本实例中选择隶书，此时画面中文字乱码的现象

在字幕框中，当初次使用此对话框设置字体时，字体的显示全部为英文，如下图。

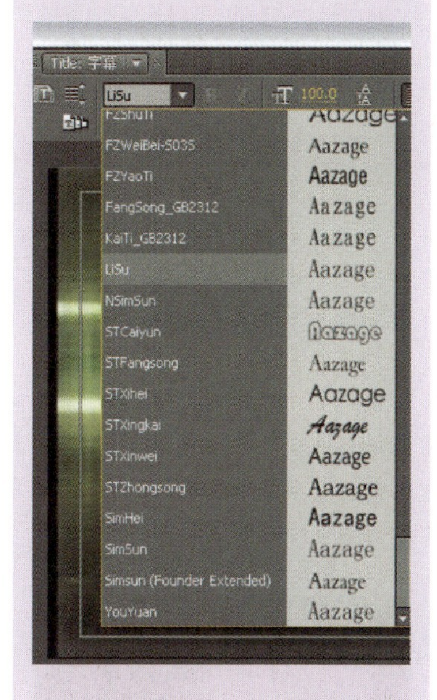

需对其进行参数的设置，以改变此种现象。

(1) 选择 Edit→Preferences→Titler ...选项。

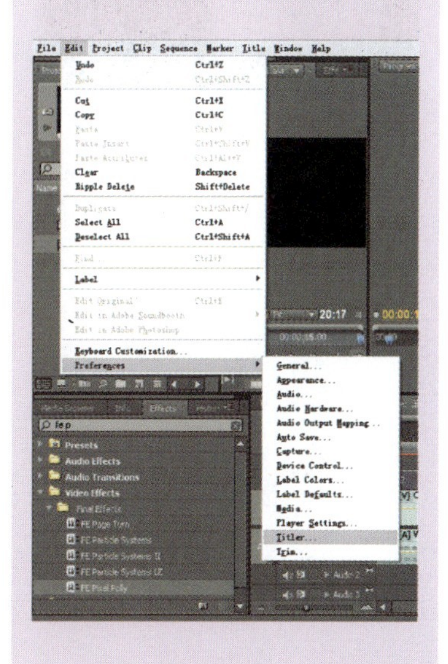

（2）将 Font Browser（字体浏览）选项中去除后四个字母，并输入中文，如下图所示。

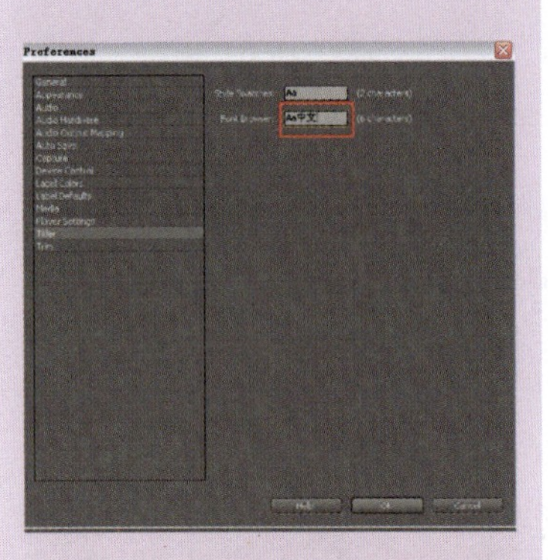

（3）最后在字体浏览时，将可以看到所选字体的中文形式，如下图所示。

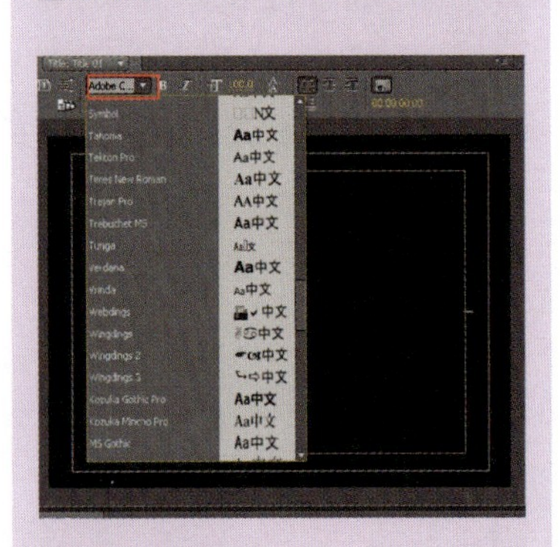

已经得到了解决，如图 5－11 所示。

图 5－11

07.

为文字进行处理，此步我们将通过字幕对话框中的参数设置为文字加入效果，包括对文字的大小、填充、描边进行调整。

首先将文件拖动到字幕安全框的边缘，并将 Font Size 字体大小数设为 28.0，如图 5－12 所示。

Properties	
Font Family	LiSu
Font Style	Regular
Font Size	28.0
Aspect	100.0 %
Leading	0.0
Kerning	0.0
Tracking	0.0
Baseline Shift	0.0
Slant	0.0°

图 5－12

接下来，打开 Stroke（描边）选项，为字幕加上一条描边，使字幕在滚动时更具有质感，如图 5－13 所示。

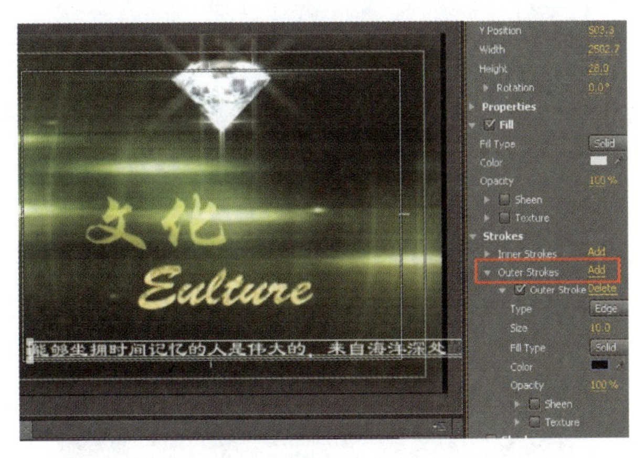

图5-13

在 Color 选项当中通过拾色器，设置描边的颜色。在此设置色彩为（R：255，G：229，B：5），如图 5-14 所示。

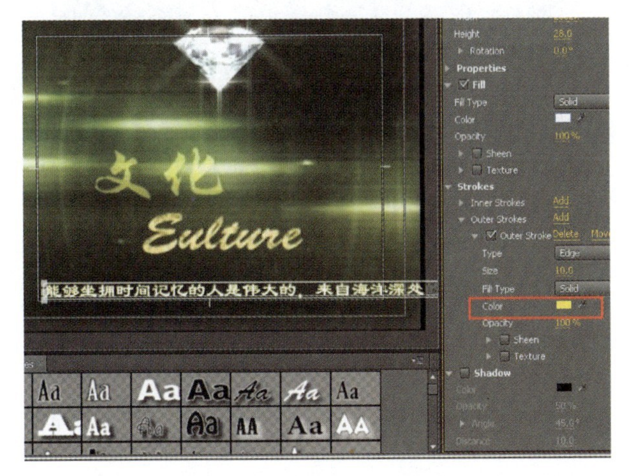

图5-14

08.

单击 Roll/Crawl Options 按钮，此按钮处于字幕对话框位置见图 5-15。

在 Roll/Crawl Options 对话框当中，在 Title Type 栏中选择字幕类型为 Crawl Left，在 Timing(frames)栏中选中 Start Off Screen 和 End Off Screen 复选框，设置字幕的动画为从影片开始时滚动进入，在播放结束时全部滚动完成，如图 5-16 所示。

知识点提示

字幕面板提供了大量的字幕样式，如下图所示。同时还可以通过右侧的参数选择文字的填充色及描边色。

在 Roll/Crawl Options 对话框中，主要包含两个选项栏 Title Type 和 Timing(Frames)两个选项。

Title Type 选项栏

Still(静止)：选择此选项，编辑的文字将不产生动态的效果。

Roll：配合 Timing 选项栏当中的选项可以制作纵向滚屏字幕。

Crawl Left：文字从右进入，向左退出。

Crawl Right：文字从左进入，向右退出。

Timing (Frames)选项栏

Start Off Screen：开始于屏幕外。

End Off Screen：结束于屏幕外。

Preroll：向前滚动。

Ease-In：自由进入。

Ease-Out：自由滑出。

Postroll：向后滚动。

图 5 - 15

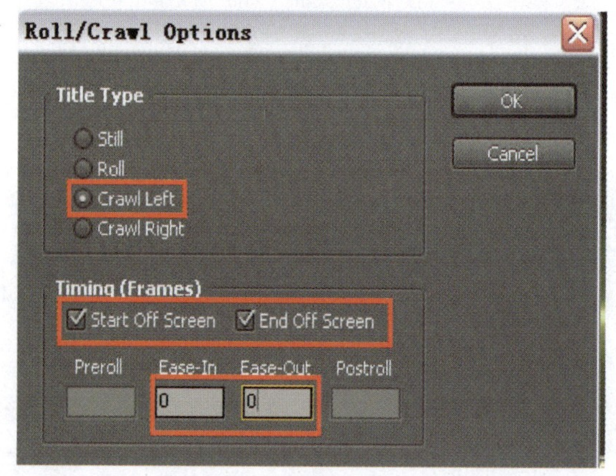

图 5 - 16

单击 OK 按钮，结束对滚屏文字的设置，如图 5 - 17 所示。

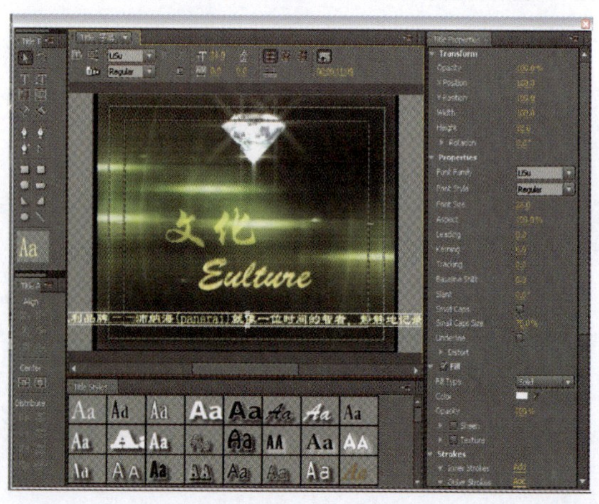

图 5 - 17

09.

将新生成的"字幕"文件拖动到 Timeline 窗口中的 Video 2 中，如图 5－18 所示。

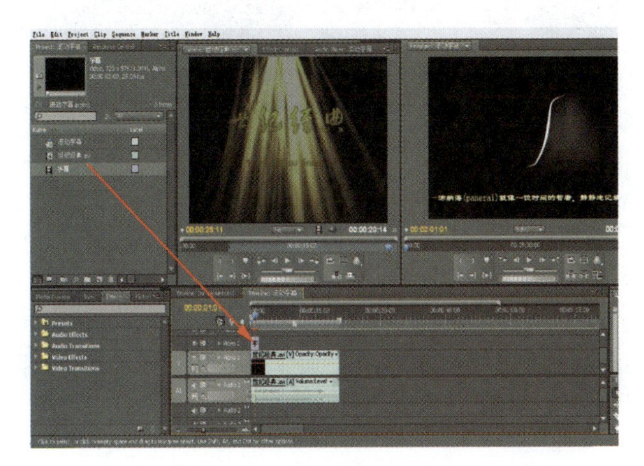

图 5－18

拖动 Video 2 中的素材，使其与 Video 1 中的素材的长度一致，如图 5－19 所示。

图 5－19

10.

按〈Enter〉键对素材进行，如图 5－20 所示。然后观看渲染后的效果，如图 5－21 所示。

字幕设计对话框分为以下五大部分：

（1）字幕工具：该面板包括文字工具和图形工具，以及一个显示当前样式的预览区域。

（2）字幕：主工具栏中的选项用于指定创建静态文字或游动文字，还可以使用其中的选项选择字体和对齐方式。

（3）字幕属性：该面板中的设置用于转换文字和图形对象以及为它们制定样式。

（4）字幕动作：该面板中的图标用于对齐或分布文字和图形对象。

（5）字幕样式：该面板中的图标用于对文字和图形对象应用预置自定义样式。

字幕工具面板介绍

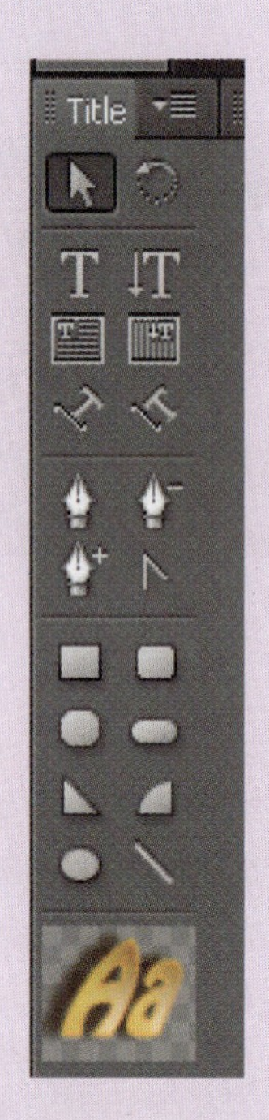

：选择工具，用来选择对象以便移动或调整其大小，快捷键〈V〉。

：旋转工具，用于旋转文字，快捷键〈O〉。

：横排文字工具，沿水平方向创建文字，快捷键“T”。

：直排文字工具，沿垂直方向创建文字，快捷键〈C〉。

：水平文本框工具，沿水平方向创建换行文字。

：垂直文本框工具，沿垂直方向创建换行文字。

：路径输入工具，创建沿路径排列的文字。

图5-20

图5-21

5.2 制作纵向字幕

01.

选择 File→New→Sequence...命令，在原有的项目文件中创建新的时间线，命名为“纵向滚动字幕”，如图5－22 所示。

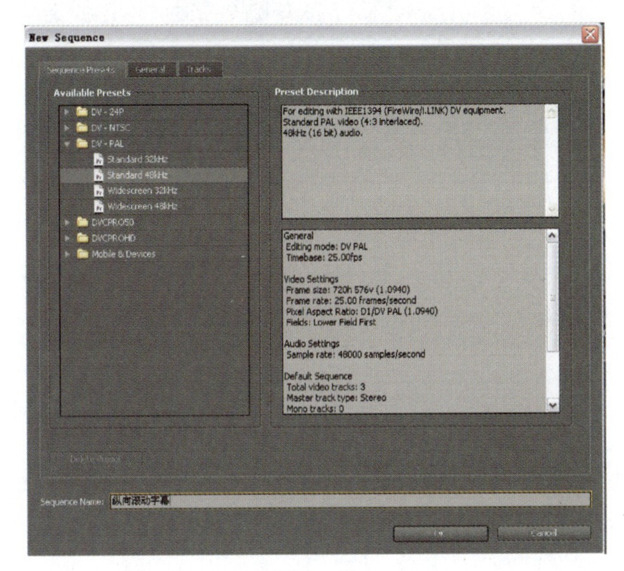

图5－22

02.

导入素材文件“chapter5\media\茶. jpg”、“chapter5\media\中国茶. mp3”，如图 5－23 所示。

图5－23

：垂直路径输入工具，创建沿路径排列的文字。

：钢笔工具，使用贝塞尔曲线绘制曲线形状，快捷键<P>。

：删除锚点工具，删除路径上的点。

：增加锚点工具，在路径上添加锚点。

：转换锚点工具，将点在曲线点与拐点之间转换。

：矩形工具，创建矩形，快捷键<R>。

：圆角矩形工具，创建圆角矩形。

：切角矩形工具，创建切角矩形。

：圆矩形工具，创建圆矩形。

：三角形工具，创建三角形，快捷键<W>。

：圆弧工具，创建弧形，快捷键<A>。

：椭圆工具，创建椭圆，快捷键<E>。

：直线工具，绘制直线，快捷键<L>。

：预览。

纵向滚动字幕的制作与横向字幕的制作在制作程序上十分的相似，不同之处在于 Roll/Crawl Options 的参数设置略有不同。

字幕应用范围

纵向字幕：该字幕的设计，文字居于主体地位，画面作为附属说明。

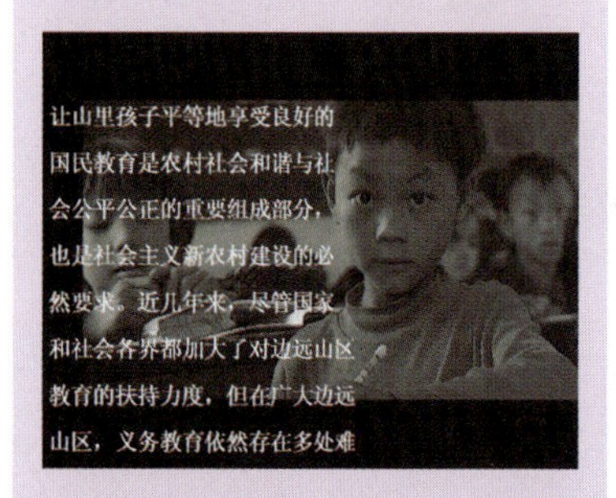

横向字幕：该字幕的设计，画面是视觉的焦点，滚动字幕作为一种背景说明或是滚动播放信息之用。画面为主，文字为辅。

将“茶. jpg”的图片拖入 Timeline 编辑区的 Video 1 轨道，如图 5－24 所示。

图 5－24

03.

此纵向滚动字幕效果预计时间为 20 秒。接下来调整它在轨道上的长度，将时间码调整为 00：00：20：00，然后用 工具将素材拖动至靠进时间指针的位置，如图 5－25所示。

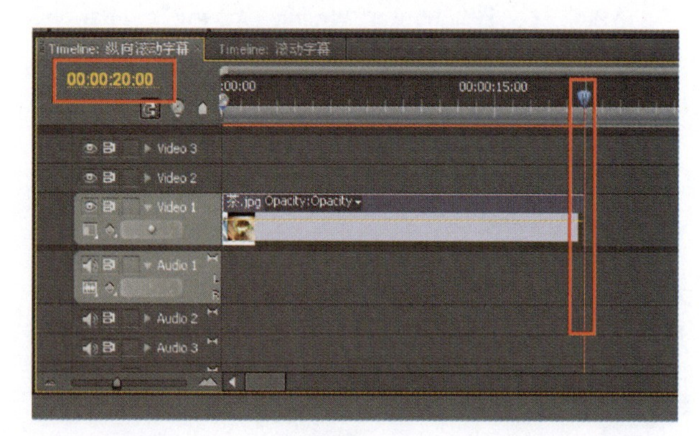

图 5－25

04.

在项目文件的空白区域，用鼠标右键选择 New item→Title ... 命令，新建字幕文件，如图 5－26 所示。

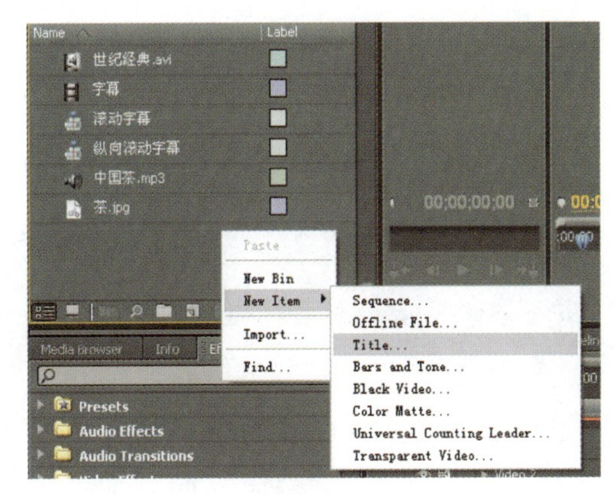

图 5 - 26

在弹出的对话框当中为字幕文字命名为“茶道文化”，单击 OK 按钮，如图 5 - 27 所示。

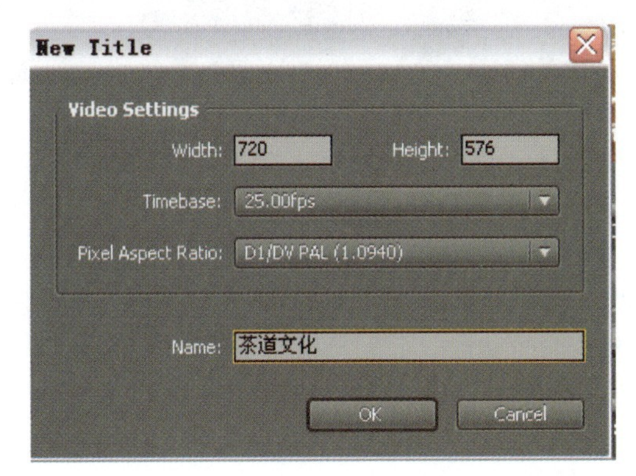

图 5 - 27

05.

在字幕编辑对话框中，可键入文字，也可直接复制素材文件中关于“茶道文化”的文字，如图 5 - 28 所示。

图 5 - 28

为使素材在拖动时能准确的与所定时间指针对齐，可以打开轨道上方的按钮 ，开启吸附功能。

在项目的制作过程中，无论何时想要编辑字幕，只要双击 Timeline 面板或 Project 面板中的字幕就可以显示字幕的设计界面，对其进行修改与编辑。

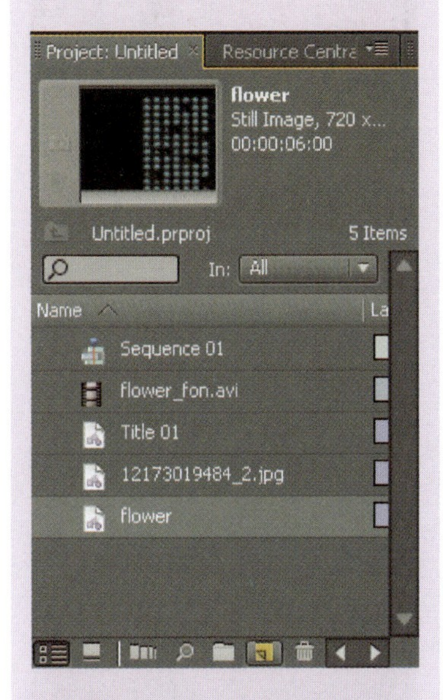

知 识 点 提 示

字幕在进行制作时，对其放置的范围可以根据安全框进行参考。外圈为视频安全框，是视频播放的一个参考范围。

内圈为文字安全框。安全框是针对大多数电视机场宽而言的，一般保留 10% 的边缘区，线外部分在电视机观看时有可能出屏，显示不全，这对制作电视字幕和画面构图有影响，是一定要考虑的问题。

为文字选择合适的字体，在此选择“隶书”，可以发现如图 5-28 所示的文字乱码现象在选择合适字体后自动纠正。效果如图 5-29 所示。

图 5-29

06.

为字体设置与画面匹配的颜色与大小，并对文字进行分段排列的处理。

首先在 Font Size 选项中将字体大小设置为 36.0，再对文字进行分段的排列，使每段文字的长度基本相同，如图 5-30 所示。

图 5-30

然后，将文字的填充色调整为纯白色。在 Fill 选项的 Color 中，通过拾色器将文字颜色改为纯白，如图5-31 所示。

图5-31

再调整文字之间的间距。将 Leading 值调为 21.0，Kerning 值调为 6.0，使文字基本能充满整个屏幕，如图 5-32 所示。

图5-32

07.

单击 Roll/Crawl Options 按钮，为文字创建运动动画。如图 5-33 所示，在弹出的对话框当中设置 Title Type 选项为 Roll，在 Timing(Frames)选项中选中 Start Off Screen 和 End Off Screen 复选框。单击 OK 按钮，至此文字的纵向滚屏动画设置完毕，关闭字幕编辑窗口。

Roll/Crawl Options 选项当中，Timing (Frames)选项栏包含以下选项：

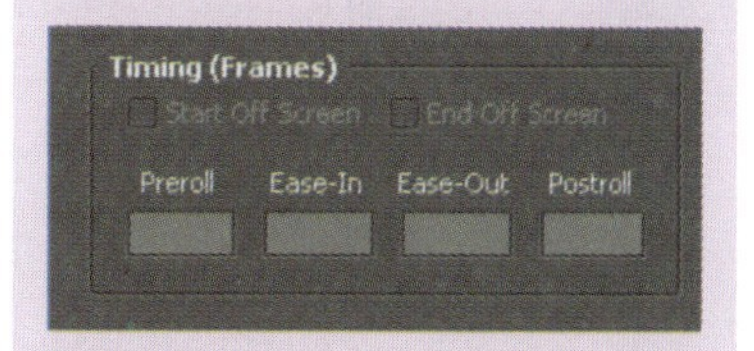

Start Off Screen：从屏幕外开始。

End Off Screen：在屏幕外结束。

一般 Start Off Screen 和 End Off Screen 选项同时使用。可制作文字滚屏动画。

Preroll：向前滚动。此选项可以设置字幕滚动前停留的帧数。

Ease-In：缓慢入，设置字幕从滚动开始到匀速运动的帧数，此时作减速运动。

Ease-Out：缓慢出，设置字幕从匀速运动到退出屏幕的帧数，此时做加速运动。

Postroll：向后滚动，设置字幕滚动停止后停留的帧数。

操 作 提 示

生成的滚动字幕的长短决定滚动字幕的速度。当对其拉长处理时，在屏幕当中滚动的速度将会减慢；当对其进行缩短处理时，在屏幕当中的滚动速度将会加快。

以下是在对字幕进行设计时常涉及的属性选项。

Leading(行距，此数值可调整文字行与行之间的间距)

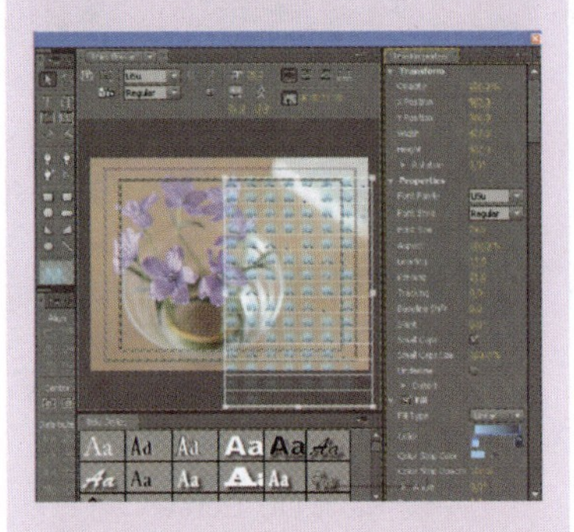

Kerning(此数值可调整字符之间的间距)

Aspect(纵横比)

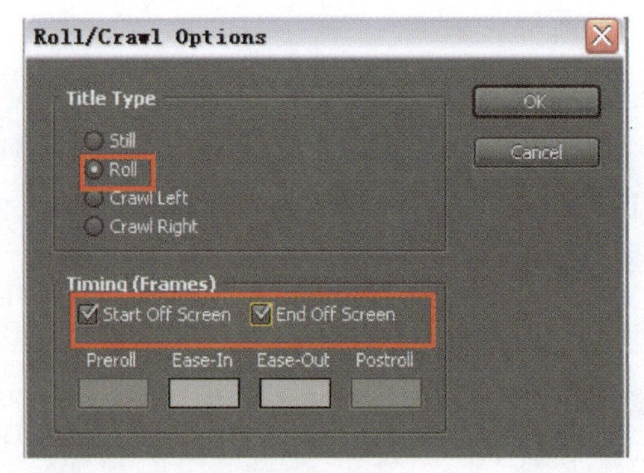

图 5-33

08.

将新生成的“茶道文化”动画字幕素材拖动到Timeline窗口中的Video 2轨道中，如图5-34所示。

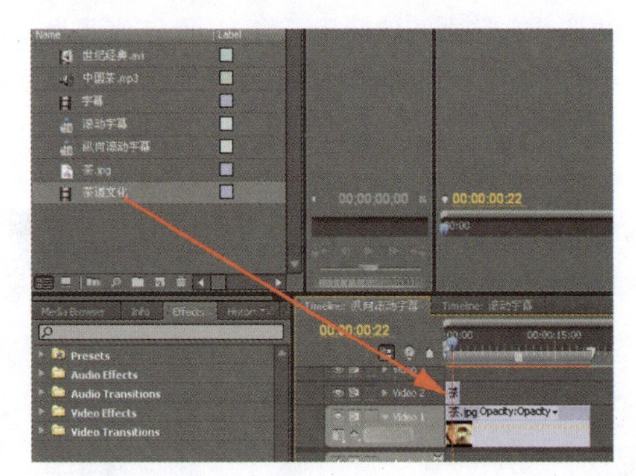

图 5-34

拖动Video 2轨道上的素材，使其与Video 1轨道上的素材等长。此步也是为了减慢字幕在画面上的滚屏速度，如图5-35所示。

图 5-35

09.

下面我们将为画面配上音乐。因为实例制作的主题内容文化意味较为浓重，画面质朴，所以我们选取了与之相匹配的一段音乐"中国茶"，将其拖动至 Audio1 轨道中，如图 5－36 所示。

图 5－36

单击"播放"按钮，可对画面及音乐进行试听。为了和画面的节奏相配，在时间线的 00:00:06:00 和 00:00:26:00 的位置用剃刀工具将其剪断，留下中间一段作为背景音乐之用。如图 5－37、图 5－38 所示。

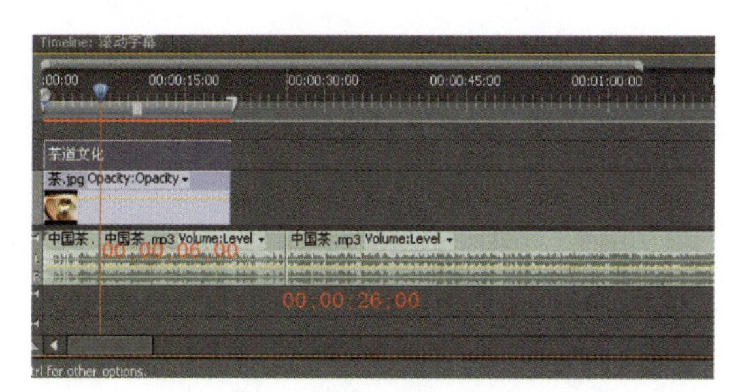

图 5－37

图 5－38

Tracking（跟踪）

Baseline Shift（基线位移）

Slant（倾斜）

Distort（扭曲）

Small Caps（小型大写字母）

Underline(下划线)

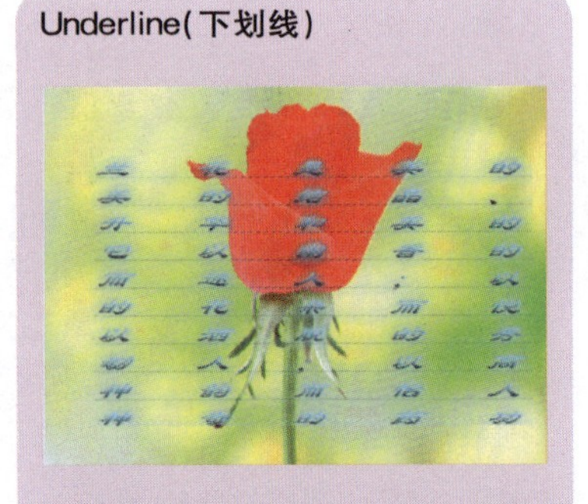

Fill(填充)

Strokes(描边)

Shadow(阴影)

10.

最后为画面和音乐制作渐入渐出的效果。此步骤的制作已经在前面的多个实例当中应用，大家可以操作。最终效果如图 5 - 39 所示。

图 5 - 39

本章小结

在整个视觉传达的要素当中，文字的功效是勿庸置疑的。如何对文字进行好的设计与创意是视觉传达过程的重点。本章对字幕的滚动制作进行了讲解，其中包括沿纵向运动与横向运动的字幕。当然两者在应用的范围与领域有些不同。读者在掌握技巧的同时，应对其进行进一步总结与归纳。

课后练习

1. 请简要叙述在何种情况下较适合制作纵向滚动字幕。
2. 为了在进行字体选择时，能较为直观的观察其样式，我们在字幕编辑前，需对________参数进行修改。
   A. Edit→label
   B. Edit→preferences→titler
   C. Edit→preferences→trim
   D. File→capture
3. 简要叙述 Roll/Crawl Options 选项的功用。

打字机效果

本章学习时间： 4课时

学习目标： 熟练掌握Crop特效的使用方法

教学重点： 添加Crop特效并进行设置，使文字只显示相应的行

教学难点： 添加关键帧并进行动态设置，使文字逐个显示，实现打字机效果

讲授内容： 设置素材播放的速度与持续时间；Add Tracks（添加轨道）命令；Crop特效应用及参数设置

课程范例文件： \chapter6\final\打字机效果.proj

本章课程总览

一款具有个性特色的字幕，可以大大增强画面的质感。可以根据不同的视频主题来选择不同的字幕方式。在第五章中学习了纵向与横向滚动字幕的制作方法，本章将学习使用裁剪特效来实现模拟的打字效果。利用打字机效果使文字能够逐行显示，产生更强烈的视觉吸引力。

案例　打字机效果

01.

启动 Premiere，选择新建一个项目，在打开的 New Project 对话框中，创建一个名为“打字效果”的项目文件，然后再创建一个同名的新序列，如图 6－1、图 6－2 所示。

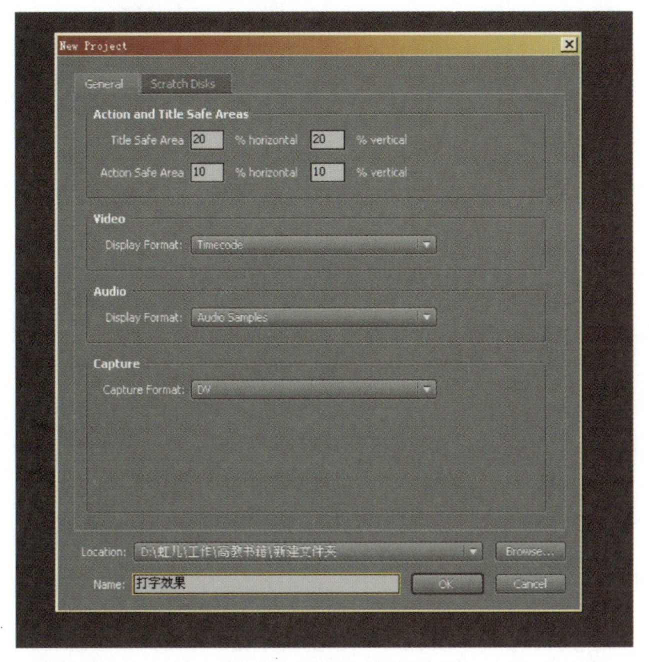

图 6－1

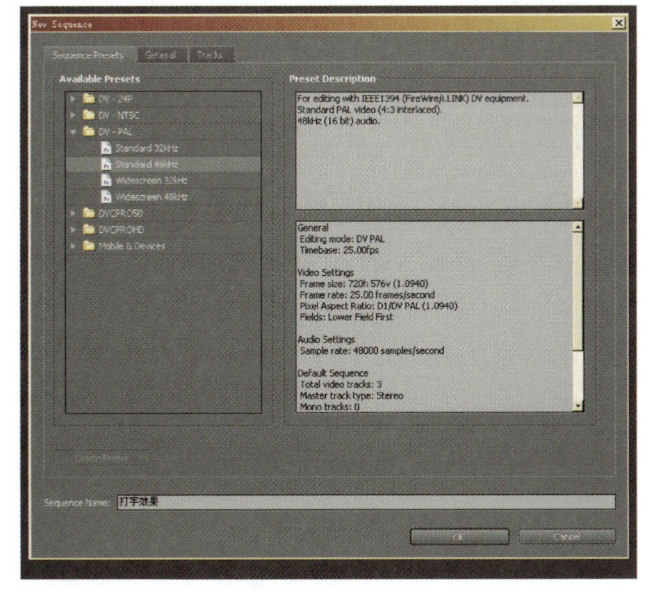

图 6－2

知 识 点 提 示

在 Premiere 中内置了上百种视频特效滤镜，加上一些第三方外挂滤镜，可以使画面产生丰富多彩的效果，同时也能更好地说明主题。

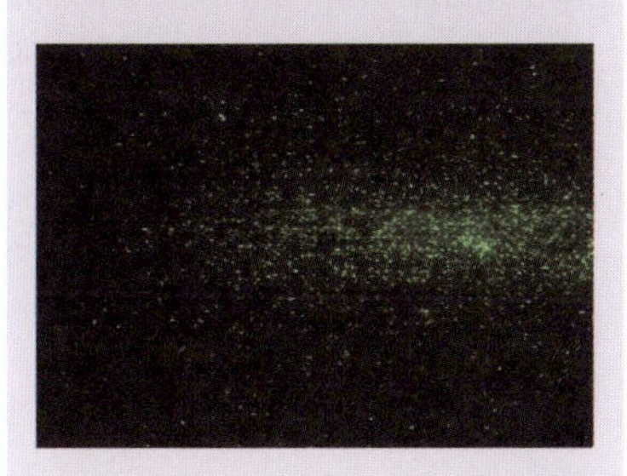

要应用特效滤镜制作出想要的效果，就必须掌握好各款滤镜的应用特点。

02.

在 Project 窗口中的空白处双击打开导入对话框，将素材文件“chapter6\media\page. psd”导入，如图 6－3 所示。

图6－3

因为所导入图片是 PSD 文件，所以需对图片的导入方式进行选择，可以选择以 Merge All Layers（合并所有图层）的方式，或是以 Individual Layers（单个图层）的方式导入。本实例选择后者，如图 6－4 所示。

图6－4

以 Individual Layers（单个图层）的方式导入，可以保留 page. psd 素材中的图层，并将各图层放入到以 page 命名的文件夹中，如图 6－5 所示。

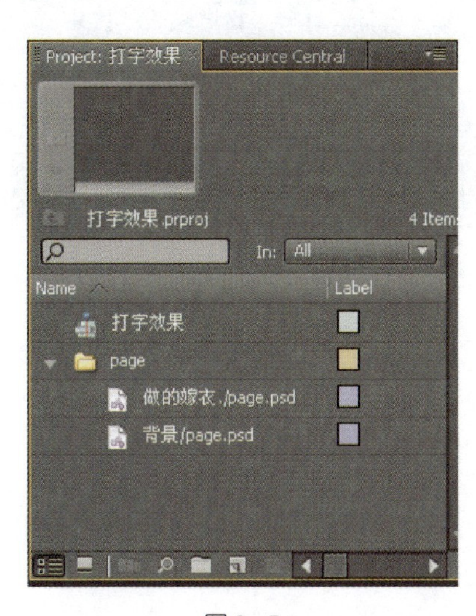

图6－5

03.

把素材文件“背景/page. psd”拖动到 Video 1 轨道上，如图 6－6 所示。

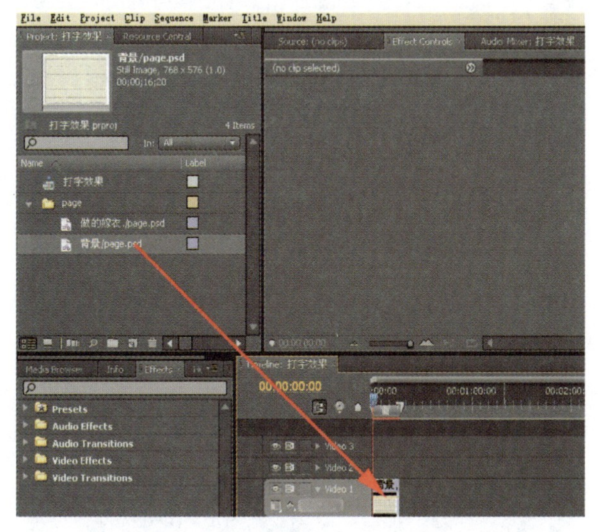

图6－6

将时间码调到 00：00：12：00，可以通过选择工具箱上的选择工具，把 Video 1 轨道上的素材拖动到 00：00：12：00 位置，如图 6－7 所示。

Video Effects（视频特效）面板放置 Premiere 中的滤镜效果，下图红色方框中的特效是安装的第三方外挂插件。

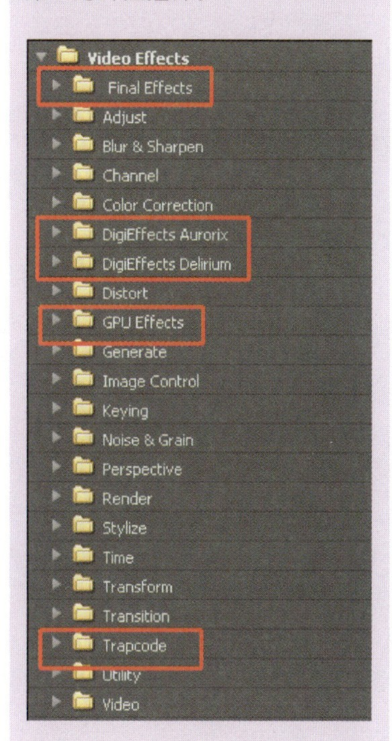

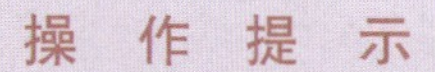

特效参数选项的展开与折叠。

单击下图红色方框中的三角形按钮，可以选择对添加的特效滤镜选项展开或是折叠，以简化 Effect Controls 面板。

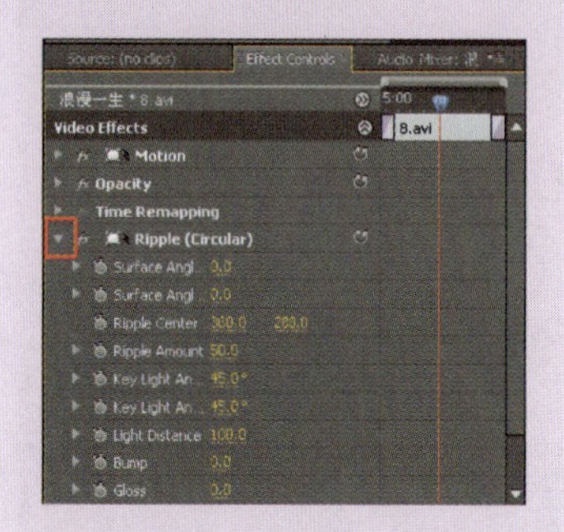

下图为添加 Ripple 滤镜之后的效果。

原图

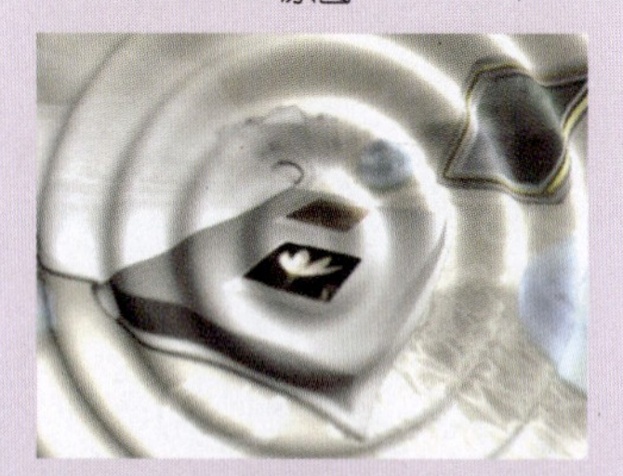

效果图 1

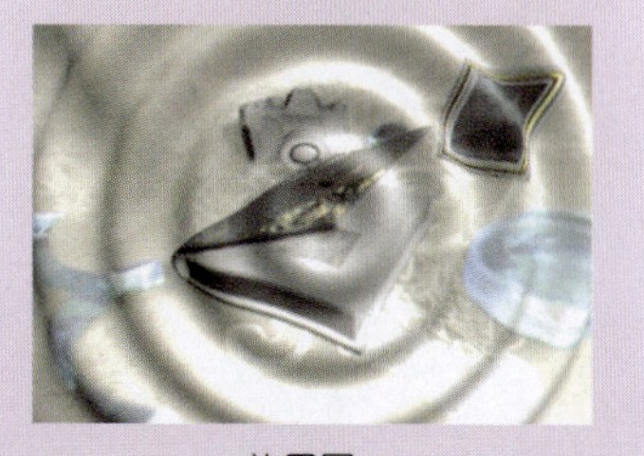

效果图 2

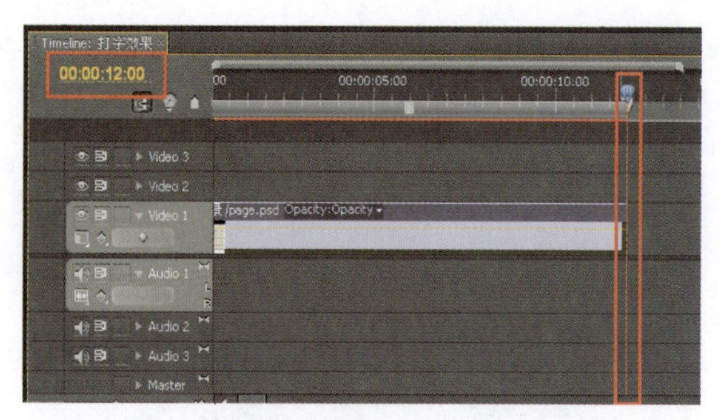

图 6-7

04.

在 Timeline 中的轨道名称前右键单击，在弹出的下列菜单中选择 Add Tracks . . . 命令（图 6-8）在弹出的对话框中输入 3，在原有的三条视频轨道上再增加三条轨道，为下面的操作做好准备，如图 6-9 所示。

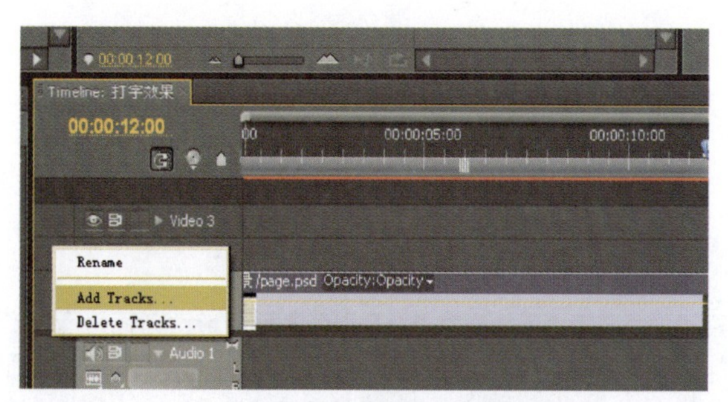

图 6-8

图 6-9

05.

将时间码调到 00：00：02：00，然后把“做的嫁衣/page. psd”素材文件拖动到 Video 2 轨道上，如图 6－10 所示。

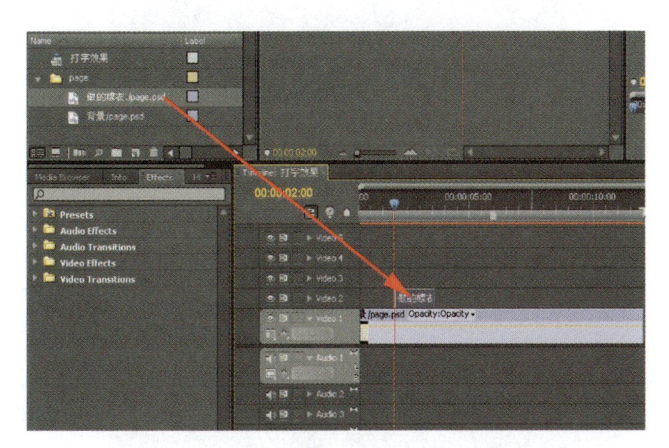

图6－10

将时间码调到 00：00：04：00，调整素材的长度，拖动素材的结尾使其靠近时间指针，如图 6－11 所示。

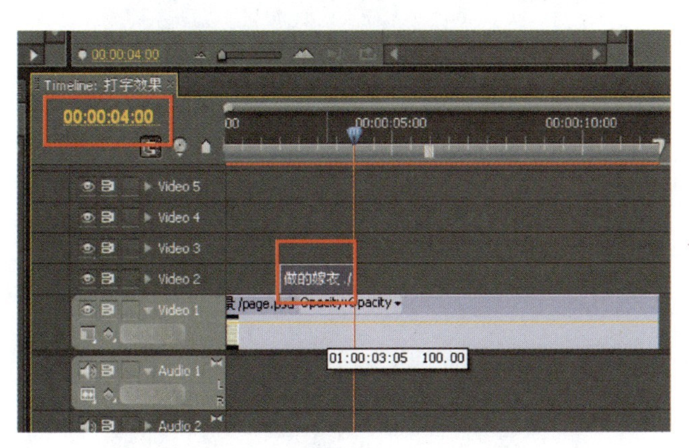

图6－11

选择 Video 2 轨道中的素材，按〈Ctrl〉+〈C〉键复制，然后在此轨道中按〈Ctrl〉+〈V〉键，粘贴 4 次，得到如图 6－12 的效果。

特效的复制

相同素材的不同位置或是不同素材之间，想要运用同一种特效滤镜时，不需要把特效不断拖动到素材当中，可以通过复制粘贴的方式，快速实现特效的添加。

步骤 1

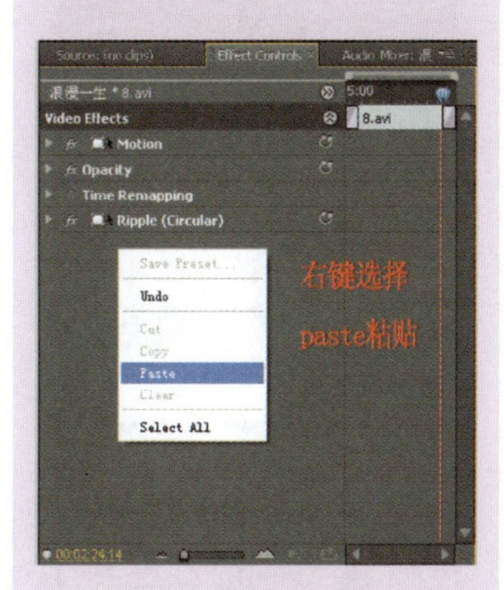

步骤 2

通过以上两步操作，即可实现同种特效滤镜的添加。以上图例是同一素材当中添加两个相同的滤镜。如果是不同素材之间添加相同的滤镜，方法也一样，只需在复制之后选中另一个素材，然后将复制的滤镜粘贴到 Effect Controls 面板当中。

知识点提示

用户可以为同一素材添加多种不同的滤镜效果，但需注意的是滤镜添加先后的秩序不同，会使画面产生不一样的效果。

（1）先添加 Wave Warp 特效后添加 Ripple 特效。

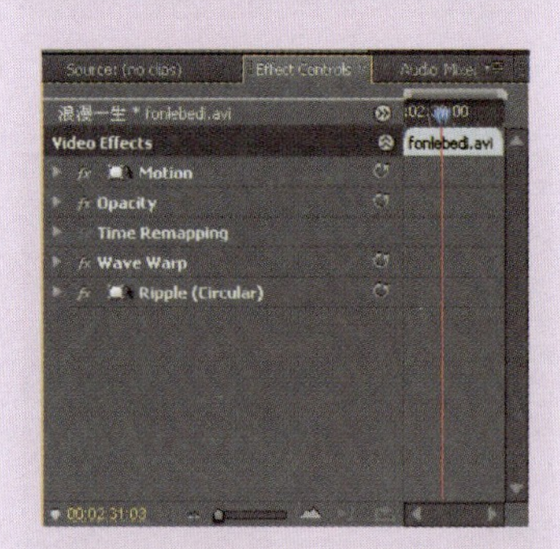

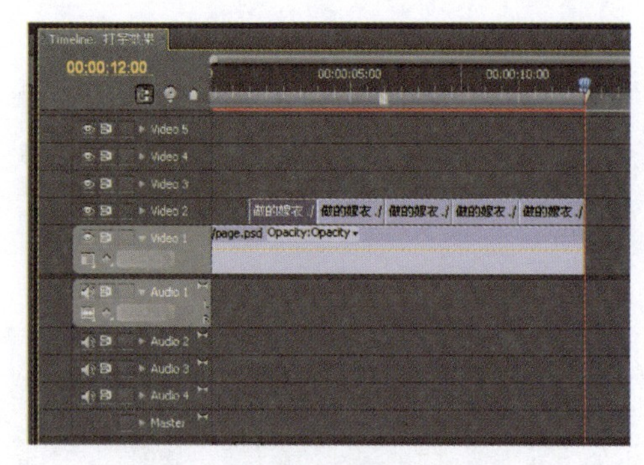

图 6 - 12

06.

选择工具箱中的选择工具 将 Video 2 中的第二个素材平行向上拖动到 Video 3 轨道中，如图6 - 13所示。

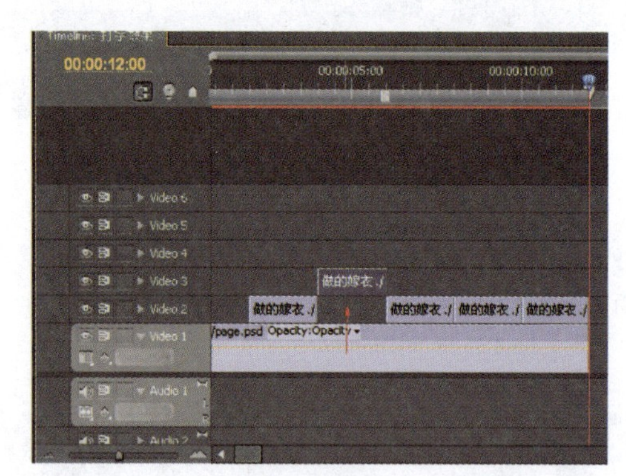

图 6 - 13

07.

用相同的方法，把其余三段素材平行拖动到其他三个轨道上，如图 6 - 14 所示。

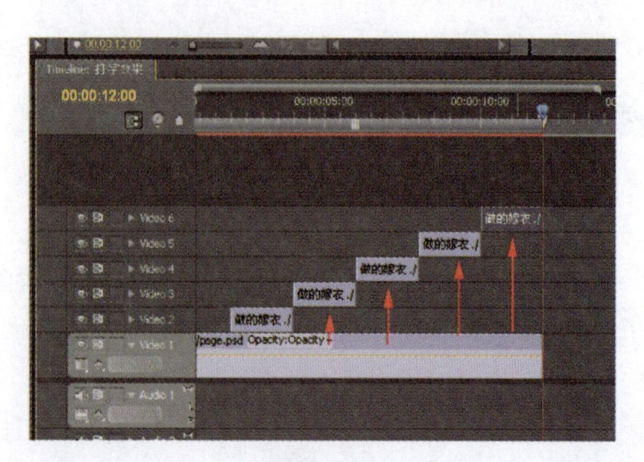

图 6 - 14

08.

选择 工具，依次将 Video 2、Video 3、Video 4、Video 5 轨道中的素材的长度拉长，使其靠近时间指针，打开轨道前的 按钮，素材将自动吸附到时间指针，如图 6－15 所示。

图 6－15

09.

下面为各轨道中的素材添加特效，使其能够出现打字机逐个显现文字的效果。单击轨道前的 按钮，关闭 Video 3～Video 6 的可视性。将时间码调整为 00∶00∶02∶00 位置，然后在 Effects 面板中搜索 Crop（裁剪）特效，将 Crop 特效滤镜拖动到 Video 2 轨道的素材，如图 6－16 所示。

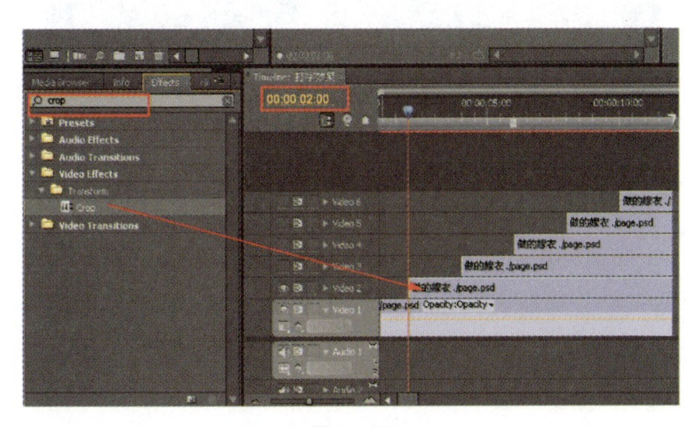

图 6－16

（2）先添加 Ripple 特效后添加 Wave Warp 特效。

在操作过程中，要注意特效添加的顺序不同对画面产生的影响。

操 作 提 示

如何改变 Effect Controls 面板中添加的多个滤镜的顺序?

拖动需改变顺序的滤镜到目的位置,当画面出现如下图的一根粗的黑色线条时,释放鼠标,滤镜的顺序就会发生改变。

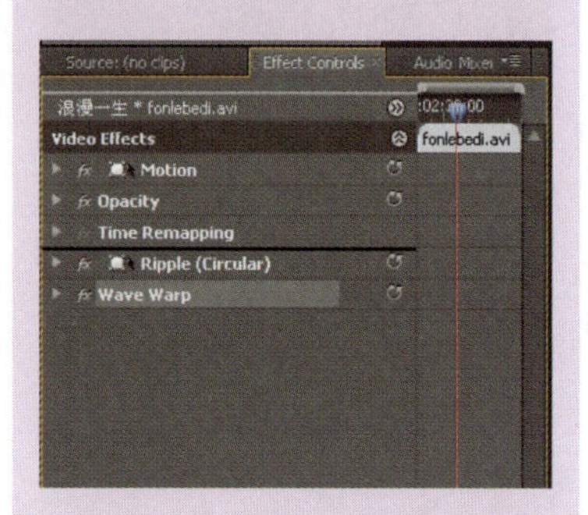

拖动之后,画面如下图所示。

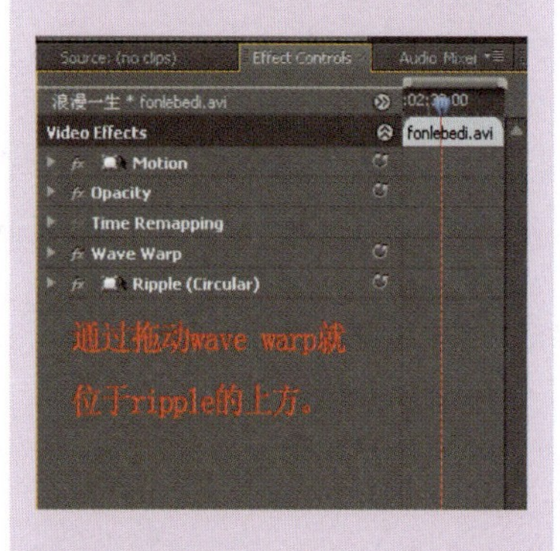

10.

在 Effect Controls 面板中,对参数进行如下设定:Right(右)85. 0%,Bottom(底)68. 0%,并分别设定关键帧,如图 6-17 所示。

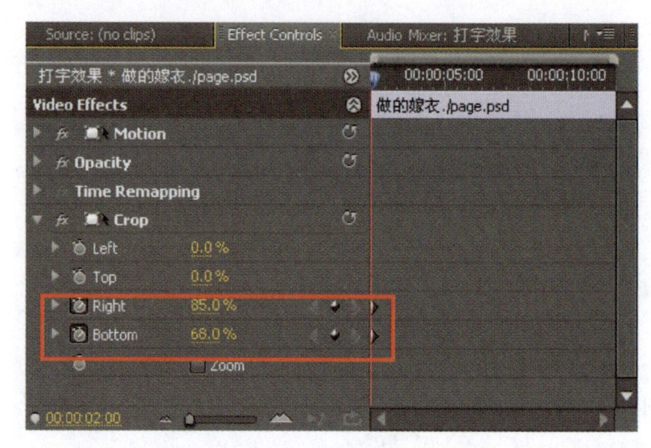

图 6-17

将时间码调整为 00:00:04:00,在 Effect Controls 面板中,把 Right 数值调为 2%,如图 6-18 所示。

图 6-18

11.

打开 Video 3 前面的可视图标,拖动 Effects 面板中的 Crop 特效到 Video 3 轨道中(图 6-19),为其添加特效。在 Effect Controls 中可以对特效滤镜参数进行设置。

在 Effect Controls 面板中(图 6-20),为 Right 选项单击添加关键帧,并设置参数为 92%, Bottom 设置参数为 58%。

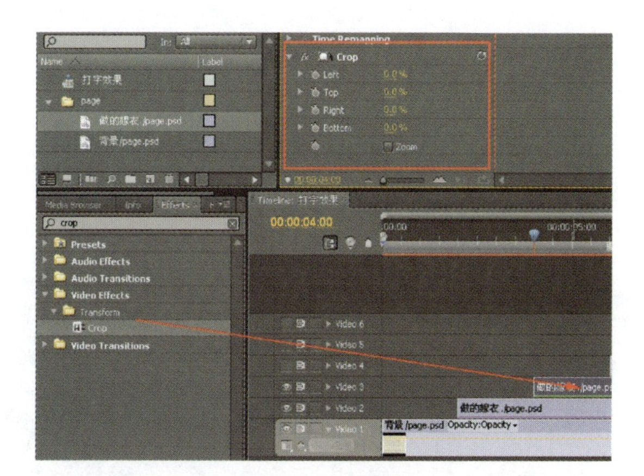

图6-19

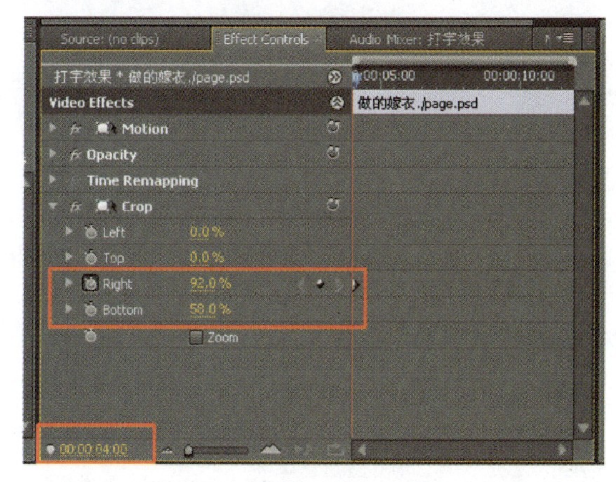

图6-20

移动时间码到 00:00:06:00，把 Right 数值的选项改为 5%，可以看到系统自动为其添加了关键帧，如图6-21所示。

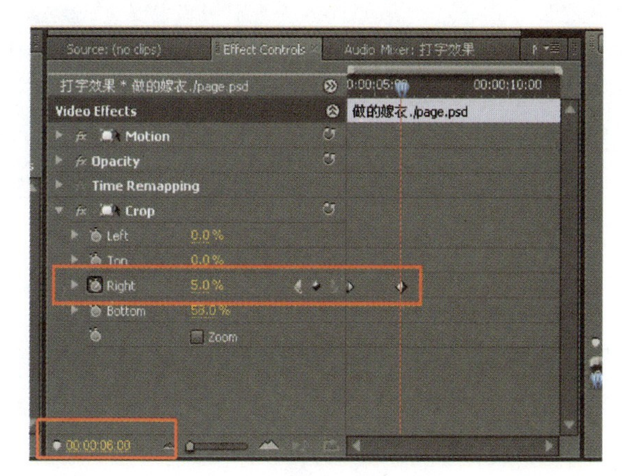

图6-21

在进行特效关键帧设置时，可以关闭其他轨道前的可视图标 ，这样可以较好地对操作轨道进行预览。

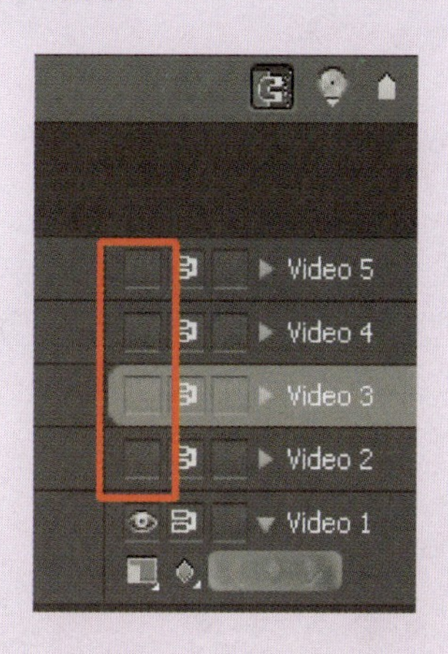

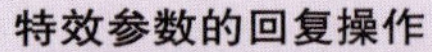

特效参数的回复操作

在对参数进行多次调整之后，如果想让参数值返回到原有的默认状态，只需要单击滤镜旁的（重设）图标。

例如，下图为添加了 Change Color（改变颜色）滤镜的图像。

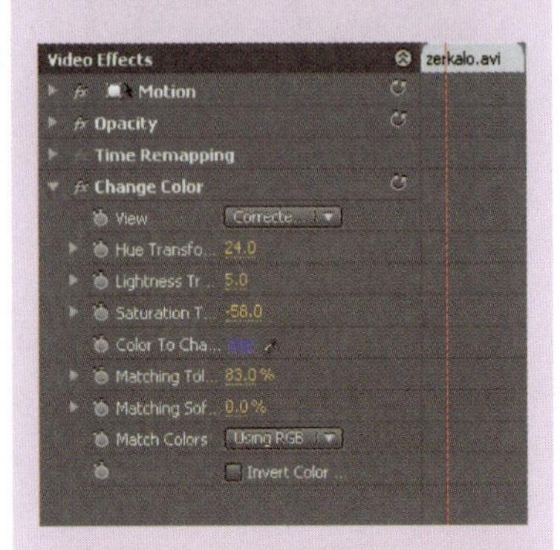

只需单击 Change Color 滤镜旁边的（重设）图标，即可将所有的参数回归到默认的状态，如下图所示。

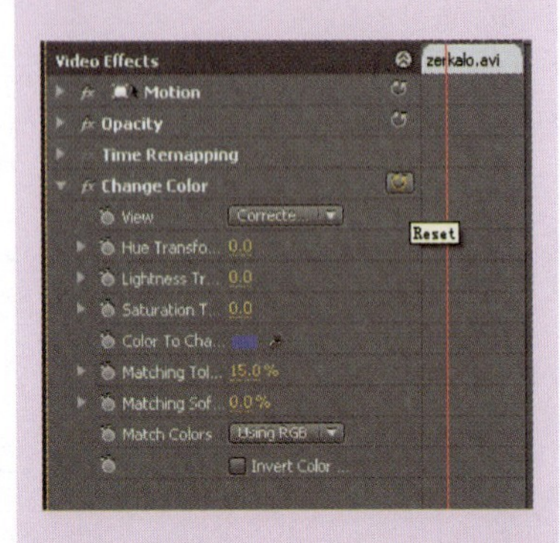

12.

打开 Video 4 前面的可视图标，以同样的方法为 Video 4 添加 Crop 特效，如图 6－22 所示。

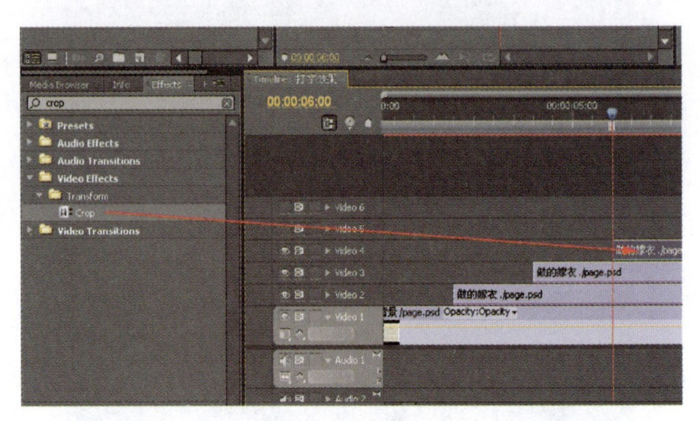

图 6－22

如图 6－23 所示，将时间码调到 00:00:06:00，在 Effect Controls 面板中调整参数 Bottom 为 46%，为 Right 设置关键帧，数值为 92%。

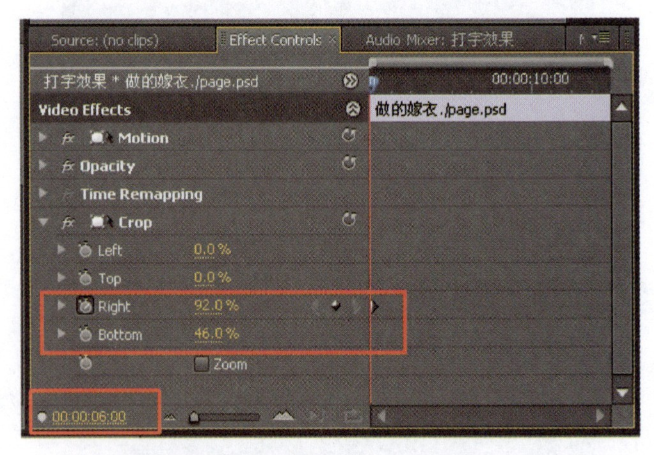

图 6－23

将时间码调到 00:00:08:00，在 Effect Controls 面板中调整参数 Right 为 5%，系统将自动为其添加一个关键帧，如图 6－24 所示。

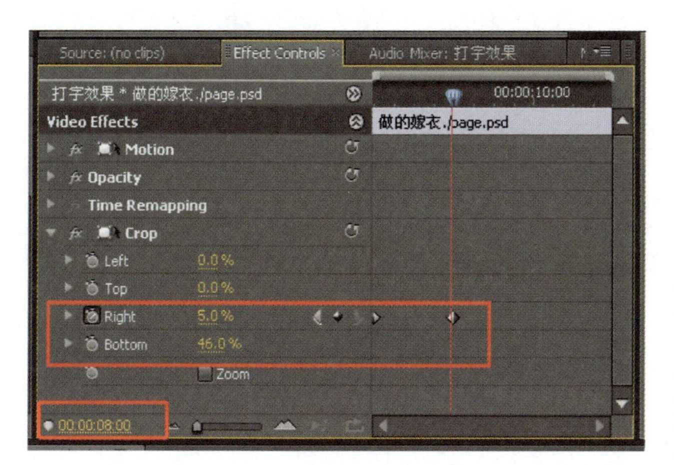

图 6－24

13.

打开 Video 5 前面的可视图标，以同样的方法为 Video 5 添加 Crop 特效，如图 6－25 所示。

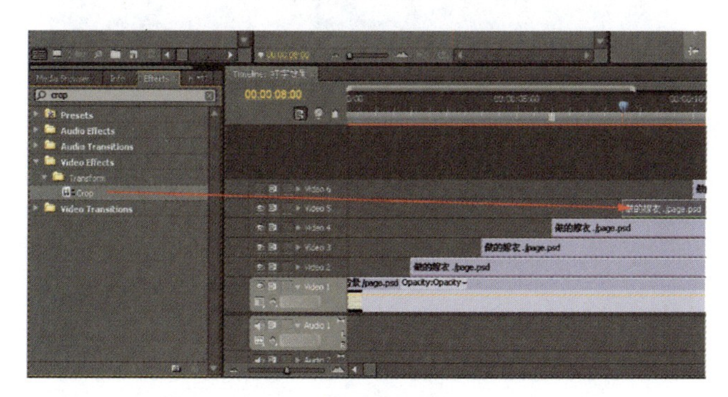

图 6－25

将时间码调到 00:00:08:00，在 Effect Controls 面板中调整参数 Bottom 为 28%，为 Right 设置关键帧，数值为 92%，如图 6－26 所示。

将时间码调到 00:00:10:00，在 Effect Controls 面板中调整参数 Right 为 5%，系统将自动为其添加一个关键帧，如图 6－27 所示。

知 识 点 提 示

Crop(裁剪)特效

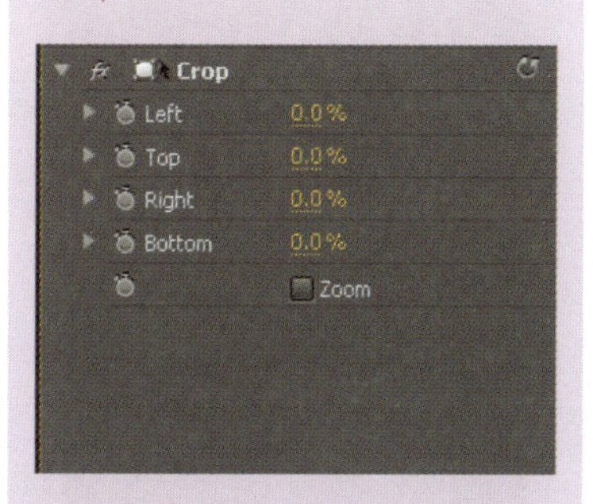

Left(左)：图像的左边界。

Top(上)：图像的上边界。

Right(右)：图像的右边界。

Bottom(下)：图像的下边界。

以上 4 个参数值用来设置四个边界的裁剪程序。

Zoom：勾选该选框，在裁剪的同时可以对图像进行缩放处理。

（1）设置 Crop 参数，如下图所示。

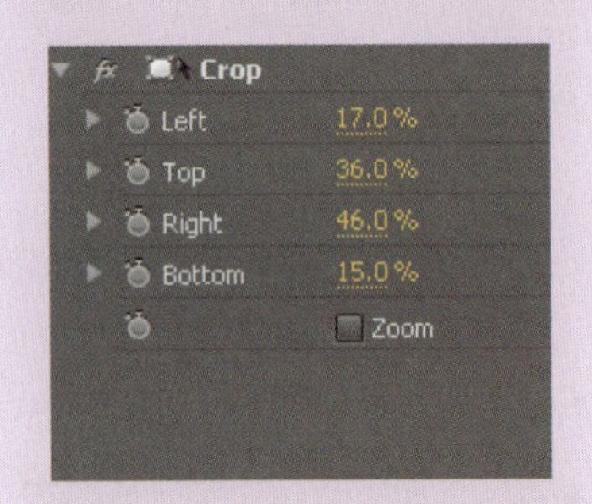

不勾选 Zoom 选项，效果如下图。

（2）Crop 参数不变，勾选 Zoom 选项，如下图所示。

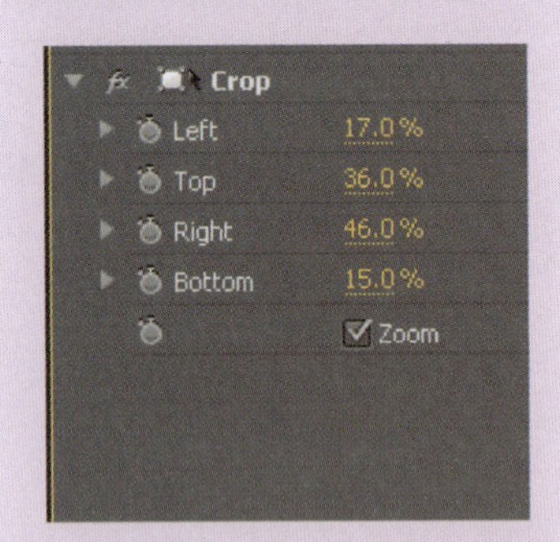

效果如下图。

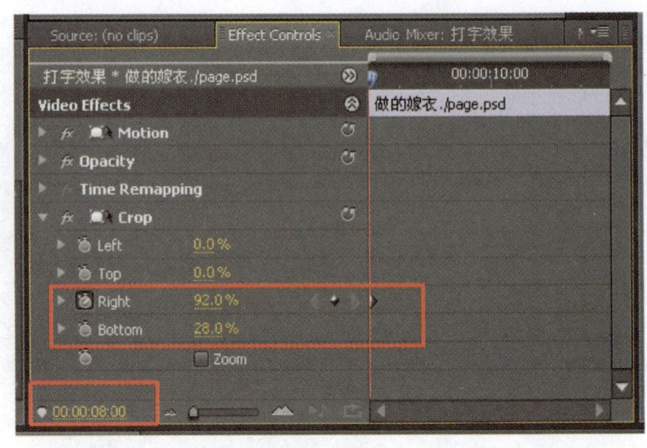

图 6 - 26

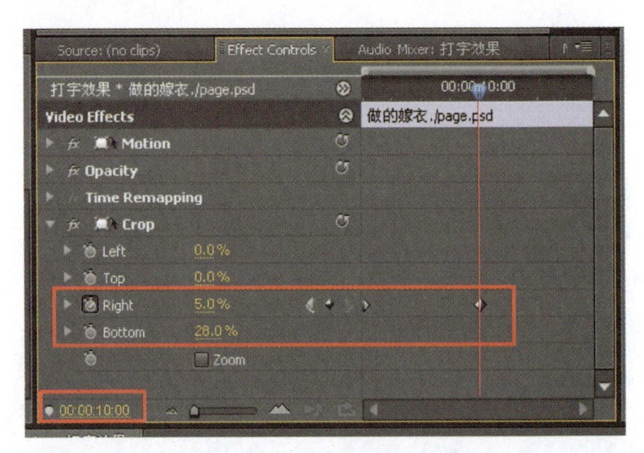

图 6 - 27

14.

打开 Video 6 前面的可视图标，以同样的方法为 Video 6 添加 Crop 特效，如图 6 - 28 所示。

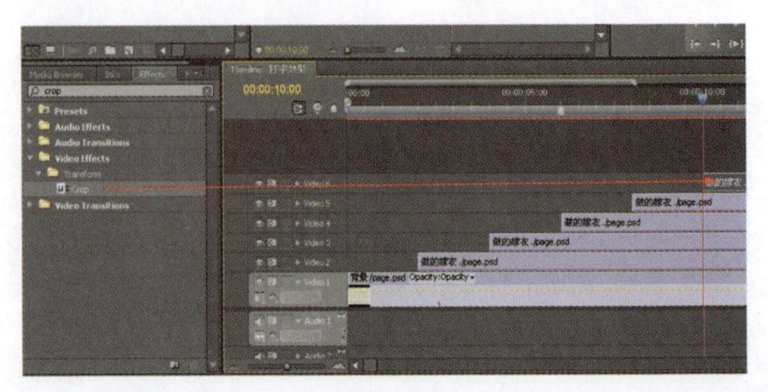

图 6 - 28

将时间码调到 00:00:10:00，在 Effect Controls 面板中调整参数 Bottom 为 0%，为 Right 设置关键帧，数值为 95%，如图 6-29 所示。

图 6-29

把时间码调到 00:00:11:00，在 Effect Controls 面板中调整参数 Right 为 75%，系统将自动为其添加一个关键帧，如图 6-30 所示。

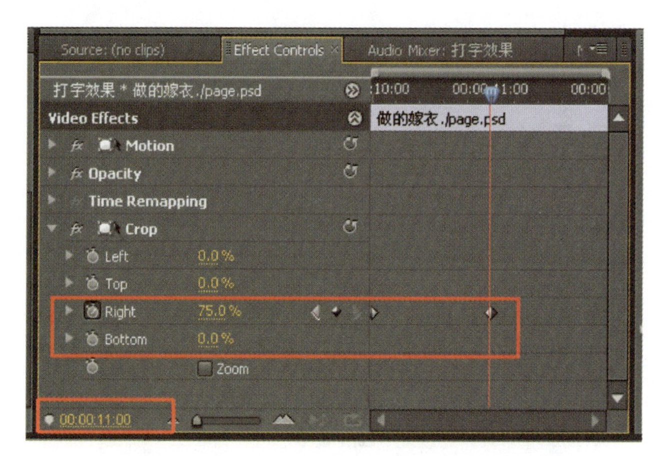

图 6-30

15.

设定好输出区域后，单击键盘上的〈Enter〉键对其进行预渲染，如图 6-31 所示，然后预览影片效果。

在最终输出成片前，常采取预渲染的形式对影片进行观看，以确定各项参数的设置。以免输出影片后，出现错误。

单击键盘上的〈Enter〉键可对工作区域进行预渲染。

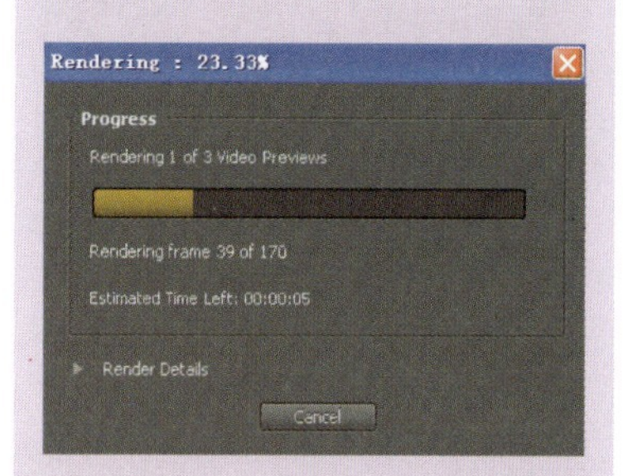

在操作过程中，通过时间指针的拉动所看到的效果与最终输出的成片效果是有一定区别的，所以在输出前，需要对影片预渲染进行观看。

经过预渲染的影片与成片无差异。

经过预渲染后，工作区域将由红色变成绿色。

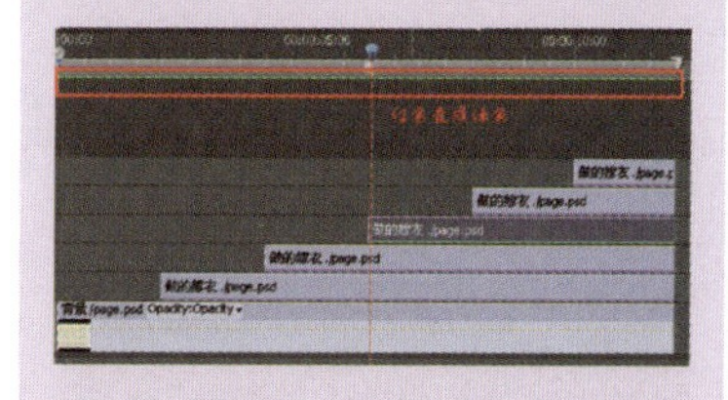

在实际操作过程中，往往Timeline轨道中视频过多，如下图所示。

当要对整体图像进行调整时，如要进行渐入渐出设定时，为防止改变现有轨道中的关键帧的设定，可以新建一条轨道，把现有轨道拖入，合并为一轨，方便操作。

知 识 点 提 示

Video 1 轨道上素材的右上角，如下图的红色方框位置，提供了快捷的设置透明度、大小、位置等参数关键帧的方法。

用户只需点选其中的小三角，选中需要添加关键帧的参数，然后进行设定。

Opacity（透明度）

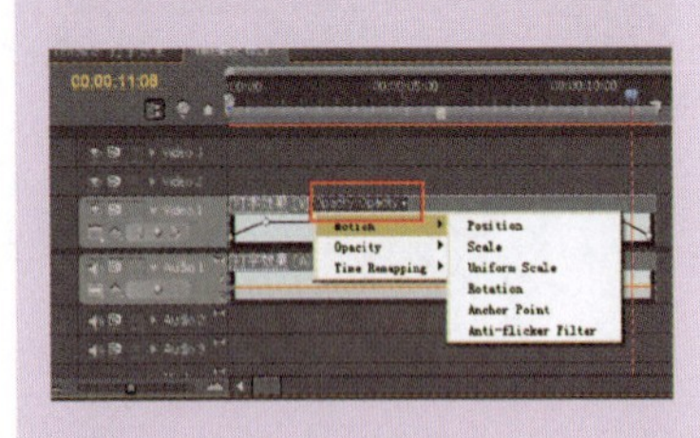

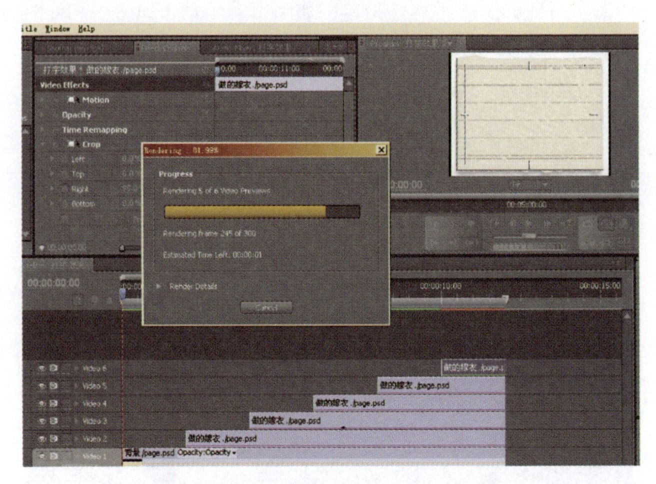

图6－31

下面的操作，将为影片的开篇和结尾增加渐入与渐出的效果，这里通过透明度关键帧来进行设定。

16.

在Project窗口的空白区域右键，在弹出的对话框当中选择New Item→Sequence ...命令，新建一个序列，如图6－32所示。

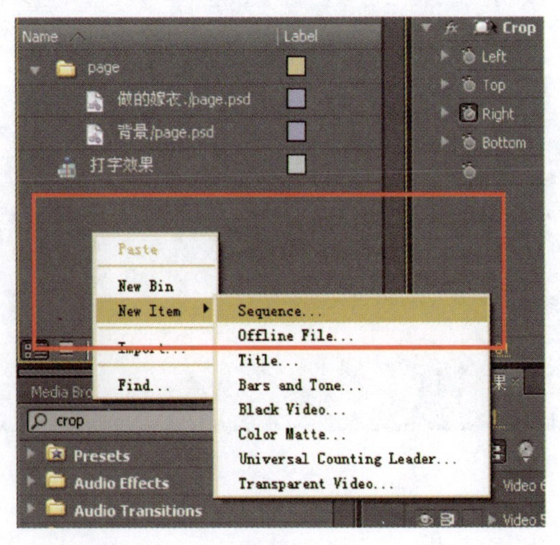

图6－32

把新序列命名为final，如图6－33所示。

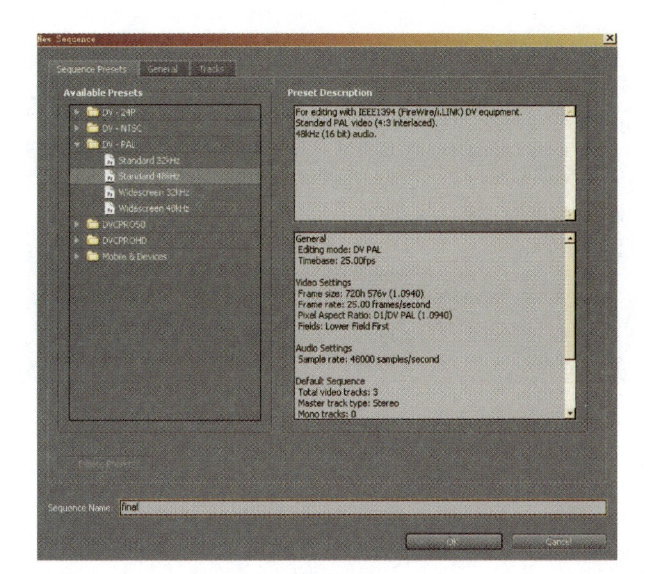

图 6 - 33

17.

把“打字效果”序列拖动到新建的 Timeline：Final 面板中的 Video 1 轨道，如图 6 - 34 所示。接下来将对其透明度进行调整。

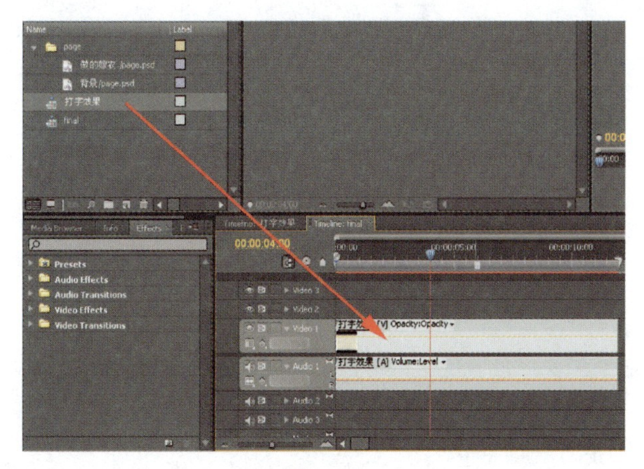

图 6 - 34

18.

把时间码移动到 00：00：00：00 的位置，用鼠标左键单击图 6 - 35 中红色方框所示的位置，为轨道添加透明度关键帧，但必须确定图中右方框的选项为 Opacity（透明度），如图 6 - 35 所示。

Scale（大小）

Uniform Scale（等比大小）

Rotation（旋转）

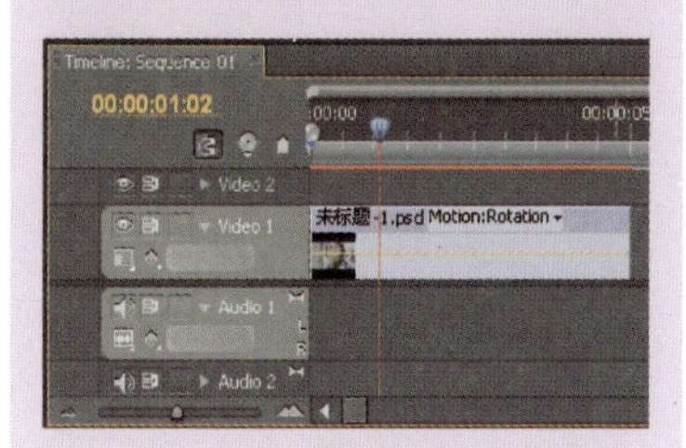

Anchor Point（中心点）

Anti-flicker Filter（抗抖动滤镜）

操 作 提 示

当需要对视频轨道上的透明度、大小等关键帧进行设置时，面板可能会出现如下情况，无法看到关键帧的设置点，如下图红框所示。

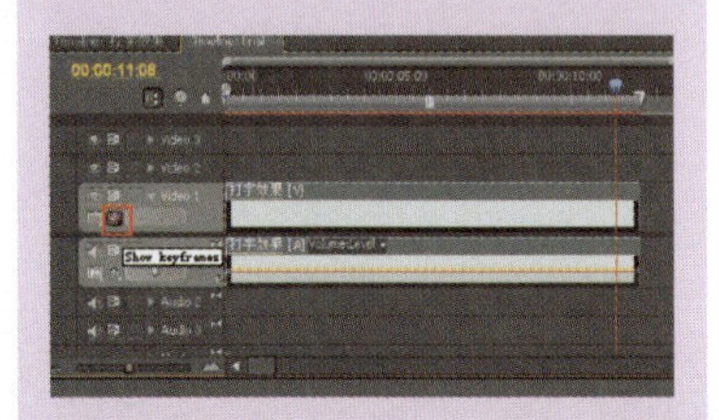

可以通过单击下图红色方框所示位置，切换关键帧的不同显示方式以方便操作。

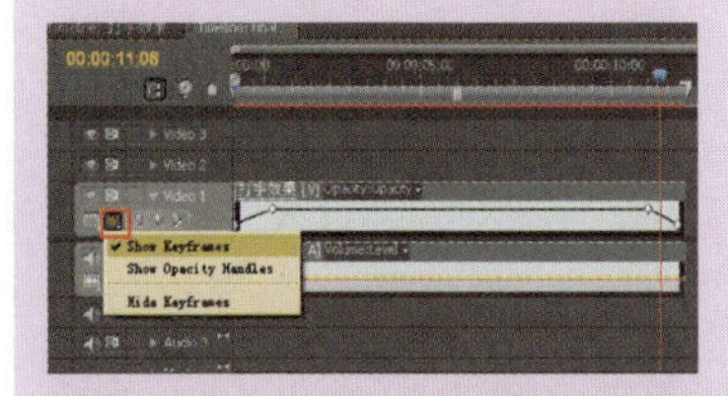

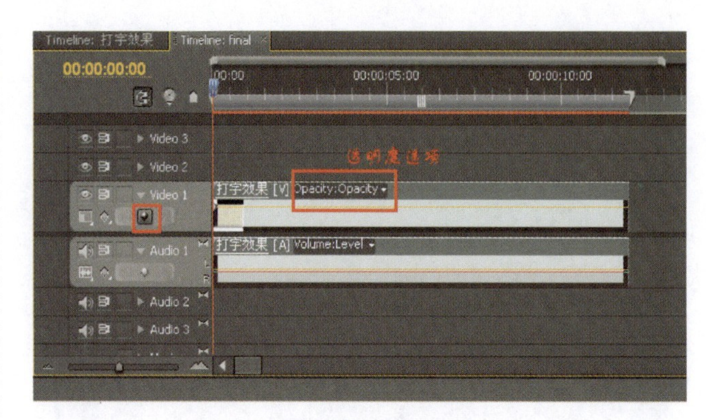

图 6-35

将时间码移动到 00:00:01:00 的位置，用鼠标左键单击图 6-36 红色方框所示的位置为轨道添加透明度关键帧，如图 6-36 所示。

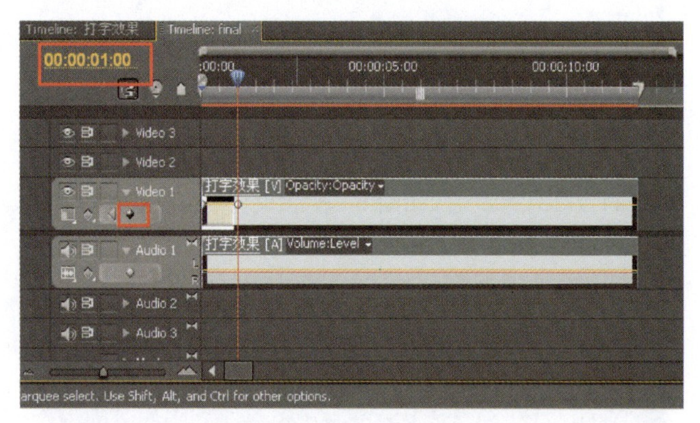

图 6-36

将时间码移动到 00:00:11:00 的位置，用鼠标左键单击图 6-37 红色方框所示的位置为轨道添加透明度关键帧，如图 6-37 所示。

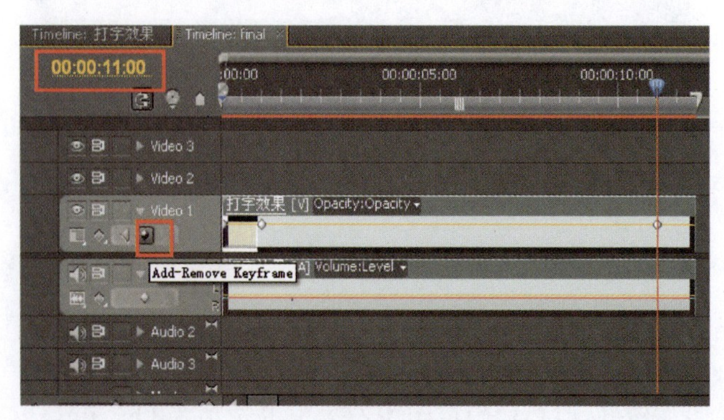

图 6-37

将时间码移动到00:00:11:20的位置，用鼠标左键单击图6-38红色方框所示的位置为轨道添加透明度关键帧，如图6-38所示。

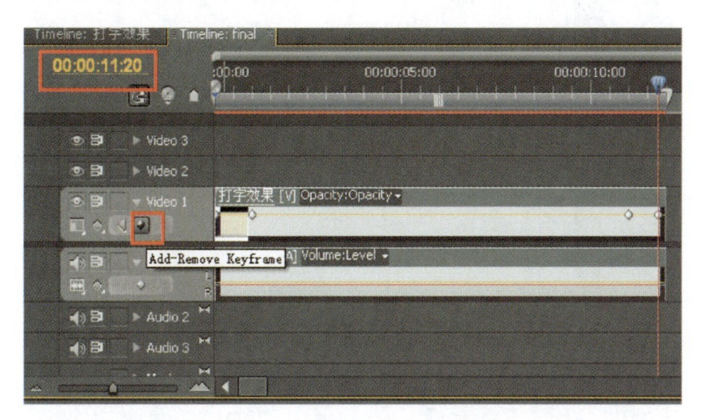

图6-38

19.

用鼠标左键选中添加的第一个帧，向下进行拖拉，用同样的方法处理第四个添加的关键帧，如图6-39所示。

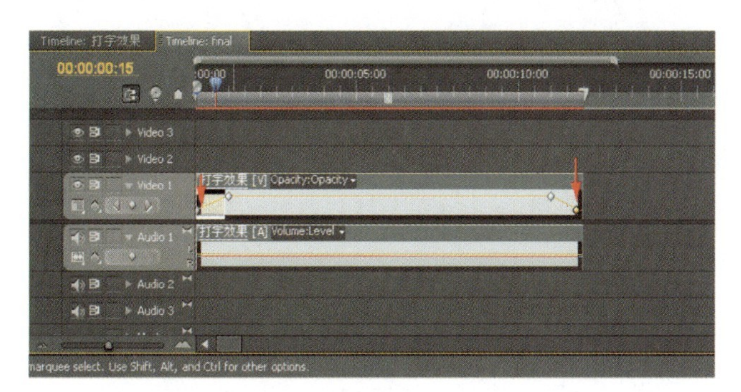

图6-39

此时拖动时间指针进行观看，可以发现素材的透明已经出现了一个渐变的过程，如图6-40所示。

单击〈Enter〉键进行预渲染，最后可以把项目文件输出，并观看影片效果，如图6-41所示。

知识点提示

为画面添加渐入渐出效果的两种方法：

方法一

在Effect面板中选择Video→Transitions→Dissolve→Dip to Black，把特效拖动到需添加的轨道上。

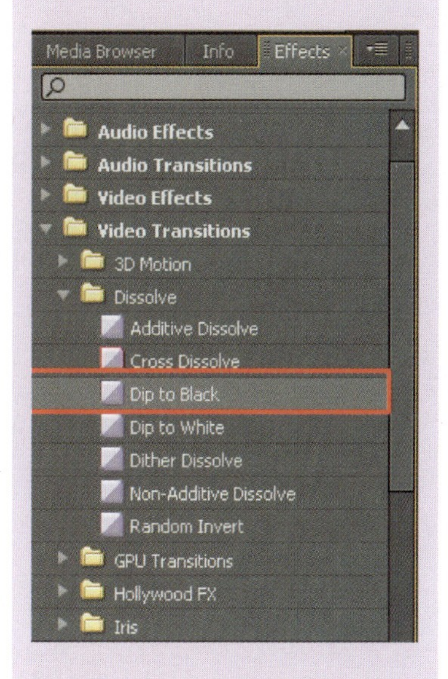

方法二

为Opacity（透明度）添加关键帧，并对添加的关键帧进行调整。本例渐入渐出的改变即采用了此种方法。

操 作 提 示

用透明度调节的方法对渐入渐出的控制更加人性化,可以通过关键帧位置的不同及所拉动的位置的高低来自由的控制所调素材的透明度。

如下图所添加的关键帧可以向上、向下、向左、向右自由的拖动,以制作不同的画面效果。

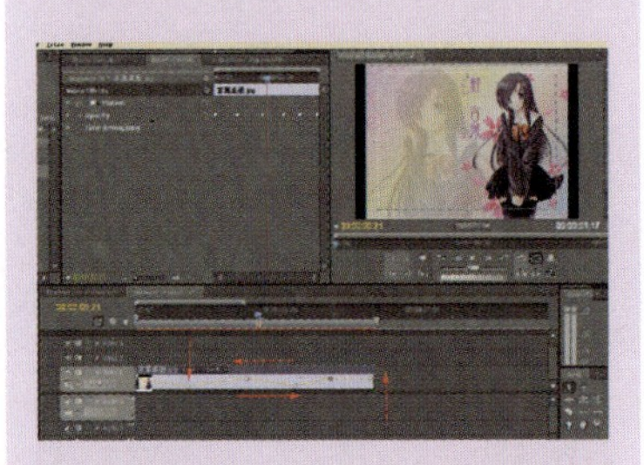

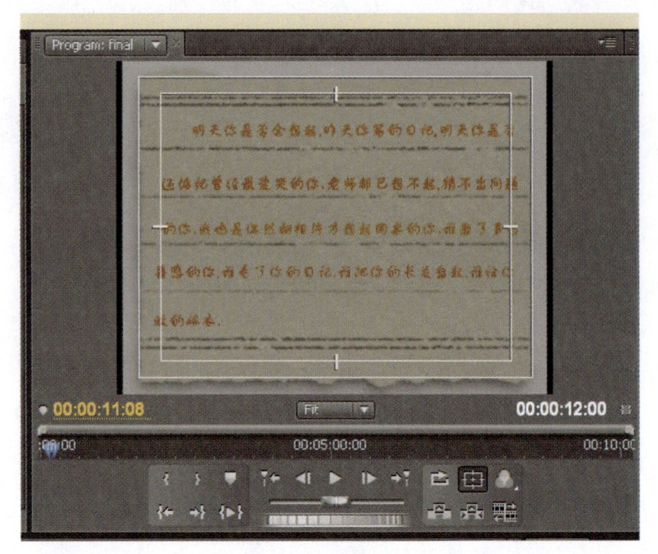

图6-40

图6-41

本章小结

后期特效制作，是影视制作一个很重要的方面，虽然 Premiere 没有 AE 在这方面功能强大，但还是可以通过里面内置的一些视频特效做出实用而逼真的效果。本章通过制作模拟打字机逐行渐出的效果，认识了 Premiere 中的 Crop 特效，并对多轨道操作中的注意事项有了初步的了解。本章实例还涉及了两条时间序列的交错编辑，这些都需要综合应用 Premiere 中的各功能。

课后练习

1. 单击键盘上的________可以对文件进行预渲染。

   A. 〈Backspace〉键

   B. 〈Ctrl〉+〈Enter〉键

   C. 空格键

   D. 〈Enter〉键

2. 简要说明特效面板中的 Crop 特效可以制作何种视频特效。

3. 画面的渐入渐出可以通过哪几种方式实现？

7 汉字书法特效

本章学习时间： 4 课时

学习目标： 掌握用 Premiere 模拟汉字书写效果的方法

教学重点： 利用 Four-Point Garbage 制作书写效果

教学难点： 如何拆分好汉字

讲授内容： 汉字拆分，字体笔画效果设置，Four-Point Garbage 特效

课程范例文件： \ chapter7 \ final \ 书法字. proj

本章课程总览

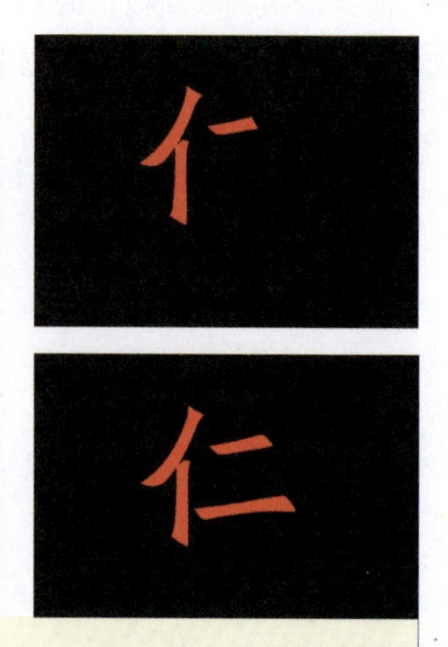

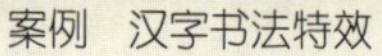

案例　汉字书法特效

2008 年北京奥运会的成功举办以及神舟七号的成功发射……使中国在世界上的影响力越来越大。有人说 21 世纪已经进入了中国的世纪，而汉字也越来越受到了重视。大家有没有想过在 Premiere 中模拟实现书法效果呢？本章将利用 Premiere 制作书法字特效。

01.

启动 premiere，单击 New Project 选项创建一个新的项目文件。程序将自动弹出如图 7－1 所示的对话框，在此对话框中可以对新建项目的参数进行设置，包括图像与文字安全区域、视频、音频等选项。单击右下方的“Browse ...”按钮可对文件存储路径进行指定，在 Name 选项中可对文件进行命名，在这里命名为“书法字”。

New Project

General　Scratch Disks

Action and Title Safe Areas

Title Safe Area 20 % horizontal 20 % vertical

Action Safe Area 10 % horizontal 10 % vertical

Video

Display Format: Timecode

Audio

Display Format: Audio Samples

Capture

Capture Format: DV

Location: C:\Documents and Settings\honger\桌面\新建文件夹1　Browse...

Name: 书法字　OK　Cancel

图 7－1

02.

单击 OK 按钮，在弹出的新对话框中，可对新建文件进行更精确的设置。在 Sequence Presets 面板中选择 DV－PAL 中的第二项 Standard 48 kHz 选项。相应在右边面板中将会对选项所涉及的详细信息进行描述，将其命名为“书法字”，如图 7－2 所示。

单击 OK 按钮，进入操作界面，如图 7－3 所示。

操作提示

制作书写形式的汉字效果，最重要的是汉字的笔画。在制作的过程中：

（1）不能将汉字的笔序颠倒。按照汉字书写的习惯来安排每笔出现的位置与时间点。

（2）汉字是一笔一画写出来的，所以制作起来应该很好地把握住真实笔触的感觉。

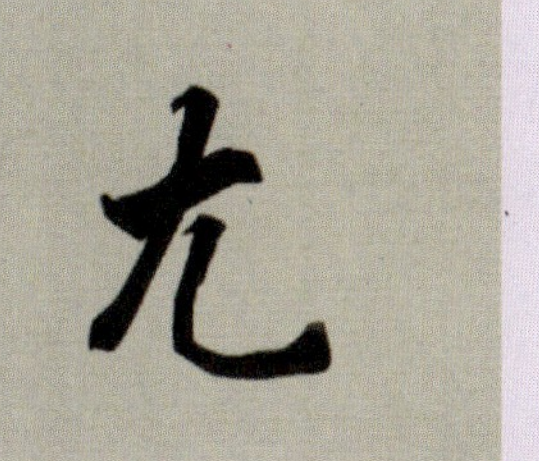

创建新的字幕文件的快捷键为〈Ctrl〉+〈T〉。

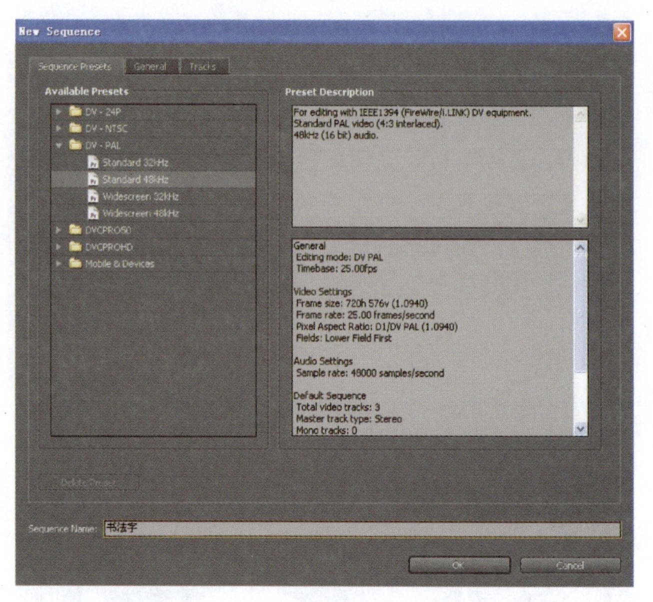

图7-2

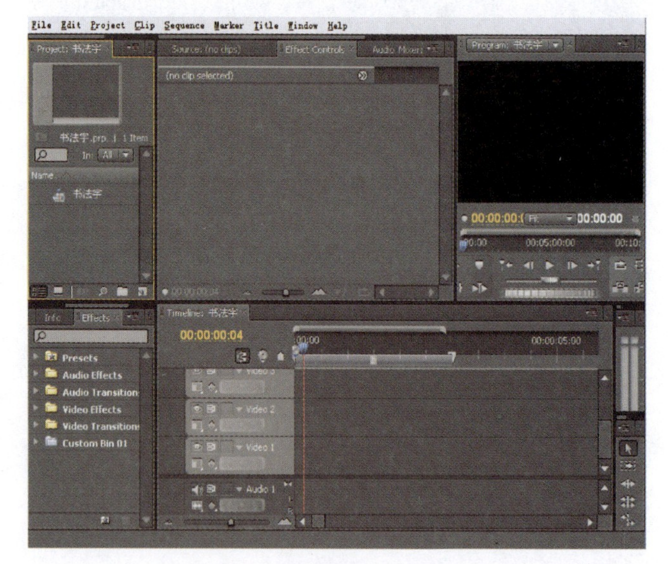

图7-3

03.

选择菜单命令 File→New→Title ...，打开 New Title 创建新字幕对话框，如图 7-4 所示。在 Name 中输入字幕名称，这里将其命名为“仁”，这是将要书写的汉字，单击 OK 按钮。

图7-4

04.

字幕设计窗口打开后，选择图7-5红色方框中的文字输入工具，在字幕窗口中建立一个中文字"仁"字，如图7-5所示。

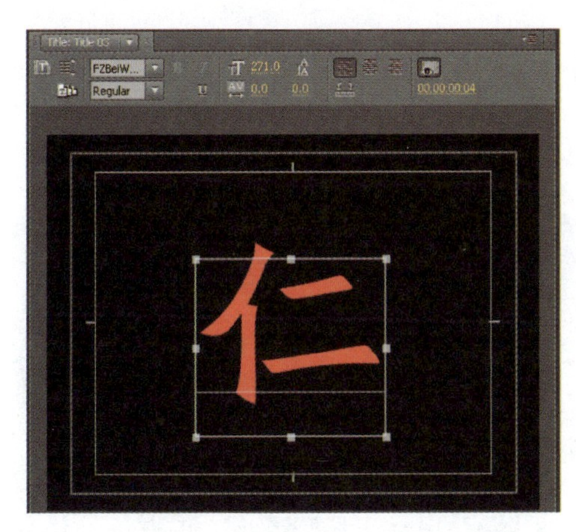

图7-5

将字体放在居中合适的位置，设置 Font Family 为"FZBeiWeiKaiShu-..."(方正北魏楷书)，Font Size 设为300.0，字体颜色设为红色，如图7-6所示。

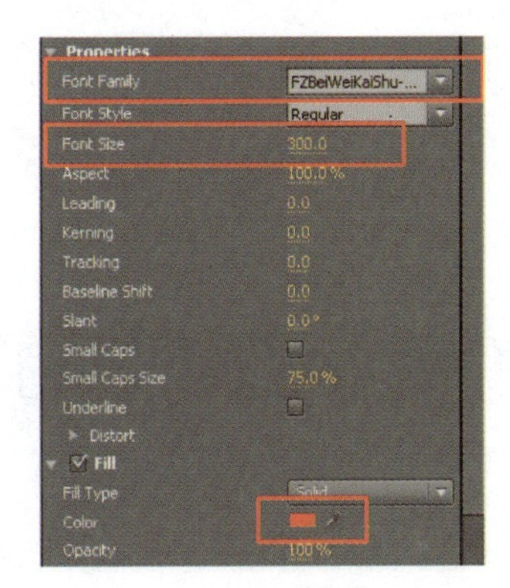

图7-6

知识点提示

本实例主要运用了 Keying(键控)滤镜组中的 Four-Point Garbage Matte 滤镜。

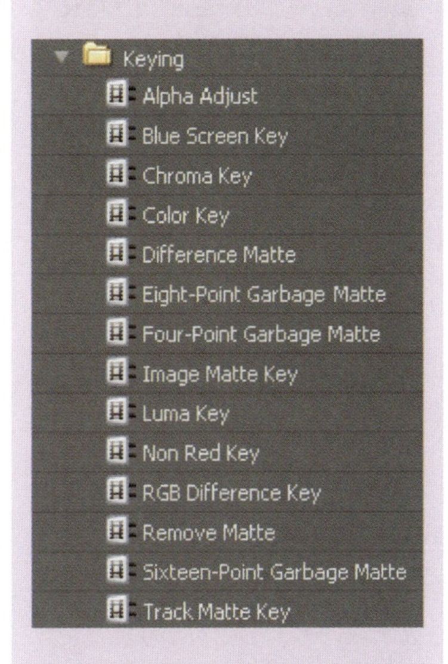

下面将对一些常用的滤镜选项进行详细的讲解。本节知识点所列图片中，特效滤镜都用于原图之上，效果图是合成后的图像。

Keying(键控)滤镜组详解

Alpha Adjust(通道调整)

该滤镜按照素材的灰度级别，来确定叠加的效果，灰度级别越低，越先显示出来。

原图

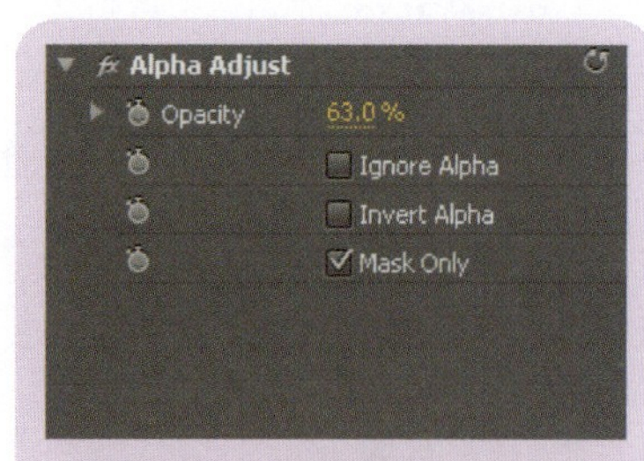

参数设置

效果图

Opacity(不透明度)：用来调整素材灰度不透明度的级别。

Ignore Alpha(忽略通道)：勾选该项，将忽略素材的通道。

Invert Alpha(反转通道)：勾选该项，将通道不透明进行了反转处理。

Mask Only(仅蒙版)：勾选该项，仅将通道作为蒙版使用。

05.

在完成文字设定后，要按照“仁”字的书写对其进行拆分，将其拆为四个部分，拆分顺序如图 7－7 所示。

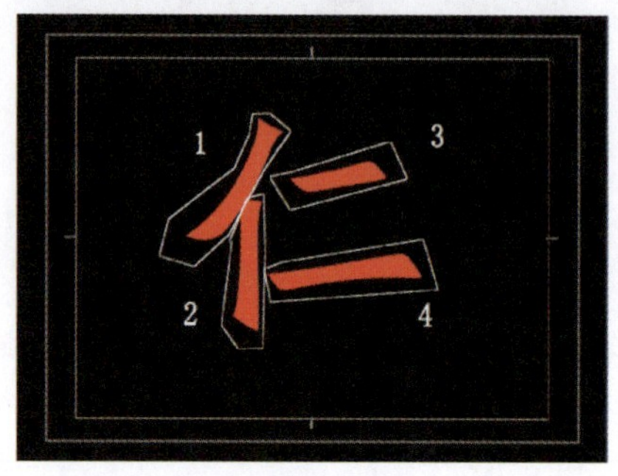

图7－7

在确定好文字的划分后，在 Timeline 窗口中，增加两条视频轨道。在轨道名称前单击鼠标右键，在弹出菜单中选择 Add Tracks ...添加轨道选项，如图 7－8 所示。

图7－8

在弹出的对话框中，在 Video Tracks 面板中设置为 2，单击 OK 按钮，如图 7－9 所示。

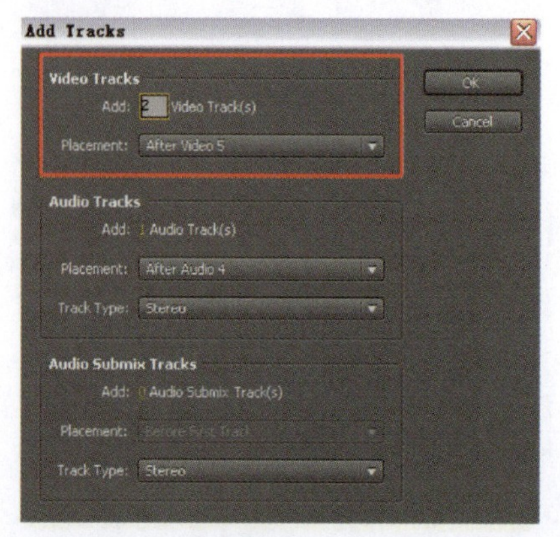

图7－9

这样在 Timeline 窗口中就增加了两条视频轨道，如图 7－10 所示。

图 7－10

06.

在完成添加视频轨道后，从 Project 窗口中把“仁”字拖动到 Timeline 窗口中，并放置在 Video 1 到 Video 4 轨道中，如图 7－11 所示。

图 7－11

07.

将拖动到轨道中的“仁”字素材，按从下到上的顺序依次进行重命名，以更好地对笔画进行区分。在四个轨道上单击鼠标右键，在弹出的菜单中选择 Rename . . . 选项，如图 7－12 所示，对每条轨道进行重命名。

Blue Screen Key(蓝屏抠像)

该特效用来叠加蓝色背景的素材，应用十分的广泛。此滤镜在第三章原始素材的处理(抠像)一节中已经详细地介绍过了。

原图

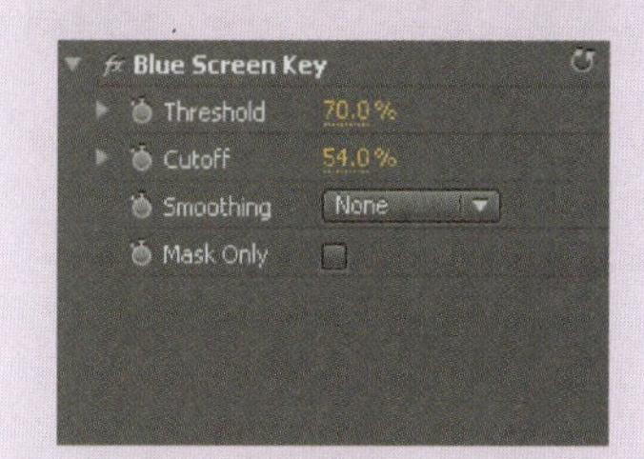

参数设置

效果图

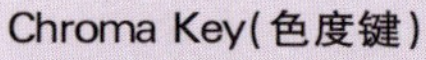

Chroma Key(色度键)

该滤镜可将素材的某种颜色及其相似的颜色范围设置为透明。

原图

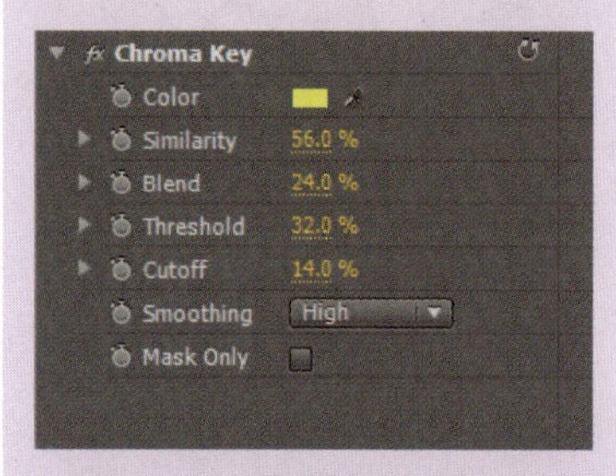

参数设置

效果图

Color(颜色):用来设置不透明度的颜色值。

Similarity(相似):调整颜色的相似范围,值越大所包含的颜色值越大。

Blend(混合):用来调整边缘的混合程度。

Threshold(阈值):设置被叠加图像灰阶部分的不透明度。

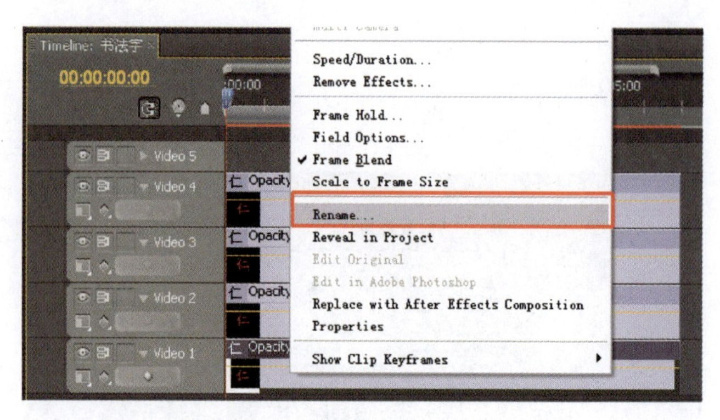

图7-12

将它们分别命名为“仁 1”、“仁 2”、“仁 3”、“仁 4”,如图 7-13 所示。在操作时也可根据个人习惯命名。

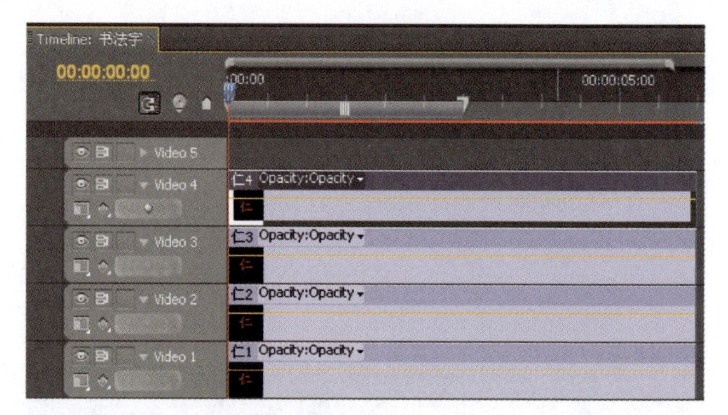

图7-13

08.

当完成以上工作时,开始进入下个阶段的操作。首先打开左侧面板中的 Effects 窗口,再展开 Video Effects 下的 Keying 面板,如图 7-14 所示。

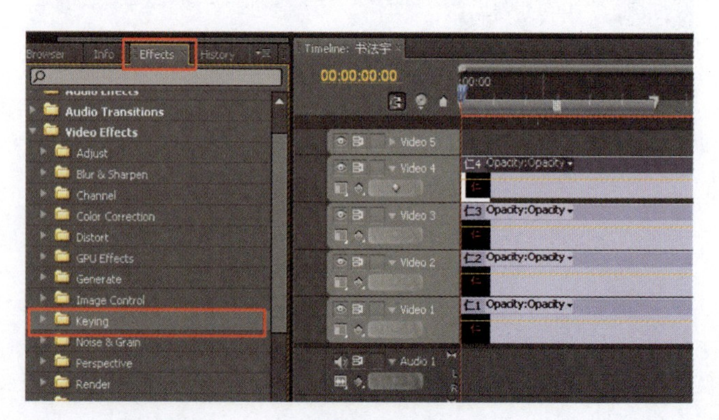

图7-14

选择 Four-Point Garbage Matte 选项，将此效果拖入到 Video 1 轨道中，如图 7－15 所示。

图 7－15

09.

添加特效滤镜后，在 Effect Controls 特效控制面板中，对参数进行调节，对“仁”字的第一笔进行设置，这里将 Top Left 设为(104.0,133.0)、Top Right 设为(720.0,0.0)、Bottom Right 设为(313.0,131.0)、Bottom Left 设为(216.0,307.0)，如图 7－16 所示。

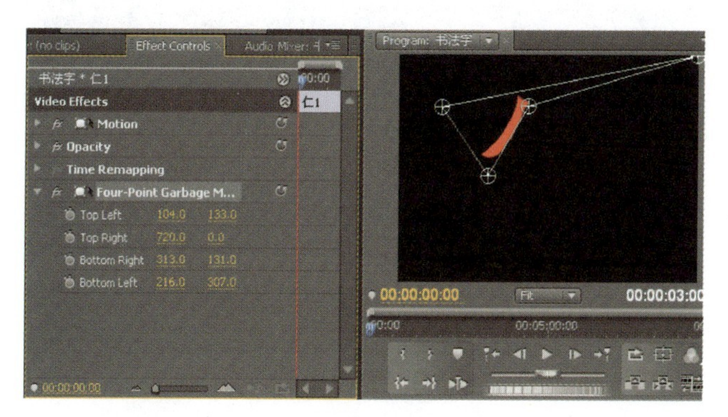

图 7－16

10.

打开左侧面板中的 Effects 窗口，展开 Video Effects 下的 Keying，选择 Four-Point Garbage Matte 选项，将此效果拖入到 Video 2 轨道中去。在 Effect Controls 面板中对参数进行调节，对“仁”字的第二笔进行设置，这里将 Top Left 设为(262.0,220.0)、Top Right 设为(293.0,

Cutoff(中止)：设置被叠加图像的中止位置。

Smoothing(平滑)：可以从右侧的下拉列表中选择一种平滑方式。

Mask Only(仅蒙版)：勾选该项，被叠加的图像仅作为蒙版使用。

Color Key(颜色键)

此特效是将某种颜色及相近的颜色设置为透明，与色度键用法基本相同，但颜色键还可为素材做出类似描边的效果。

原图

参数设置

效果图

Key Color(色彩键):用来设置不透明度的色彩值。

Color Tolerance(色彩容差):设置颜色的容差范围。

Edge Thin(边缘厚度):设置边缘的粗细。

Edge Feather(边缘羽化):设置边缘的羽化程度。

Difference Matte(差异抠像)

该特效通过指定的遮罩素材叠加两个素材的相现区域,将不相同的区域去除从而生成透明效果。

原图

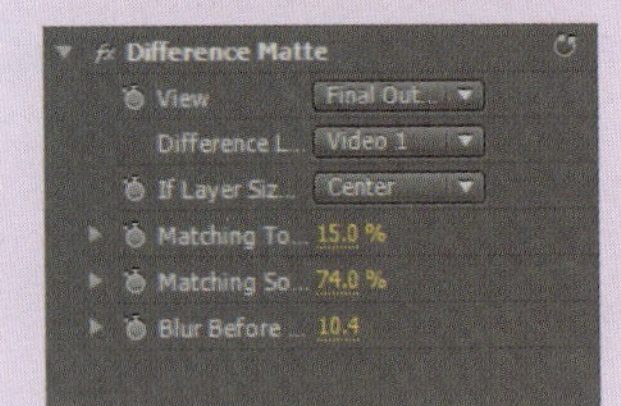

参数设置

效果图

190.0)、Bottom Right 设为(294.0,394.0)、Bottom Left 设为(250.0,370.0),如图 7-17 所示。

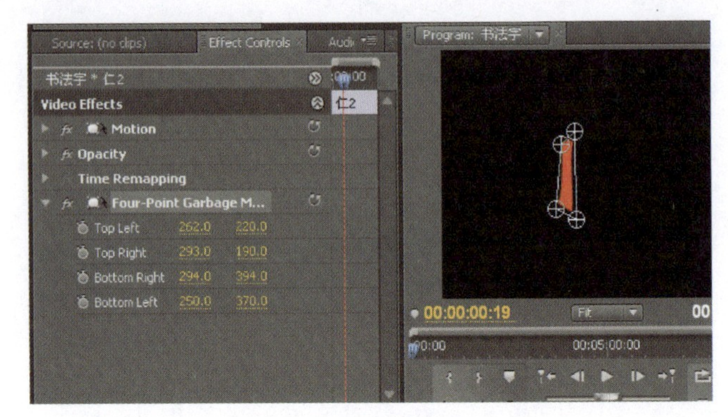

图 7-17

再次选择 Four-Point Garbage Matte 滤镜,将此效果拖入到 Video 3 轨道中去。在 Effect Controls 面板中对参数进行调节,对"仁"字的第三笔进行设置,这里将 Top Left 设为(296.0,158.0)、Top Right 设为(437.0,135.0)、Bottom Right 设为(470.0,196.0)、Bottom Left 设为(336.0,216.0),如图 7-18 所示。

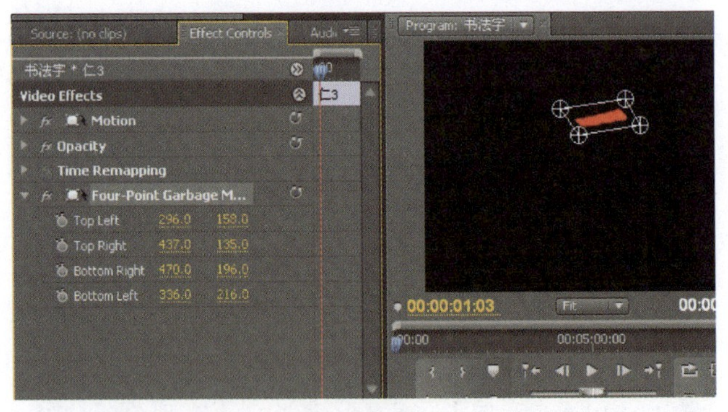

图 7-18

11.

再次选择 Four-Point Garbage Matte 滤镜,将此效果拖入到 Video 4 轨道中去。在 Effect Controls 面板中对参数进行调节,对"仁"字的第四笔进行设置,这里将 Top Left 设为(284.0,293.0)、Top Right 设为(486.0,252.0)、Bottom Right 设为(508.0,321.0)、Bottom Left 设为(316.0,344.0),如图 7-19 所示。

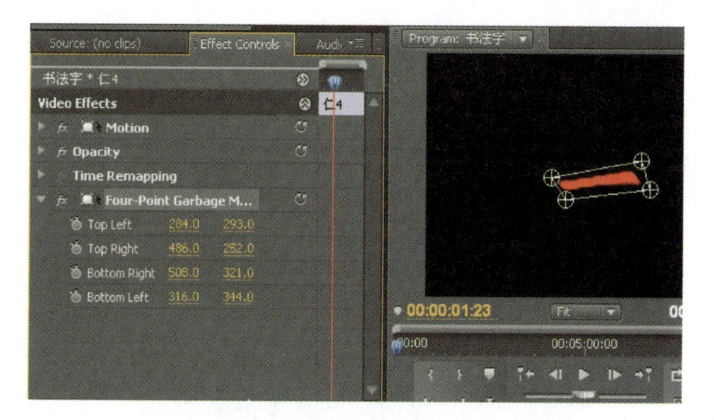

图7-19

在操作完以上的过程后，已经完成任务的一半了。

12.

下面开始设置笔画的手写动作。关闭其他轨道的可视性暂时只显示 Video 1 轨道当中的图像，选中 Video 1 轨道中的“仁 1”为它再添加一个 Four-Point Garbage Matte，将时间指针移到 00:00:00:05 处，单击打开 Four-Point Garbage Matte 特效选项，为 Top Left、Top Right、Bottom Right、Bottom Left 设置关键帧。在 00:00:00:05 时将 Top Left 设为(280.0，82.0)、Top Right 设为(333.0，106.0)、Bottom Right 设为(265.4，269.9)、Bottom Left 设为(170.0，300.4)，如图 7-20 所示。

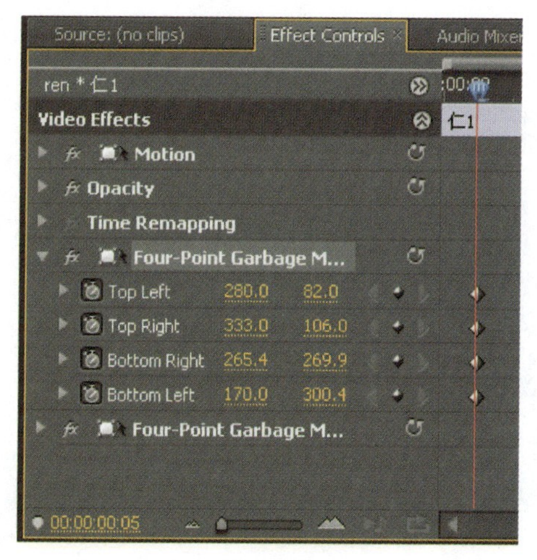

图7-20

再将时间指针移回到 00:00:00:00 位置，设置 Top Left 为(320.0，-4.0)、Top Right 设为(380.0，-6.0)、

View(视图)：设置合成图像的最终显示效果。

Difference Layer(差异层)：设置与当前素材产生差异的层。

If Layer Sizes Differ(如果层大小不同)：如果差异层与当前层的大小不同，设置层与层间的匹配方式。

Matching Tolerance(匹配容差)：设置两层间的容差匹配程度，值越大，匹配精度越大。

Matching Softness(匹配柔和)：设置图像的匹配柔化程度。

Blur Before Difference(差异模糊)：用来模糊差异像素，从而清除图像中的杂点。

Eight-Point Garbage Matte(八点遮罩)

该特效可以在素材上产生 8 个控制点，通过修改参数或移动控制点将图像裁切到背景图像当中。

原图

Eight-Point Garbage M...		
Top Left Ve...	65.1	64.0
Top Center...	299.5	64.1
Right Top V...	303.3	64.1
Right Cente...	302.5	175.7
Bottom Rig...	302.5	299.3
Bottom Cen...	178.9	298.6
Left Bottom...	68.1	298.6
Left Center...	67.4	176.4

参数设置

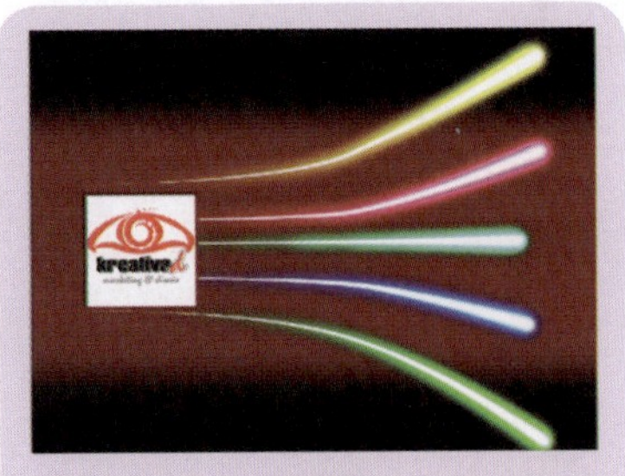

效果图

Top Left Vertex(左顶点):用来调整左侧顶点的位置。

Top Center Tangent(顶中切点):用来调整顶部中心控制点的位置。

Right Top Vertex(右顶点):用来调整位于右侧顶点的位置。

Right Center Tangent(右中切点):用来调整位于右侧中心控制点的位置。

Bottom Right Vertex(右底点):用来调整位于右侧底部点的位置。

Bottom Center Tangent(底中切点):用来调整位于底部中心控制点的坐标位置。

Left Bottom Vertex(左底点):用来调整位于左侧底部的控制点的坐标位置。

Left Center Tangent(左中切点):用来调整位于左侧中心点的控制点的坐标位置。

Image Matte Key(图像遮罩抠像)

该特效主要将指定的图像遮罩制作透明效果,被指定的遮罩图像的白色保持不变,黑色区域将变透明,介于黑色与白色的部分将出现不同程度的透明。

Bottom Right 设为(340.0, 74.0)、Bottom Left 设为(298.4, 76.0),如图 7-21 所示。

图 7-21

13.

打开 Video 2 的可视性,关闭其他轨道的可视性,选中 Video 2 轨道中的"仁 2"为它再添加一个 Four-Point Garbage Matte,将时间指针移到第 00:00:00:20 处,单击打开 Top Left、Top Right、Bottom Right、Bottom Left 前面的码表设置关键帧。在 00:00:00:20 处 Top Left 设为(244.0, 201.0)、Top Right 设为(296.0, 178.0)、Bottom Right 设为(303.0, 408.0)、Bottom Left 设为(246.0, 376.0),如图 7-22 所示。

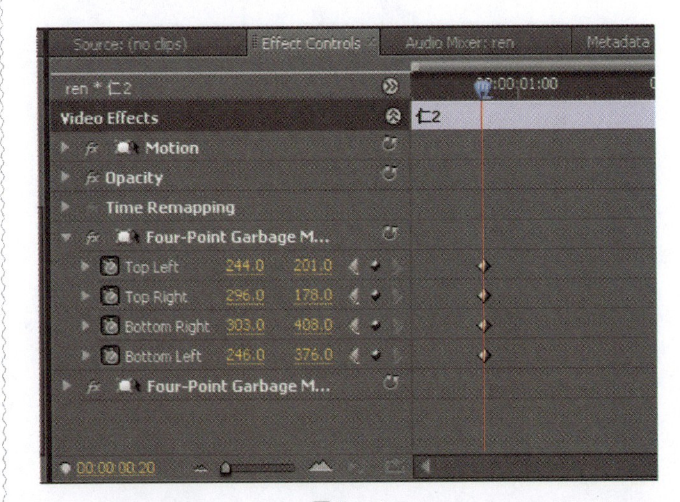

图 7-22

将时间指针移回到 00:00:00:10 处,设置 Top Left 为(243.0, 63.0)、Top Right 设为(296.0, 40.0)、

Bottom Right 设为(300.0,188.0)、Bottom Left 设为(250.0,208.0),如图 7-23 所示。

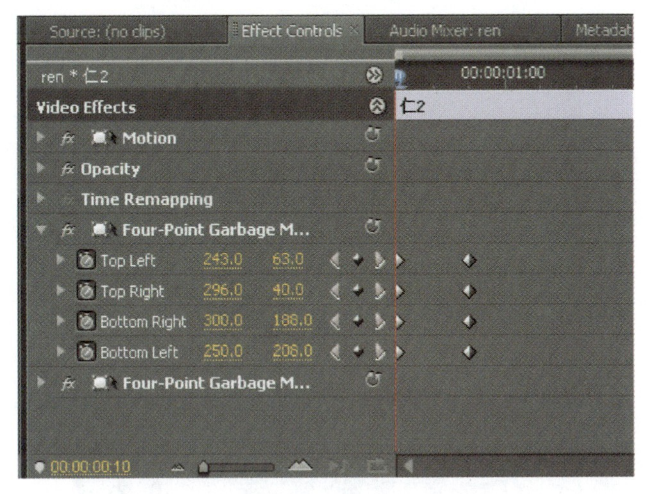

图 7-23

14.

打开 Video 3 的可视性,关闭其他轨道的可视性,选中 Video 3 轨道中的"仁 3"为它再添加一个 Four-Point Gabage Matte,将时间指针移到 00:00:01:10 处,单击打开 Top Left、Top Right、Bottom Right、Bottom Left 前面的码表设置关键帧。在 00:00:01:10 处,Top Left 设为(310.0, 167.0)、Top Right 设为(444.0, 142.0)、Bottom Right 设为(472.0, 192.0)、Bottom Left 设为(335.0, 218.0),如图 7-24 所示。

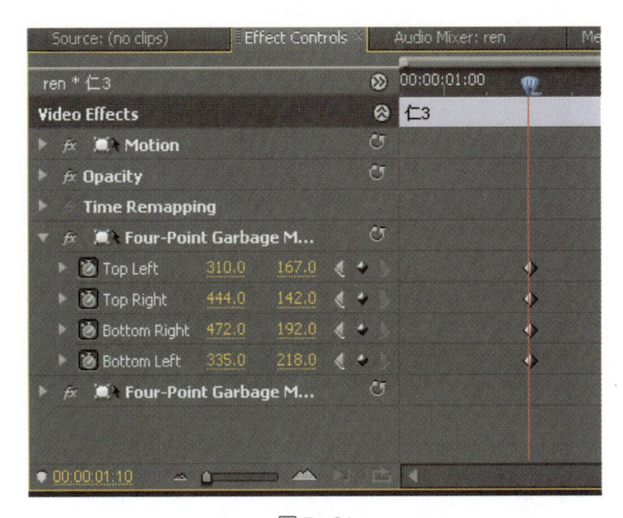

图 7-24

原图

参数设置

效果图

单击 按钮,将弹出选择一个遮罩图像的对话框,可以指定路径找到一张可以做遮罩的素材图像。

Composite Using(合成选择):选择合成方式有 Matte Alpha(遮罩通道)和 Matte Luma(遮罩亮度)。

Luma key(亮度抠像)

该特效可以根据图像的明亮程度不同制作出不同透明效果。

原图

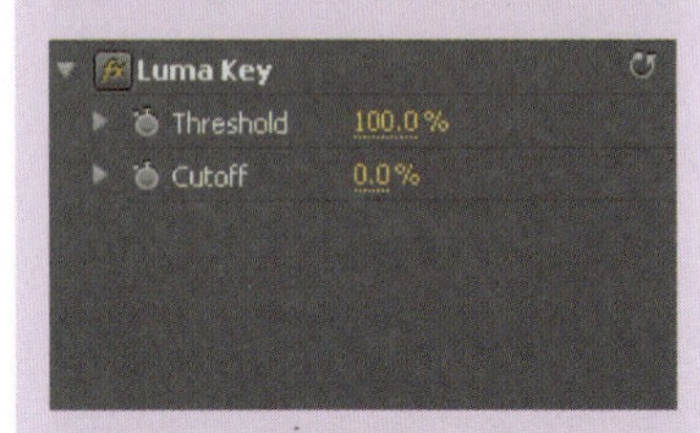

参数设置

效果图

Threshold（阈值）：用来调整素材背景的不透明程度。

Cutoff（中止）：设置被叠加图像的中止位置。

将时间指针移回到 00:00:00:20 处，设置 Top Left 为(146.0, 207.0)、Top Right 设为(276.0, 150.0)、Bottom Right 设为(314.0, 201.0)、Bottom Left 设为(170.0, 264.0)，如图 7-25 所示。

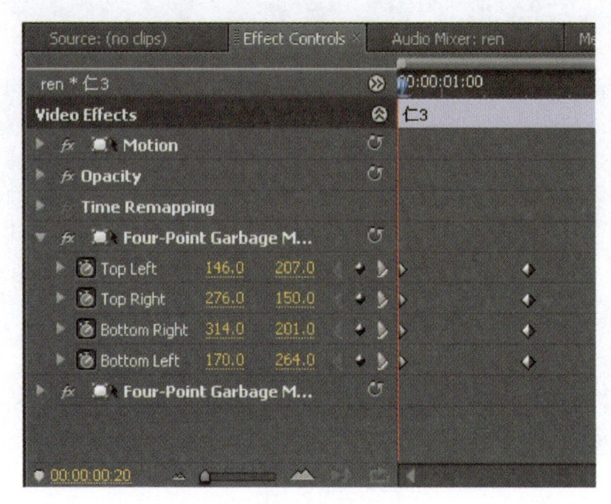

图 7-25

15.

打开 Video 4 的可视性，关闭其他轨道的可视性。再次选中 Video 4 轨道中的"仁 4"为它再添加一个 Four-Point Garbage Matte，将时间指针移到 00:00:02:05 处，单击打开 Top Left、Top Right、Bottom Right、Bottom Left 前面的码表设置关键帧。在 00:00:02:05 处时，设置 Top Left 为(281.0, 285.0)、Top Right 设为(489.0, 250.0)、Bottom Right 设为(513.0, 325.0)、Bottom Left 设为(315.0, 353.0)，如图 7-26 所示。

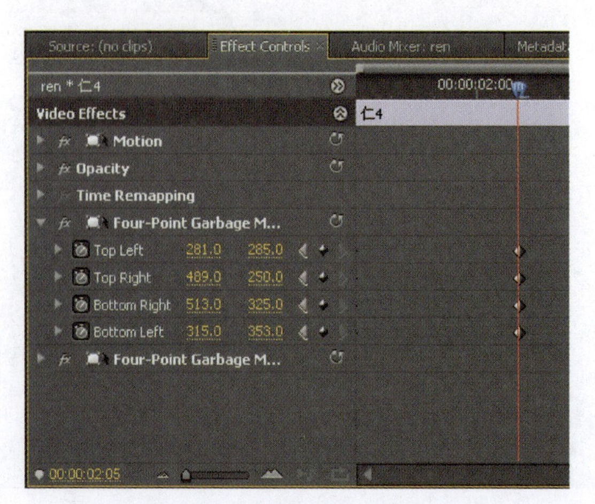

图 7-26

将时间指针移回到 00:00:01:10 处,设置 Top Left 为(46.0, 338.0), Top Right 设为(256.0, 275.0), Bottom Right 设为(285.0, 345.0), Bottom Left 设为(76.0, 428.0),如图 7-27 所示。

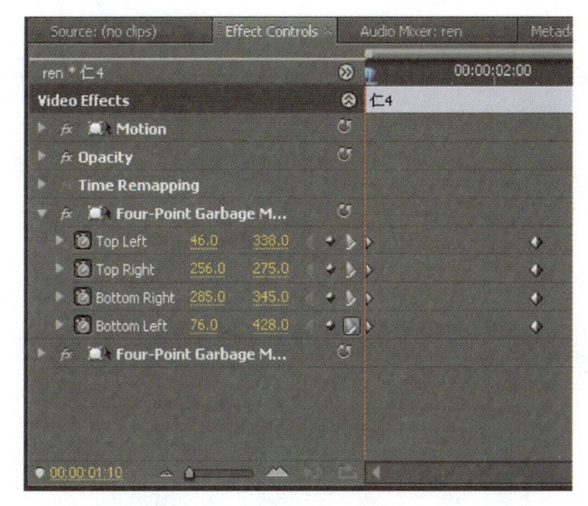

图 7-27

在完成以上的设定后,将其合理的组合,制作出手写汉字的效果。

16.

将所有的视频轨道的显示全部打开,如图 7-28 所示,在所有轨道为显示打开的状态下,就可以将它们按笔画的手写顺序设置各条轨道中笔画的入点位置了。

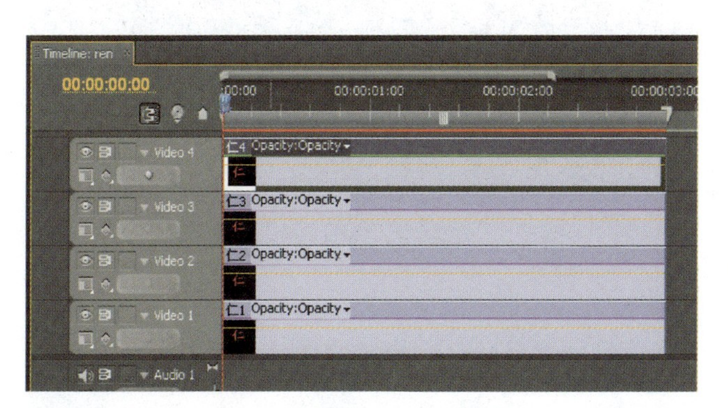

图 7-28

17.

设置"仁 1"的入点时间为 00:00:00:00,"仁 2"的入

Non Red Key(非红色抠像)

该特效与蓝屏抠像相似,当素材使用蓝屏无法抠除时,用此滤镜可轻松解决。

原图

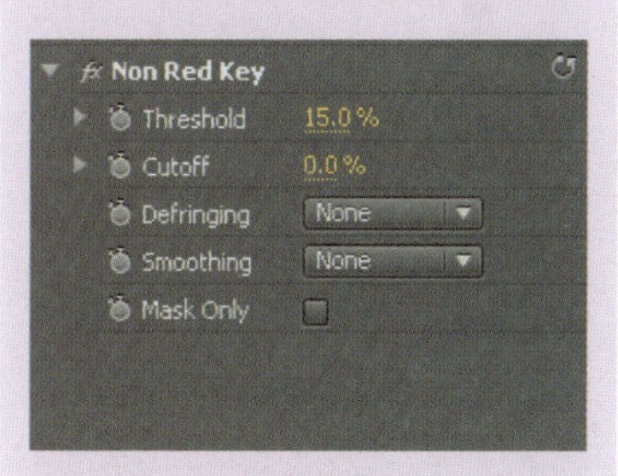

参数设置

效果图

Threshold(阈值):用来调整素材背景的不透明程度。

Cutoff(中止):设置被叠加图像的中止位置。

Smoothing(平滑):选择调整图像的平滑程度。

Mask Only(仅蒙板):被叠加对象仅作为蒙版。

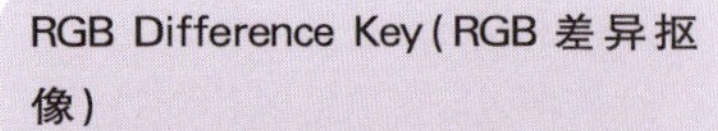

RGB Difference Key（RGB 差异抠像）

该特效用于选取某种颜色或某范围的颜色通过修改参数使之变透明，可为抠像图添加阴影效果。

原图

参数设置

效果图

点时间为 00:00:00:10，“仁 3”入点时间为 00:00:00:20，“仁 4”入点时间为 00:00:01:10 的位置。这样就把所有的入点都设定好了，接下来就可以设置出点，将全部轨道的出点都设在第 3 秒的位置处，如图 7－29 所示。

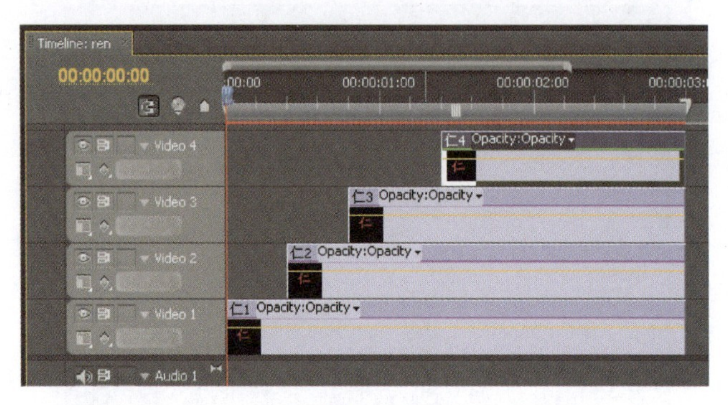

图 7－29

这样就完成了笔画顺序设置，按空格键观看预览效果，就可以看到“仁”字一笔一画的被写出来，如图 7－30 所示。按照此方法，可以根据不同汉字的字形做出各种不同汉字书写的样式。

图 7－30

本章小结

本章主要通过实例练习逐步掌握 Four-Point Garbage Matte 四点遮罩的运用。在选择汉字的时候，要将复杂的汉字按照汉字规律化整为零，拆开偏旁部首，对单个笔画进行手写的动画设置，再组合到一起，并形成汉字的手写过程。当汉字笔画较多时，就需要使用 Sixteen-Point Garbage Matte(十六点遮罩控制)来制作手写汉字效果。

课后练习

1. 怎样添加新的视频轨道，但又不要音频轨道？
2. 新建字幕的快捷键是________。
   A. 〈Ctrl〉+〈I〉
   B. 〈Ctrl〉+〈T〉
   C. 〈Ctrl〉+〈S〉
   D. 〈Ctrl〉+〈M〉
3. Four-Point Garbage Matte 与 Eight-Point Garbage Matt 有什么区别？

8 时间倒流特效

本章学习时间： 2课时

学习目标： 掌握对素材进行倒放处理的方法

教学重点： 如何对素材进行播放速度及播放顺序的调整

教学难点： 对素材进行倒放处理

讲授内容： 素材的选择，速率反相的设置

课程范例文件： \chapter8\final\时间倒流.proj

本章课程总览

在进行视频制作时，一般都会按时间顺序组合素材，但在某些情况下，会对素材进行特殊的处理，如对素材进行倒放，刻意营造出幽默诙谐、普通拍摄无法实现的效果。下面通过对素材播放速率的设置来实现视频片断倒放的效果。

案例 时间倒流特效

01.

启动 Premiere，新建一个 New Project，并命名为“倒带”，新是一个序列，也命名为“倒带”，如图 8－1、图 8－2 所示。

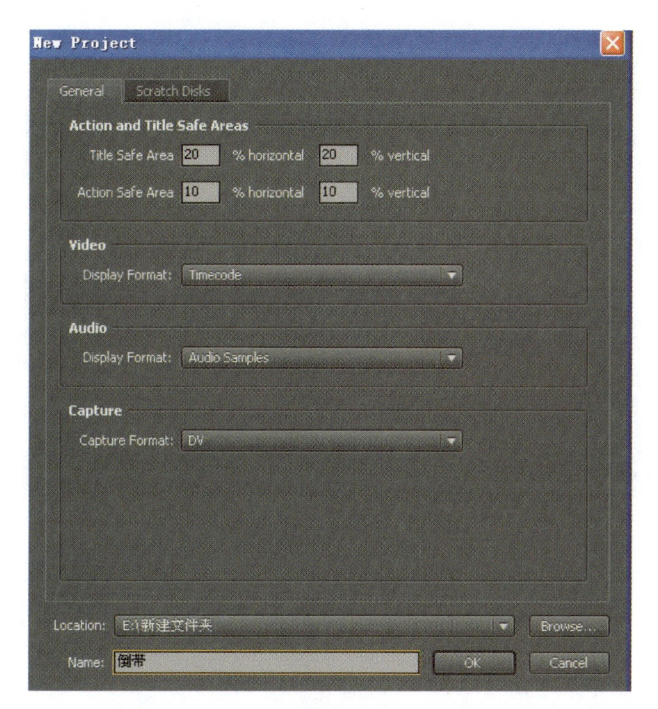

图 8－1

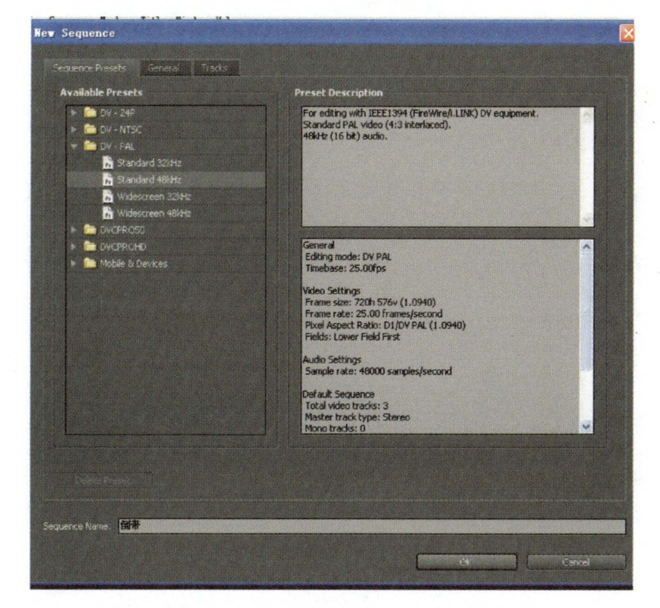

图 8－2

知 识 点 提 示

在 Premiere 中运用的素材，如果从运动属性上来看，分为静态素材和动态素材。利用软件中的命令，可以修改其持续时间，使素材符合编辑的要求。

1. 静态素材的修改

静态素材主要是指各种不同格式的图片。

（1）将导入的素材拖动到轨道中，选择工具箱中的 或是 工具，拖动图片的尾部，拉长或缩短素材，以调整其在画面中的时间。

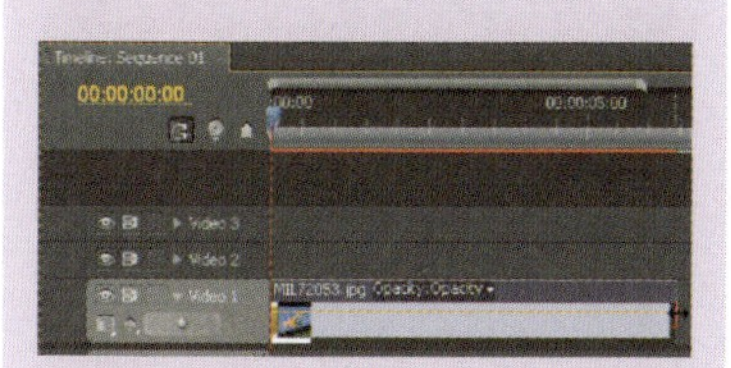

（2）利用 Preference（参数选择）来改变静态素材的长度，此种方法可以很精确地控制素材被导入 Timeline 窗口之后持续的时间。

执行 Edit（编辑）→ Preferences（参数选择）→ General（常规）命令。

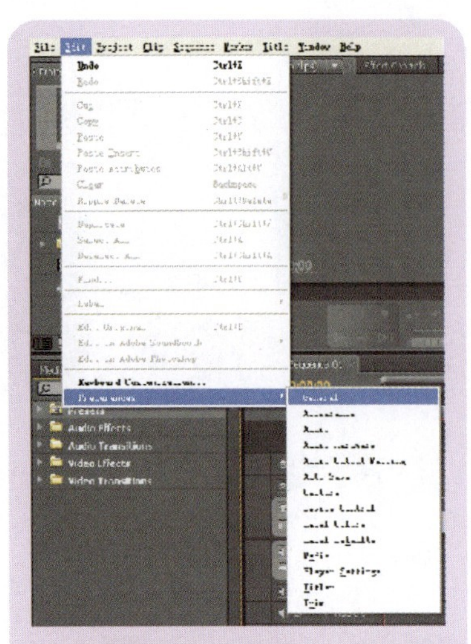

修改对话框中 Still Image Default(静态图像默认长度)这一选项中的数值。

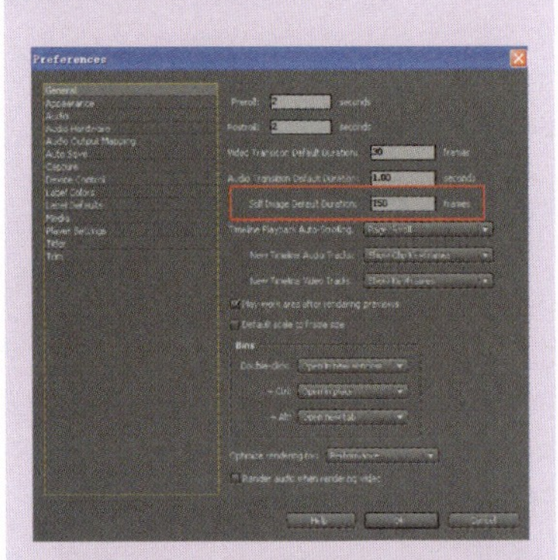

需要注意的是如果静态的素材已经导入,再改变 Still Image Default(静态图像默认长度)的数值是不起作用的,必须先修改好 Preferences 中的 Still Image Default,然后再导入素材,素材才会按用户修改的帧数在轨道上显示。

02.

在 Project 窗口中导入 chapter8 中 media 文件夹中的视频素材文件“digitalfinal. wmv”,如图 8 - 3 所示,对素材进行倒放处理。

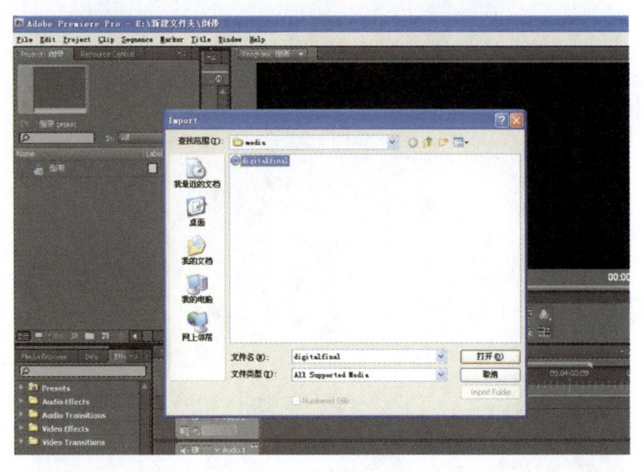

图8-3

在 Project 窗口中将视频素材“digitalfinal. wmv”拖入 Timeline 窗口的 Video 1 轨道上。可单击键盘上的〈+〉键,增大素材在轨道上的观看区域,如图 8 - 4 所示。

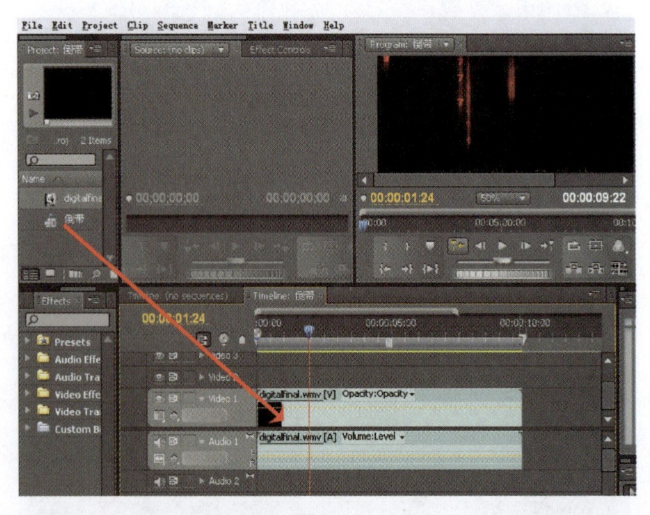

图8-4

03.

拖动时间指针，在 Program 窗口中对素材进行观看，如图 8－5 所示。

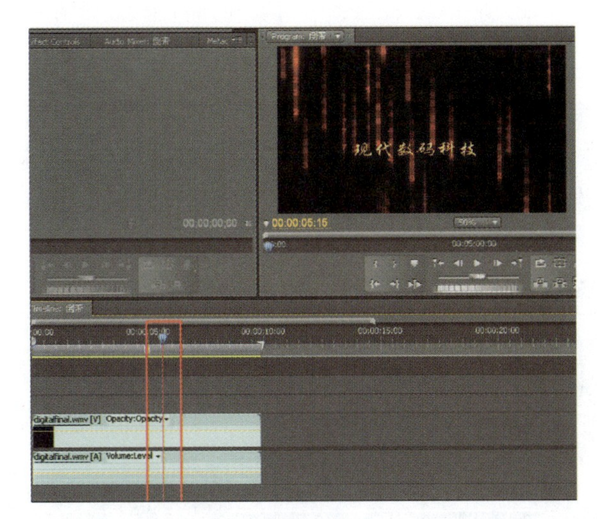

图 8－5

因为在实现倒放效果时，素材的声音会发生变化，往往会产生较为怪异的声音。因此首先要将视频与音频进行分离处理，在选定素材的基础上，单击鼠标右键，在弹出的对话框中单击选中 Unlink(分离)命令，如图 8－6 所示。

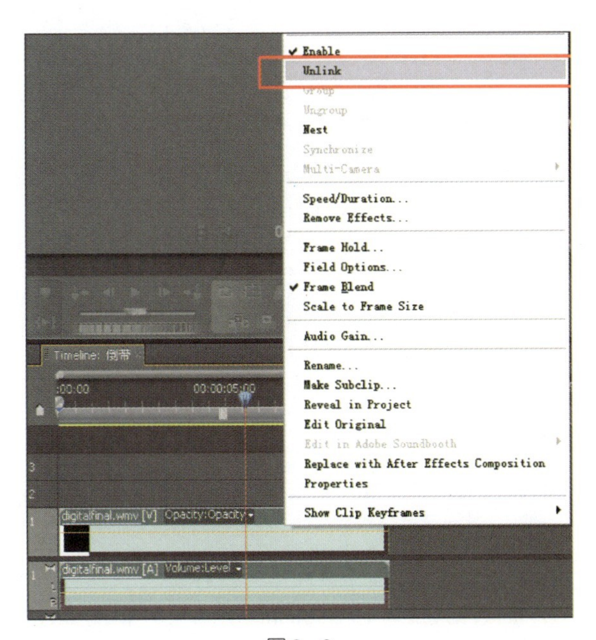

图 8－6

2. 动态素材的修改

(1) 使用工具箱中的 等比例缩放工具，可以快速的调整素材在轨道上的持续时间。向后进行拉长：

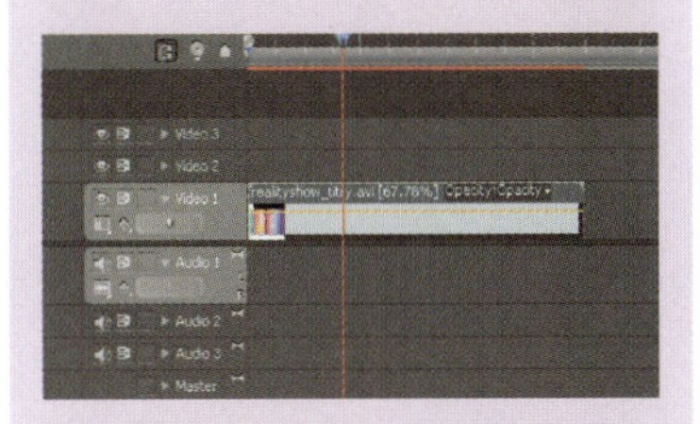

画面中素材的播放速度将以原速率的 67.78% 进行播放，也就是使素材放慢播放。

向前进行缩短：

画面当中的素材的播放速度将以原速率的 171.18% 进行播放，也就是使素材快放。

(2) 利用本实例中的 Speed/Duration(速度/持续时间)命令,来调整素材的播放速度。

Speed:速度。

Duration:持续时间。

Reverse Speed:反转速度。

Maintain Audio Path:保持音频同步。

Ripple Edit, Shifting Trailing Clips:波纹编辑。

在 Speed(速度)或是 Duration(持续时间)选项中输入数值或是用鼠标左键直接在数值上拖动来改变数值,以达到调节速度和持续时间的效果。

04.

接下来可以很方便地单独选择视频层,音频层将不会被同时选择到。右击视频素材,在弹出的对话框中选择 Speed/Duration...(速度/持续时间)命令,如图 8-7 所示,为视频设置倒放效果。

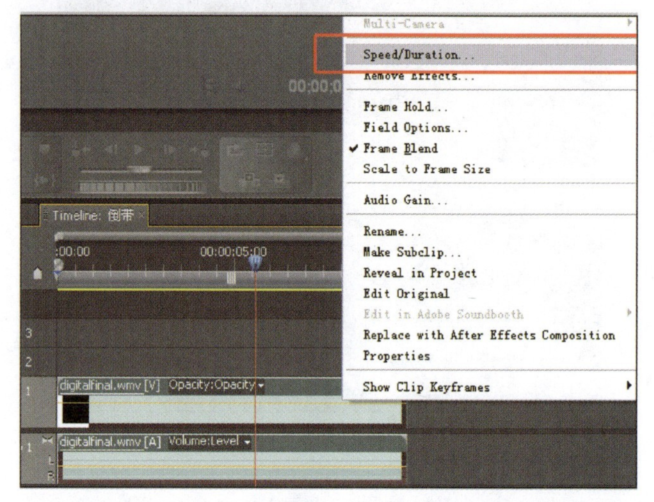

图8-7

在弹出的 Clip Speed/Duration(素材速度、持续时间)对话框中,勾选 Reverse Speed(反转速度)复选框,如图 8-8 所示。

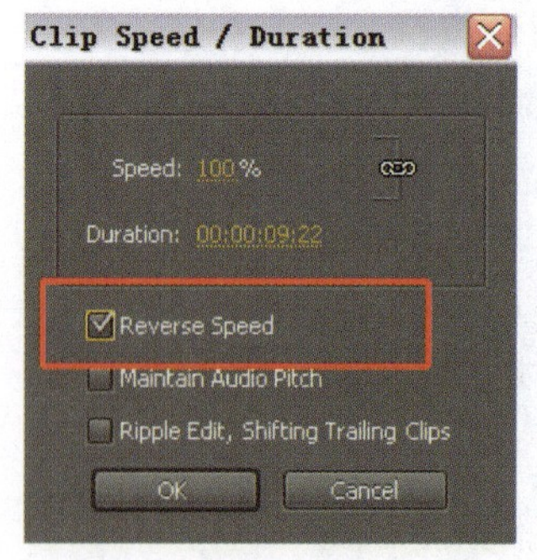

图8-8

单击 OK 按钮,返回 Timeline 窗口中,可以观看到素材的倒放设置已经完成,如图 8-9 所示。

05.

下面再深入探讨 Speed/Duration...中的其他设置。如果要实现倒放后加快播放或是放慢播放的话,可以修改其中的 Speed 选项，如图 8－10 所示。当加快到 200％时，代表速度将加快一倍，素材时间也将相应的缩短1/2，如图 8－11 所示。

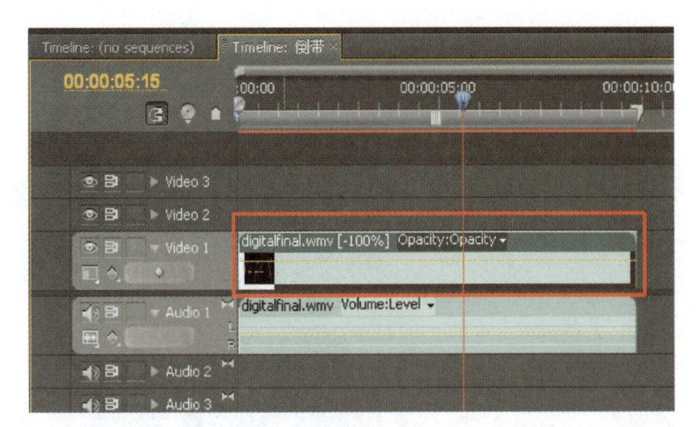

图 8－9

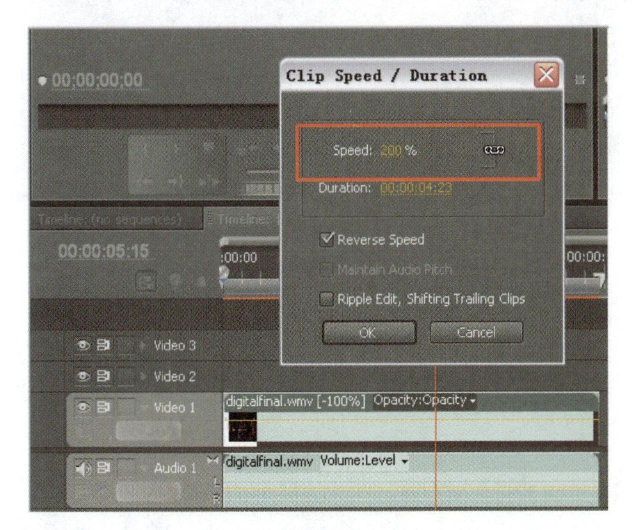

图 8－10

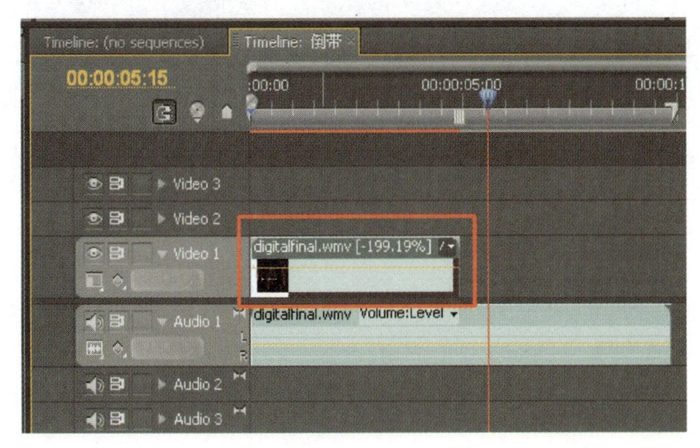

图 8－11

操　作　提　示

在实际的操作过程中，对单个素材进行编辑时，总是会放大图像的编辑区域，以更好的辅助操作。放大轨道上素材操作区域的方法：

（1）单击键盘上的〈＋〉键就可实现放大镜的效果。

（2）拖动 Timeline 窗口左下方，如下图红色方框当中的滑块，也可以起到放大镜的效果。

以上操作只是起到放大操作区域的作用，并非对素材进行拉长的处理。

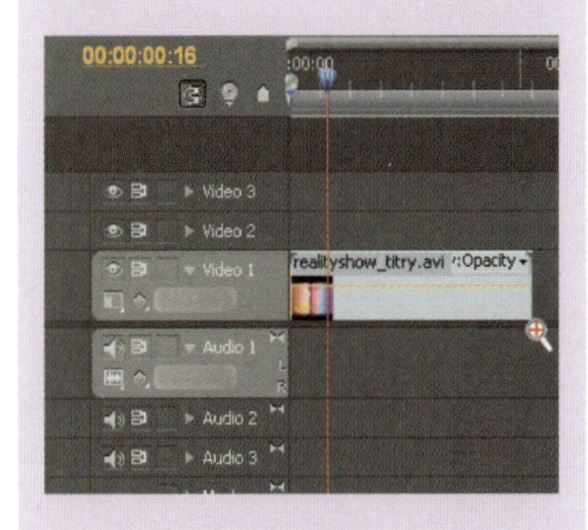

相反，如果想缩小素材的显示，可以单击键盘上的〈－〉键，或是在选择工具单击素材的同时，按住键盘上的〈Alt〉键，对素材的显示进行缩小操作。

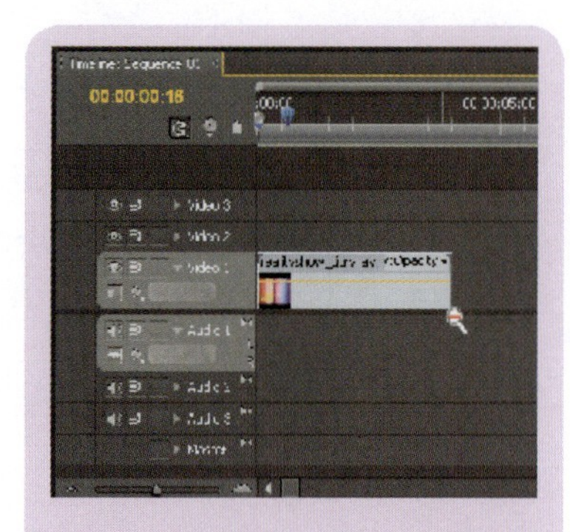

在编辑影片时,除了运用〈+〉和〈-〉外,还可以使用以下组合键来提高编辑的速度:

(1) 逐帧进:按住〈K〉键的同时单击〈L〉键。

(2) 逐帧退:按住〈K〉键的同时单击〈J〉键。

(3) 以 8 fps 的速度向前播放:同时按住〈K〉和〈L〉键。

(4) 以 8 fps 的速度向后退:同时按住〈K〉和〈J〉键。

(5) 前进 5 帧:〈Shift〉键 + 〈→〉键。

(6) 后退 5 帧:〈Shift〉键 + 〈←〉键。

06.

同理,如果要对素材进行慢放的处理,可以相应的减少 Speed 参数中的百分比,如修改为 50%,如图 8-12 所示,将对素材进行慢放一倍的处理。素材的长度也将拉长一倍,如图 8-13 所示。

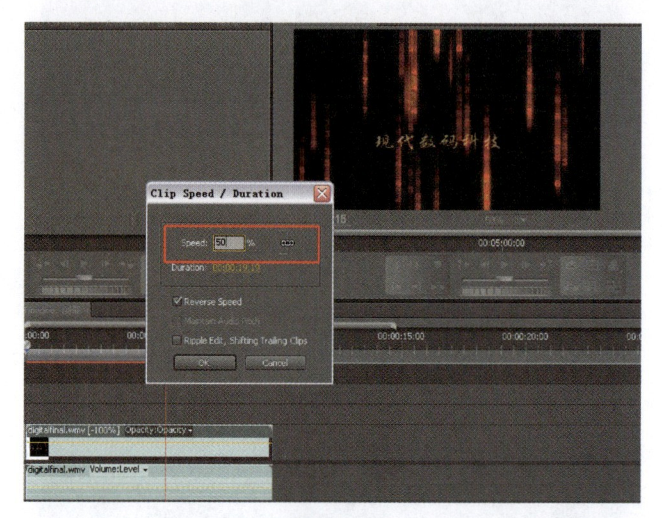

图 8-12

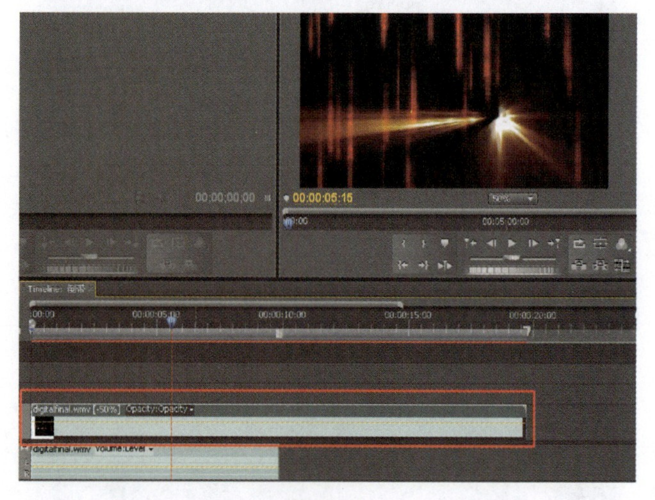

图 8-13

至此,对视频的倒放处理暂告一个段落,在以后的实例制作中,还将涉及此知识点。

本章小结

对前期拍摄的素材进行播放速率的调整是在剪辑过程中经常要遇到的一个操作。如何方便而又快捷地调整素材的播放速度，从而使其能够表现主题，是本章要解决的重点问题。通过Speed/Duration选项，不仅可以对速度进行调整，使画面出现快进或慢放的效果，而且通过Reserve选项，还能将素材的播放进行反转，实现倒放的效果。在操作的过程中，要用心体会速度的改变给画面风格带来的影响。

课后练习

1. 对素材播放的速率进行调整有________种方式。

   A. 0种(不能调整)

   B. 1种

   C. 2种

   D. 3种

2. 如何取消视频与音频之间的链接关系？

3. 利用〈+〉键，可对素材进行拉长处理，此种说法是否正确？如果不正确，那单击〈+〉键在Premiere中可起到什么作用？

9 运动的时钟

本课学习时间： 2 课时

学习目标： 掌握各项参数关键帧设置及特效控制面板的使用

教学重点： 特效控制面板的使用

教学难点： Posterize Time(多色调分离时)特效的应用

讲授内容： Position(位置)、Anchor point(锚点)的关键帧设置，Posterize Time(多色调分离时)特效的应用

课程范例文件： \chapter9\final 运动的时钟.proj

本章课程总览

灵活运用 Position(位置)、Anchor point(锚点)设置关键帧，可以产生许多意想不到的效果。本实例将制作一个时钟跳动的效果，不仅画面逼真，而且充满了情趣。在制作时可选用不同风格的时钟，以制作出不同的影像效果。

案例　运动的时钟

01.

启动 Premiere Pro CS4，打开 New Project 新建一个项目，命名为“时光流逝”，并新建同名的序列，如图 9-1、图 9-2 所示。

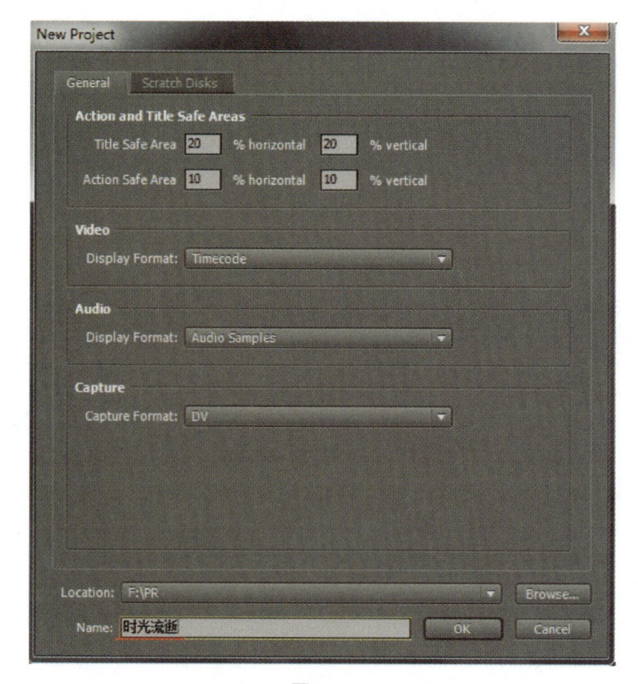

图 9-1

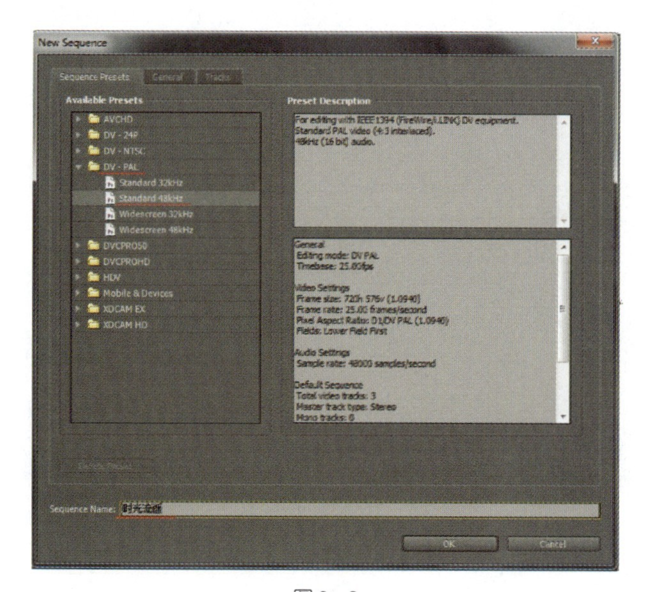

图 9-2

Rotation（旋转）与 Anchor Point（锚点）详解

1. Rotation（旋转）

该选项用来设置图像沿 Anchor Point（锚点）的旋转角度，正数代表图像顺时针旋转，负数代表图像逆时针旋转。当所输入的值大于 1 周时，即大于顺时针或逆时针 360°时，该值将变成 0×00 的形式。其中“×”前面的数值表示旋转的周数，如旋转三周表示为 3×00。“×”后面的 00 表示旋转的度数，它是一个小于 360 的数值。如果“×”后面是 45，表示该素材沿锚点顺时针转过 45°。

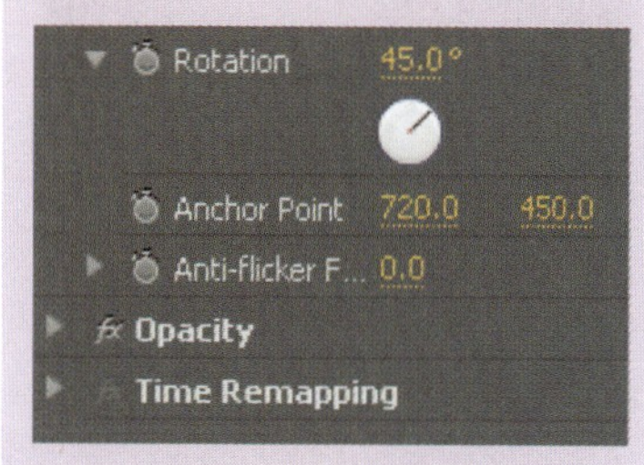

Rotation（旋转）：45.0°

效果

Rotation(旋转):1×45.0°

效果

2. Anchor Point(锚点)

Anchor Point(锚点)是控制素材的旋转中心点位置的,如果想让素材沿不同的锚点旋转,就需要修改锚点的位置。要注意区分素材的中心点与锚点的概念。

下图红色方框的位置为Anchor Point(锚点)。

下图所示图片为锚点不同,同时旋转45°之后的不同效果。

02.

为了控制图片在时轨道上的长度,我们可以对静态图像默认持续时间进行设置。选择菜单栏中的 Edit → Preferences → General ... 命令,如图 9-3 所示。

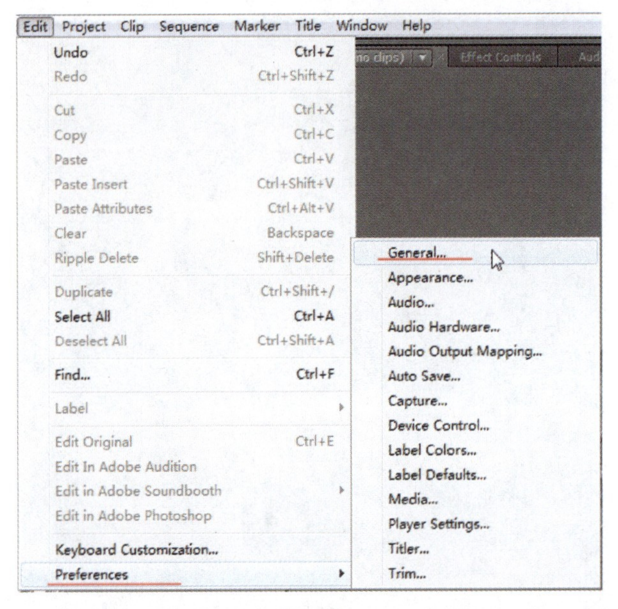

图9-3

弹出 Preferences(参数设置)对话框,在 General(常规)选项卡中将 Still Image Default Duration(静态图像默认持续时间)设置为 1 500 帧,即 1 分钟,如图 9-4 所示。然后单击 OK 按钮。

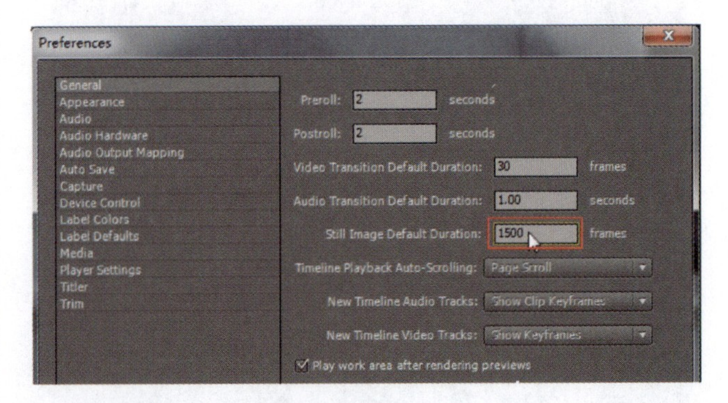

图9-4

03.

导入素材文件"chapter9\media\时钟. psd",对图像

进行分层导入，分别导入图层 0 和图层 1，如图 9－5 所示。它们的默认持续时间为 1 分钟。

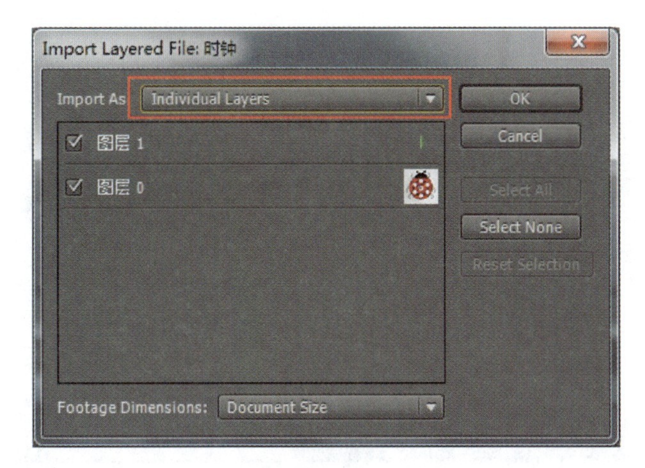

图9－5

在 Project 面板当中，图层将被放入以“时钟”命名的文件夹中，如图 9－6 所示。

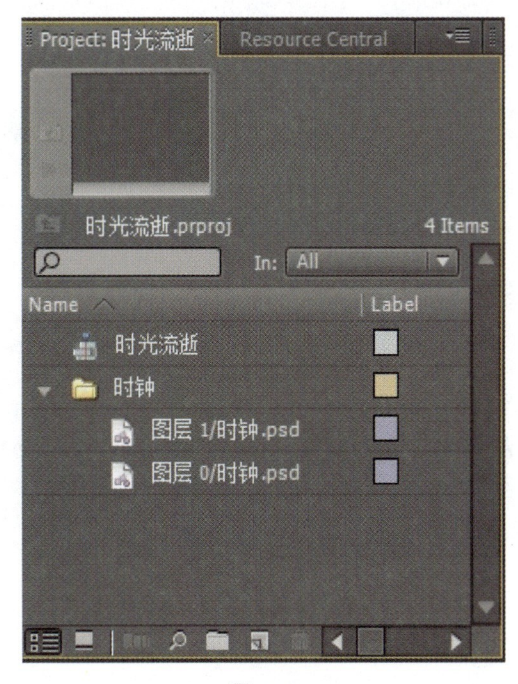

图9－6

04.

从 Project 窗口中将素材文件插入 Timeline 窗口，将

修改图像的旋转有两种方法：

(1) 在 Effect Controls(特效控制)板中，设置一个 Rotation(旋转)角度。

(2) 在 Monitor(监视器)窗口中，单击 Motion(运动)或 图标，就可在图像的对角线位置来修改旋转的角度。

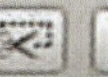

Time(时期)特效

Video Effects特效面板中的Time(时期)特效主要用来控制素材的时间特性，并以素材的时间作为基准。包括：Echo、Posterize Time和Time Warp。

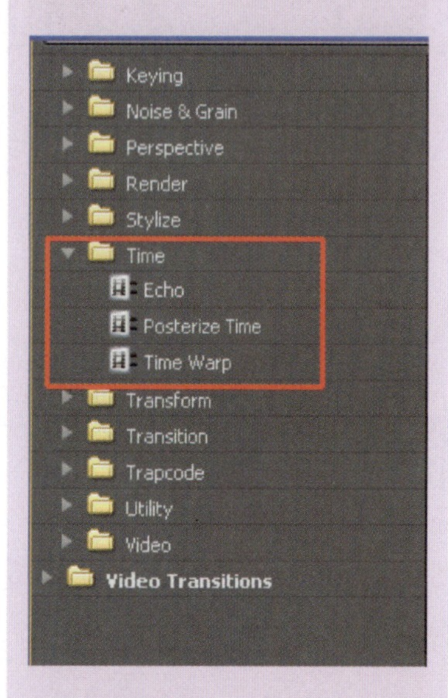

1. Echo(重复)

该特效可以将图像中不同时间的多个帧组合起来同时播放，产生重复效果。此特效一般应用于动态的素材当中。

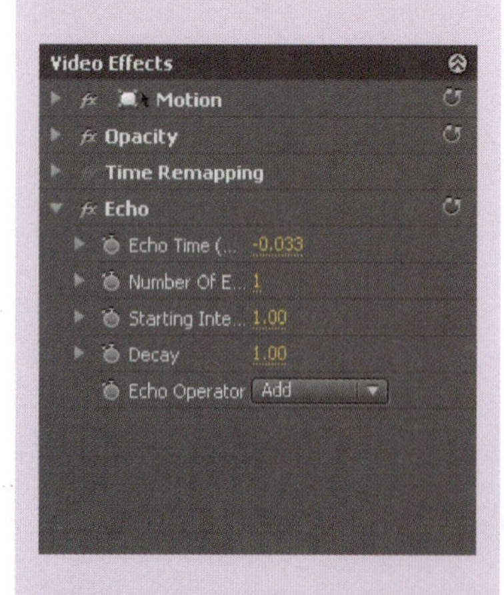

图层0放置在Video 1轨道，将图层1放置在Video 2轨道，如图9-7所示。

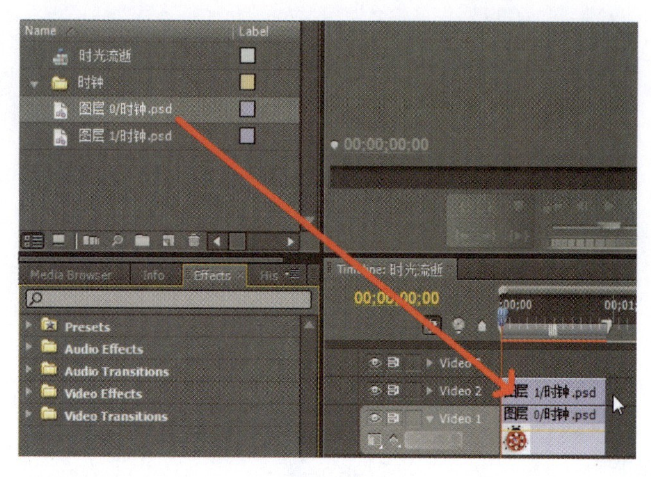

图9-7

选择“图层1”后打开Effect Controls(特效控制)面板；展开Motion选项，调整Position(位置)参数，使“秒针”与钟面中心对齐；调整Anchor Point(锚点)的参数以确定其旋转的轴心，如图9-8所示。

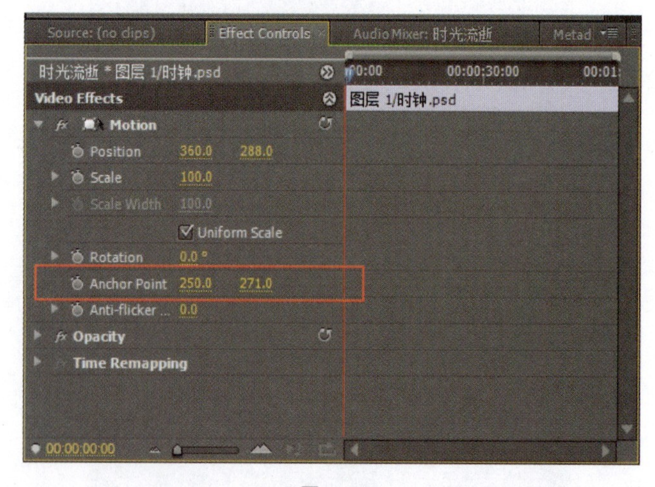

图9-8

05.

回到Effect Controls(特效控制)面板，为Rotation(旋转)项在00:00:00:00时间处设置关键帧，其参数值为0，如图9-9所示。

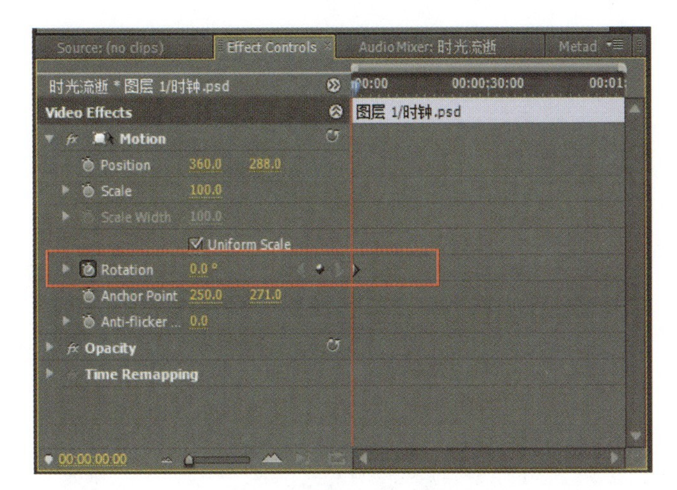

图9-9

移动时间滑块到00:00:59:23处，将Rotation(旋转)项此时的关键帧参数值设置为360°，也就是1圈，如图9-10所示。

图9-10

06.

选择菜单栏中的File → New → Sequence...命令如图9-11所示。

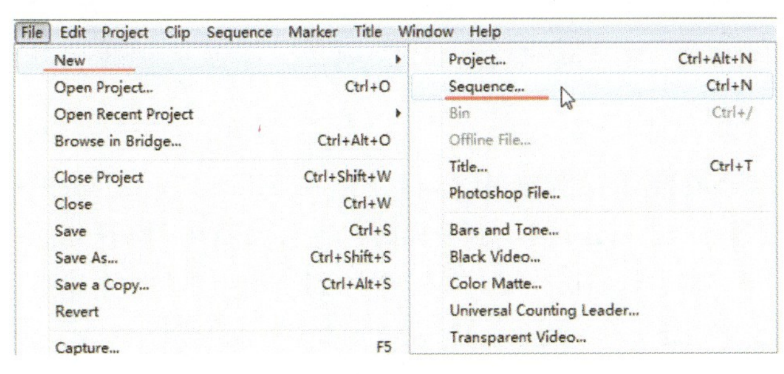

图9-11

Echo Time(重复时间)：设置两个混合图像之间的时间间隔，负值将会产生一种拖尾效果。

Number Of Echoes(重复数量)：设置重复时产生的数量值。

Starting Intensity(开始强度)：设置开始帧的强度。

Decay(减弱)：设置图像重复的衰退情况。

Echo Operator(运算器)：设置运算时的模式。

原图

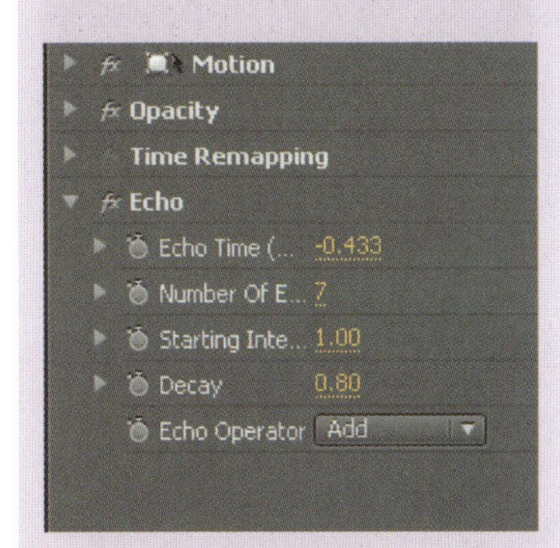

参数设置

效果图

2. Posterize Time(多色调分调时)

该特效是将素材锁定到一个指定的帧率,从而产生跳帧播放的效果。

Frame Rate(帧速率):设置帧速率的大小,以便产生跳帧播放的效果。本实例即采用了此特效滤镜。

原图

参数设置

在弹出的 New Sequence 对话框中输入名称“时间轴 2”,如图 9-12 所示。

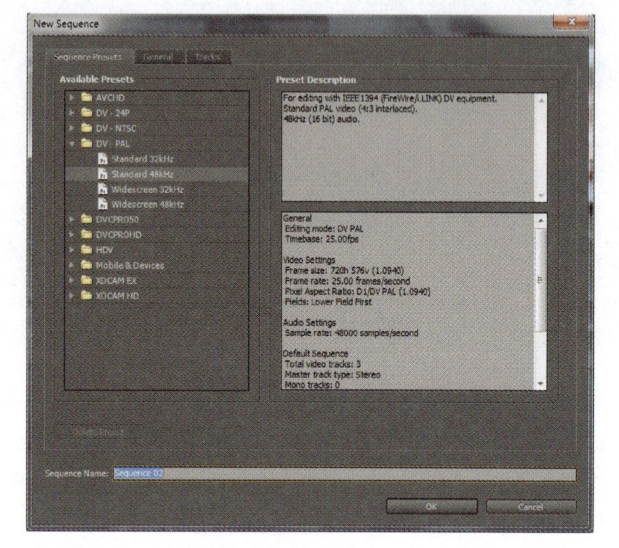

图 9-12

07.

从 Project 窗口中将时间轴文件“时光流逝”拖入 Timeline 窗口,如图 9-13 所示。

图 9-13

在 Effec 面板中选择 Video Effects → Time → Posterize Time(多色调分离时)特效,如图 9-14 所示。

将 Posterize Time 特效添加到轨道上的“时光流逝”上,如图 9-15 所示。

图9-14

图9-15

08.

然后在 Effect Controls(特效控制)面板中将 Frame Rate(帧频)设置为 1,即每秒钟播放 1 帧,如图 9-16 所示。这样就使秒针在旋转的过程中每 1 秒暂停 1 次。

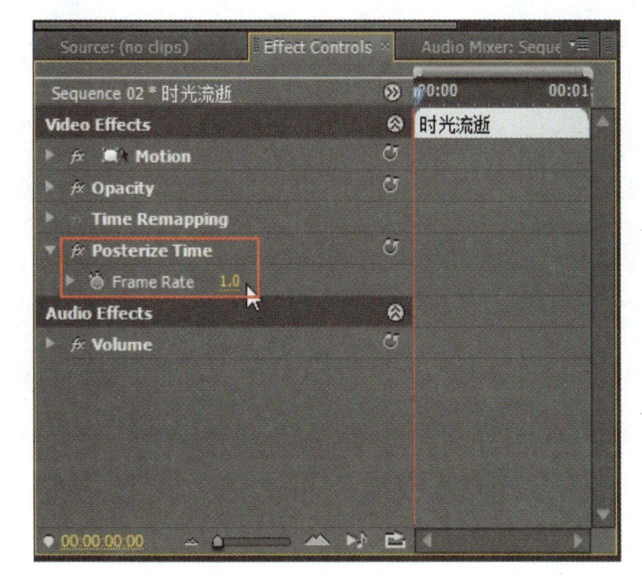

图9-16

效果图

3. Time warp(时间变形)

该特效可以基于图像运动。帧融合所有帧进行时间画面变形,使前几秒或后几帧的图像显示在当前窗口中。

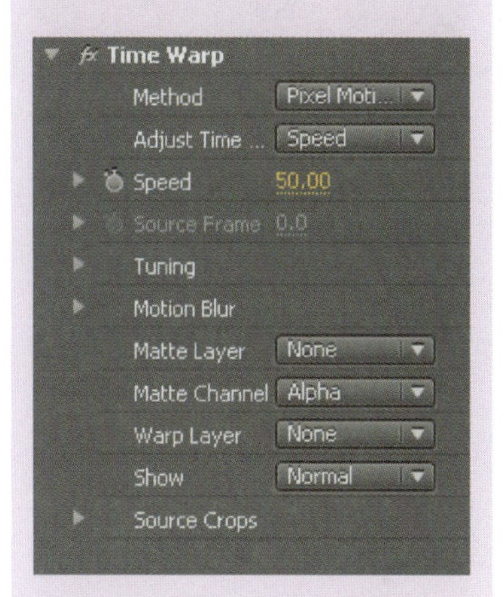

Method(方法):设置图像进行扭曲的方式。

Adjust Time By(调整时间通过):调整时间以何种方式,包括 Speed(速度)和 Source Frame(源帧)两个选项。

Speed(速度):设置时间变形的速度。当 Adjust Time By(调整时间通过)项选择 Speed(速度)选项时,此项才可用。

Source Frame（源帧）：设置源帧，当 Adjust Time By(调整时间通过)项选择 Source Frame(源帧)选项时，此项才可用。

原图

参数设置

效果图

单击键盘上的〈Enter〉键对项目文件进行预渲染，如图 9－17 所示。

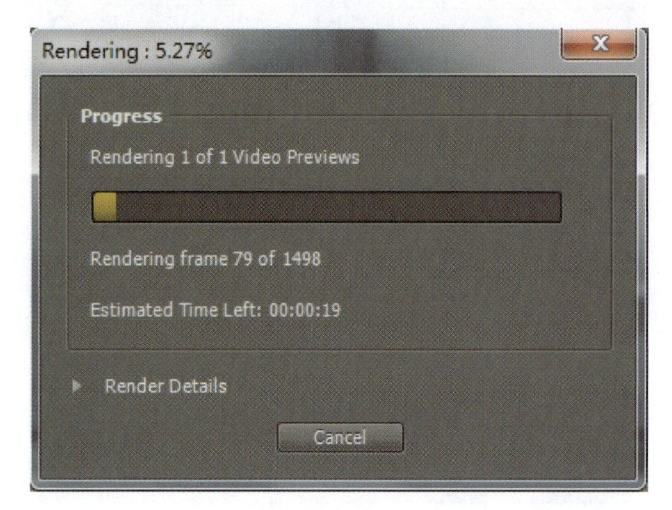

图 9－17

09.

渲染完成后，可以在 Program(节目监视器)窗口中对视频进行观看。此时秒钟转动并且产生暂停跳跃的效果，与真实的时钟的跳动十分相像，如图 9－18 所示。

图 9－18

本章小结

本章运用 Time(时期)特效面板中的 Posterize time(多色调分调时)滤镜模拟制作了时钟跳动的效果。Posterize time 滤镜能将素材锁定到一个指定的帧率,从而产生跳帧播放的效果。制作时,可在平面软件 Photoshop 或 Illustrator 中绘制一个时钟的表盘,再分层绘制时针、分针、秒针,按照本章的制作方法制作一款独一无二的时钟。

课后练习

1. 锚点位置的不同________对图像的旋转产生影响。
   A. 会
   B. 不会
   C. 不确定
2. 运用 time(时期)特效中的 echo 特效滤镜制作一个文字叠影的效果。
3. 简要叙述 time(时期)特效中三个特效滤镜分别能制作的效果。

10 画轴展开效果

本章学习时间： 4课时

学习目标： 掌握Crop特效的应用，在字幕设计对话框中绘制图形

教学重点： Crop特效的应用

教学难点： 添加关键帧进行动态设置

讲授内容： Crop特效，矩形工具的应用，关键帧的设置

课程范例文件： \chapter10\final 画卷效果.proj

本章课程总览

灵活运用Crop特效滤镜我们还可以制作出许多特效。只要控制好上下左右的出现时间与位置，我们就可以将Crop的作用发挥到极致。本章我们将带领大家制作一幅缓慢铺陈开的水墨画，同时对字幕设计面板中的图形工具进行更深一步的讲解。

案例　画轴展开效果

01.

启动 Premiere Pro CS4，创建一个新项目，在打开的 New Project 对话框中，新建一个名为“画卷效果”的项目文件，如图 10－1、图 10－2 所示。

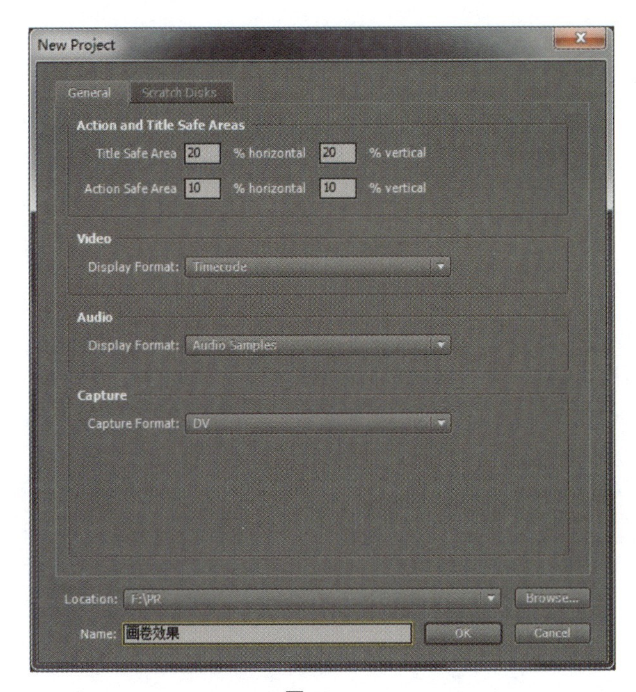

图 10－1

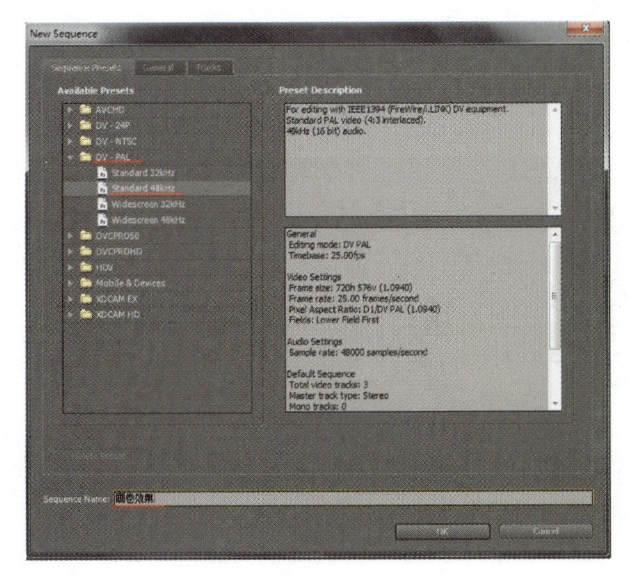

图 10－2

知识点提示

本实例将应用 Transform（变形）滤镜组中的 Crop（裁剪）滤镜。因 Crop 滤镜在正文中已有详细讲解，下面对 Transform 滤镜组下其他滤镜的功能进行详细介绍。

Camera View（相机视图）

该滤镜可以模拟摄像机在不同的角度拍摄图像视图效果。

原图

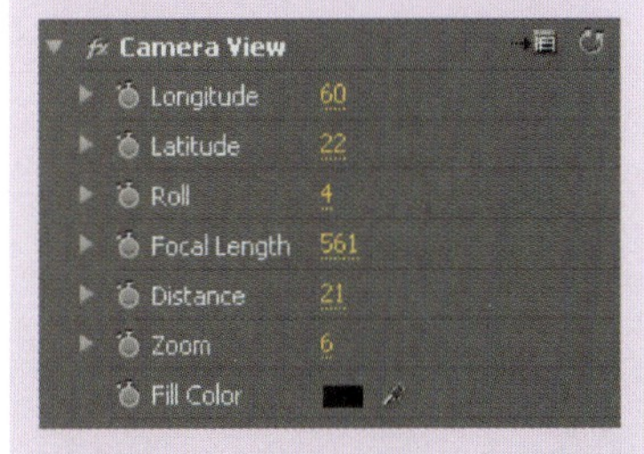

参数设置

效果图

单击特效旁边的 按钮，在弹出的对话框 Camera View Settings(相机视图设置)中，可以以更直观的方式对画面进行观看。

Longitude(纬度)：设置摄像机拍摄时的垂直角度。

Latitude(经度)：设置摄像机拍摄时的水平角度。

Roll(摆动)：让摄像机绕自身中心轴转动，使图像产生摆动的效果。

Focal Length(焦距)：设置摄像机的焦距，焦距越短视野越宽。

Distance(距离)：设置摄像机与图像之间的距离。

Zoom(缩放)：设置图像的放大或缩小。

Fill Color(填充)：设置图像周围空白区域的颜色。

Fill Alpha Channel(填充 Alpha 通道)：使图像产生一个 Alpha 通道。

02.

在项目文件的空白处双击鼠标，打开“导入”对话框，导入素材文件“chapter10\media\画卷. jpg”，如图 10 - 3 所示。

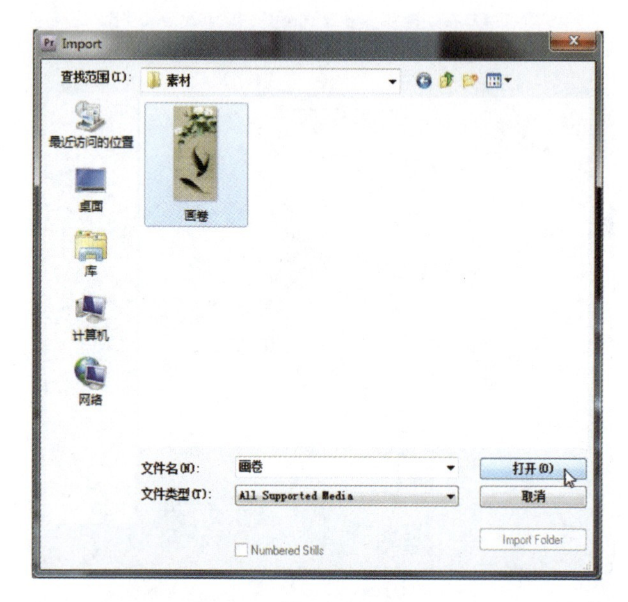

图 10 - 3

03.

将素材“画卷. jpg”拖动到视频轨道 Video 1 上，如图 10 - 4 所示。

图 10 - 4

04.

选中视频轨道 Video 1 轨道上的素材，如图 10－5 所示。

图 10－5

将 Effect Controls 特效控制面板打开，如图 10－6 所示。

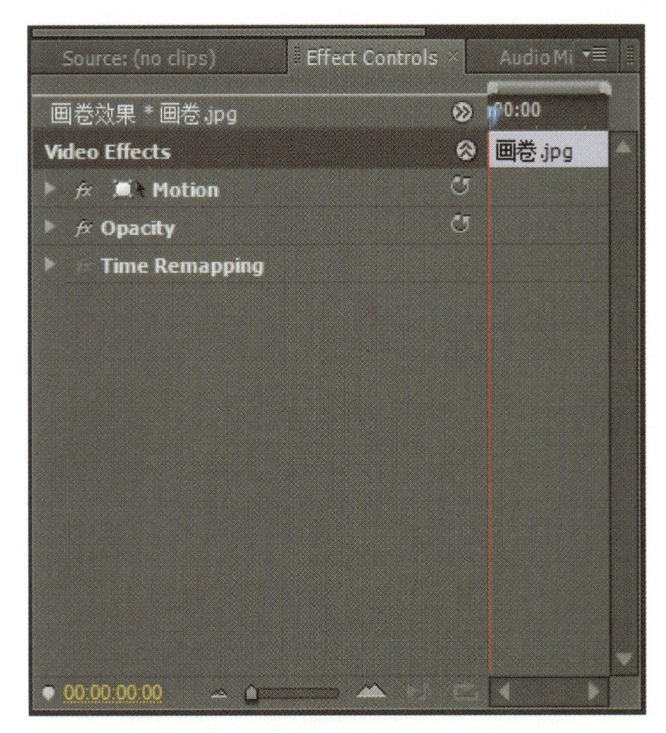

图 10－6

展开 Motion 当中的选项，如图 10－7 所示。

Edge Feather（边缘羽化）

该特效可以使图像边缘产生羽化效果，对要求让边缘看起来柔和自然的画面非常实用。

原图

参数设置

效果图

Amount（数量）：用来设置边缘羽化的程度。

Horizontal Flip(水平翻转)

该特效滤镜可以使画面沿垂直中心翻转，产生水平转动的效果。

原图

参数设置(该滤镜没有任何的参数设置)

效果图

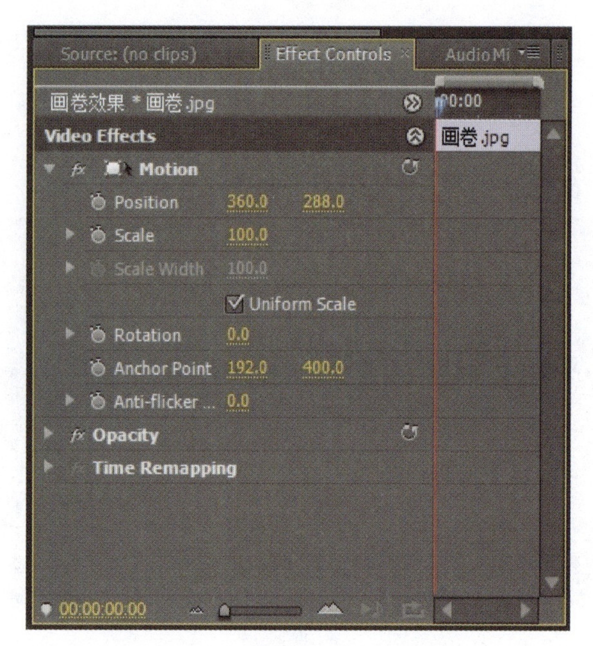

图 10-7

去除 Uniform Scale 等比例缩放选项前的勾选，调整素材的大小，如图 10-8 所示设置参数。

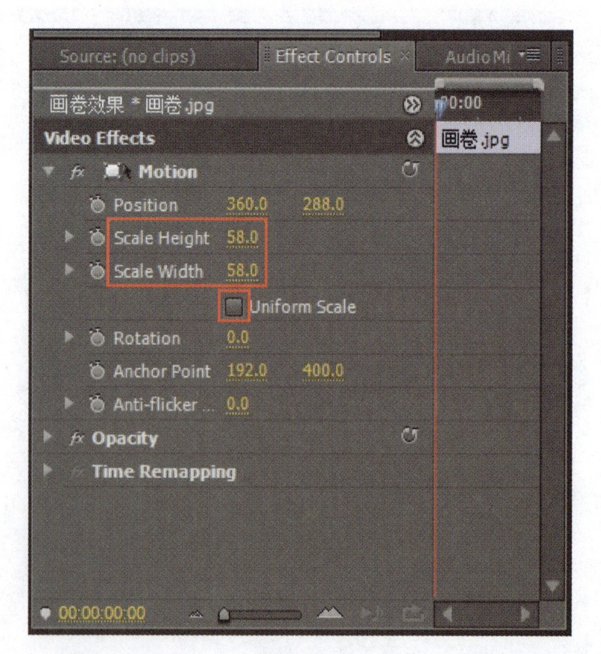

图 10-8

05.

单击 Project 项目面板的 New Item 按钮 ，如图

10－9 所示。

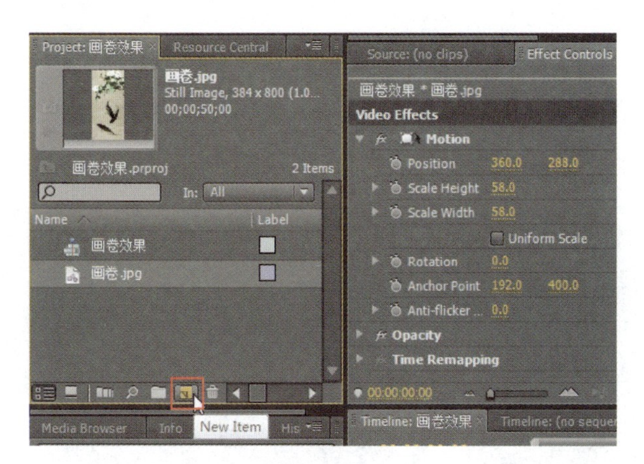

图 10－9

选择第三选项 New title ...，新建字幕文件，如图 10－10所示。

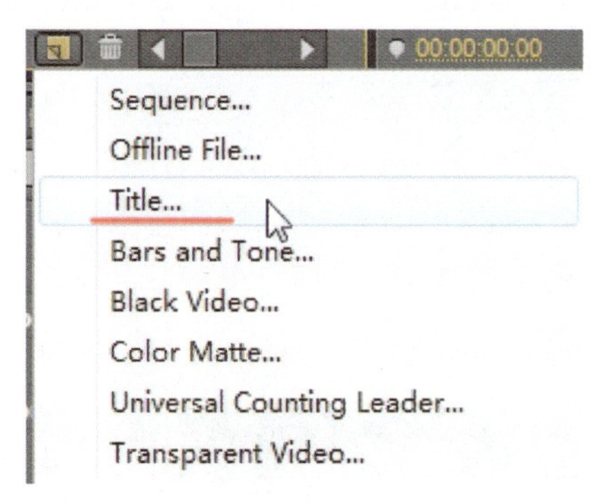

图 10－10

新建一个宽为 720、高为 576 的字幕文件，命名为“画轴”，如图 10－11 所示。

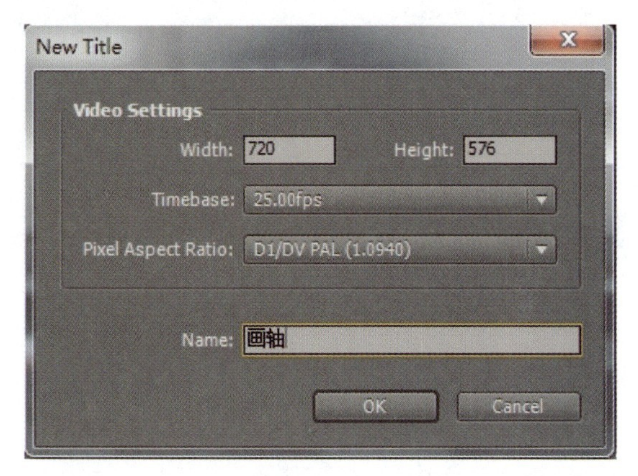

图 10－11

Horizontal hold(水平保持)

该滤镜可以使图像在水平方向上产生倾斜。

原图

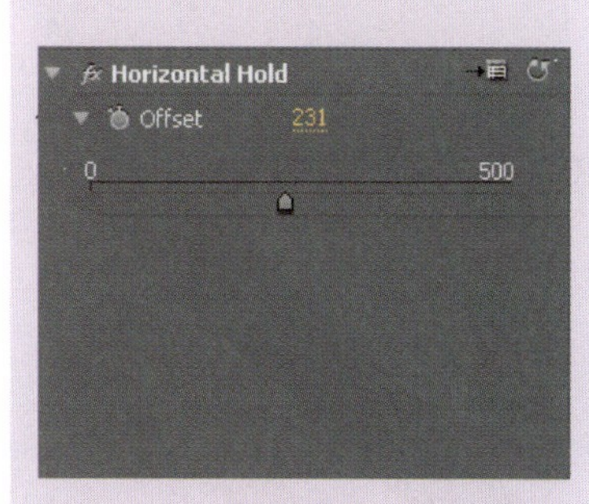

参数设置

效果图

Offset(偏移)：用来设置图像的水平偏移程度。

单击该特效右侧的 按钮，将弹出Horizontal Hold(水平保持)对话框，该对话框中的参数与Effect Controls面板中的参数是一致的，不同之处在于，在此窗口中提供了一个预览窗口，可以直观地查看偏移程度产生的效果。

06.

选择字幕工具面板当中的矩形图形工具，在画面中绘制一个长方形并调整大小，如图10－12所示设置参数。

图10－12

07.

在Tile Properties(字幕设计)面板中，选择Fill填充面板当中的吸管工具，将颜色的值设为8E6E00，如图10－13所示。

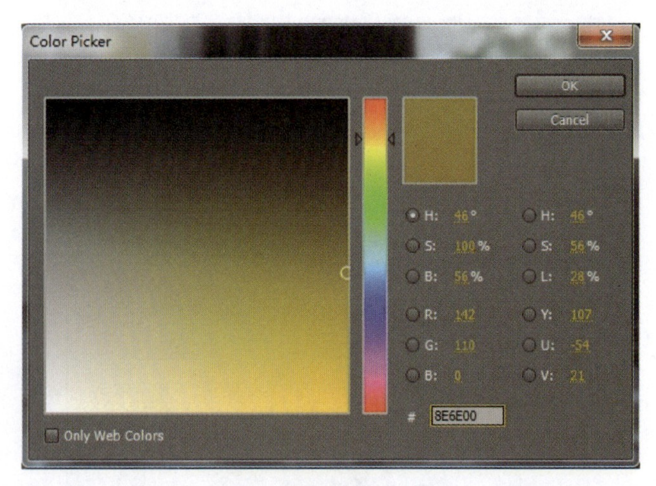

图10－13

08.

选择图形工具当中的圆形工具，画一个椭圆并调整大小及椭圆在画面中的位置，如图10－14所示。

图 10－14

09.

选中刚绘制的椭圆，在 Fill（填充）面板中通过拾色器修改颜色，颜色值为 6B5300。如图 10－15 所示。

图 10－15

10.

选中椭圆，按〈Ctrl〉+〈C〉复制一个椭圆，按〈Ctrl〉+〈V〉粘贴，并调整其在画面中的位置，使其处于长方形的另一边，如图 10－16 所示。

如图 10－17 所示设置参数。关闭 Tile Properties 窗口。

Roll（滚屏）

该滤镜可以使图像向上或向下，向左或向右做滚屏运动。

原图

参数设置（本滤镜没有任何参数设置）

效果图

单击滤镜旁边的按钮，弹出如下对话框，对滚屏的方向进行设置，本图例采用的是默认的滚屏方式，朝左 Left 进行滚动。

Up 和 Down 的滚动方式与下面要讲的 Vertical Hold(垂直保持)有一些类似，但是速度要较 Vertical Hold 慢。

原图

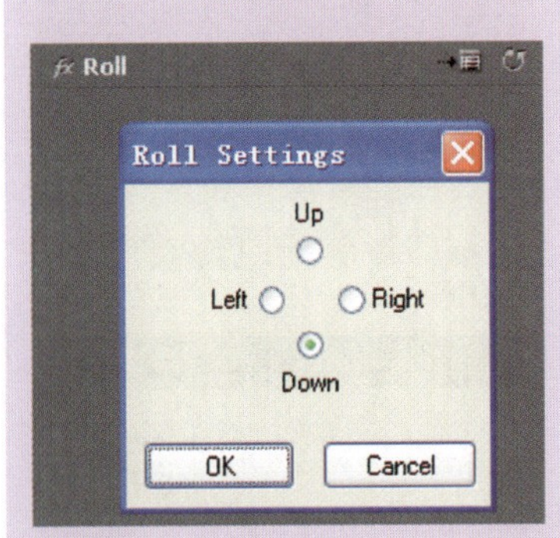

参数设置

效果图

图 10 - 16

图 10 - 17

11.

把新建的画轴素材拖动到视频轨道 Video 2 轨道上，如图 10 - 18 所示。

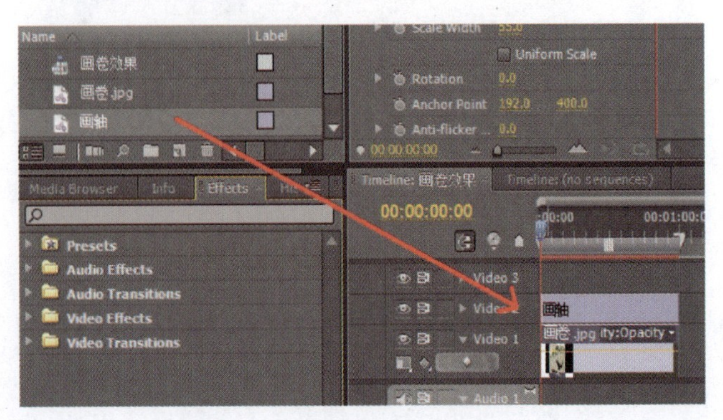

图 10 - 18

12.

再次将新建的画轴素材拖动到视频轨道 Video 3 轨道上，如图 10－19 所示。

图 10－19

13.

选中 Video 3 轨道上的素材，把时间码调到 00：00：00：00，在 Effect Controls 面板中打开 Position 参数的关键帧设置按钮，调整参数为（360．0，288．0）。如图 10－20所示。

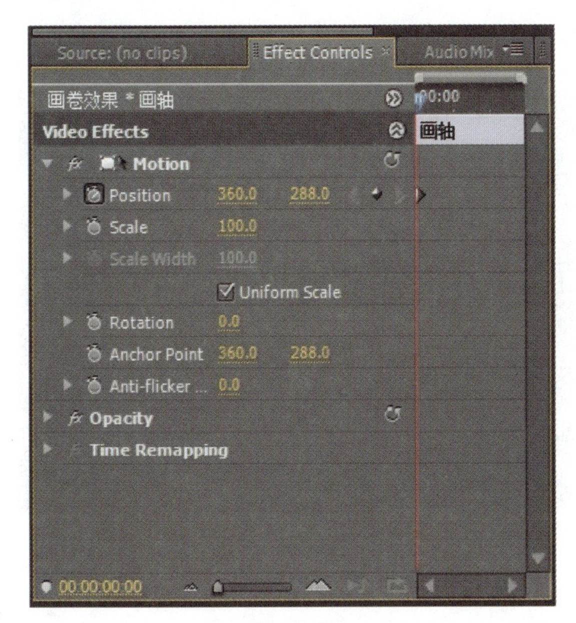

图 10－20

14.

用选择工具将视频轨道 Video 3 上的画轴素材选中，

Vertical Flip（垂直翻转）

原图

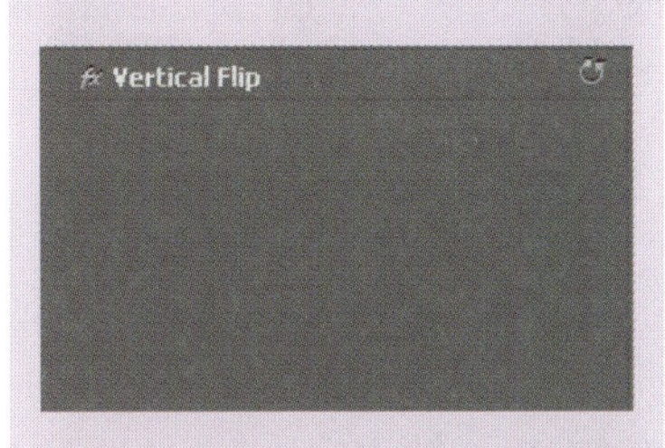

参数设置（本滤镜没有任何参数设置）

效果图

Vertical Hold(垂直保持)

原图

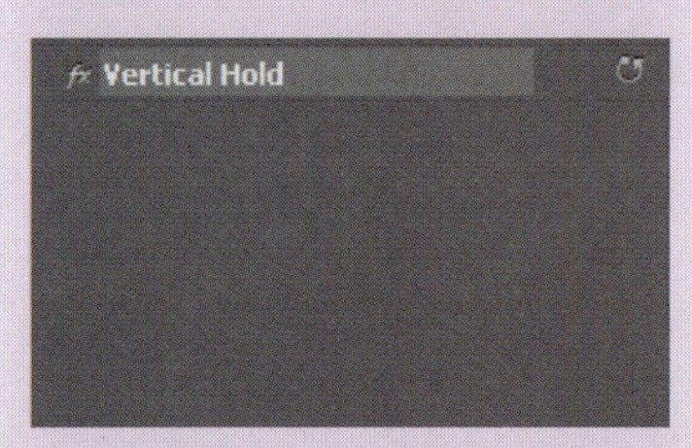

参数设置(本滤镜没有任何参数设置)

效果图

Vertical Hold(垂直保持)的滚动速度要比 Roll(滚屏)快。

然后在 Program 面板中将其移动到画布最底层,成为展开画卷后底部的轴。把时间码调到 00:00:00:04,在 Effect Controls 面板当中调整参数,Position 设为(360.0,730.0),系统将自动为其添加一个关键帧。如图 10-21 所示。

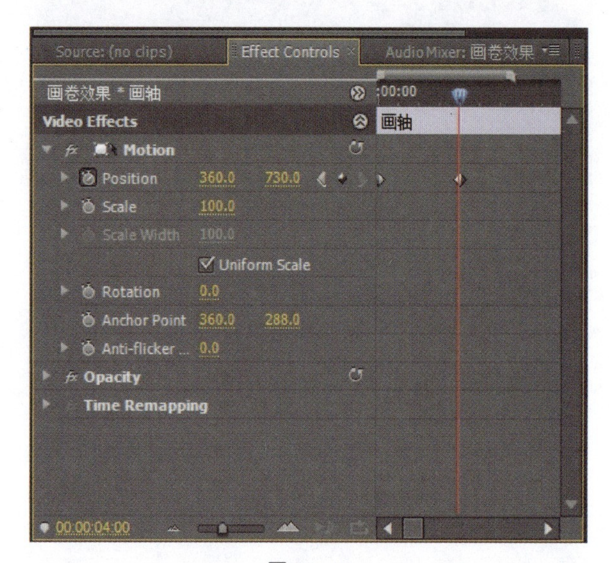

图 10-21

调整后的效果如图 10-22 所示。

图 10-22

15.

在 effect 面板当中搜索 Crop 特效滤镜,如图 10-23 所示。

图 10－23

16.

将 Crop 滤镜拖动到视频轨道 Video 1 中的素材画布上，如图 10－24 所示。

图 10－24

17.

将时间码调到 00：00：00：00，在 Effect controls 面板当中调整参数，设置 Bottom 为 100%，系统为其加上一个关键帧，如图 10－25 所示。

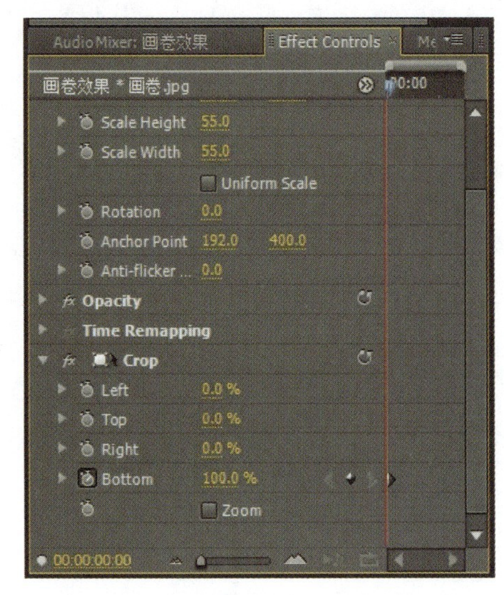

图 10－25

参数设置后，效果如图 10－26 所示。

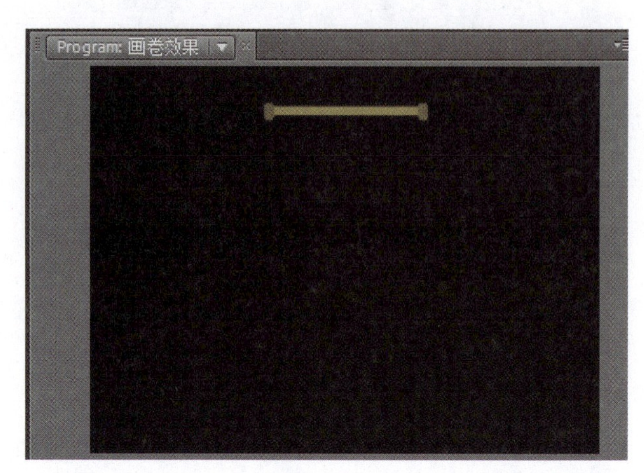

图 10－26

18.

将时间码调到 00:00:00:00，在 Effect controls 面板当中调整参数，设置 Bottom 为 0%，系统将自动为其添加一个关键帧，如图 10－27 所示。

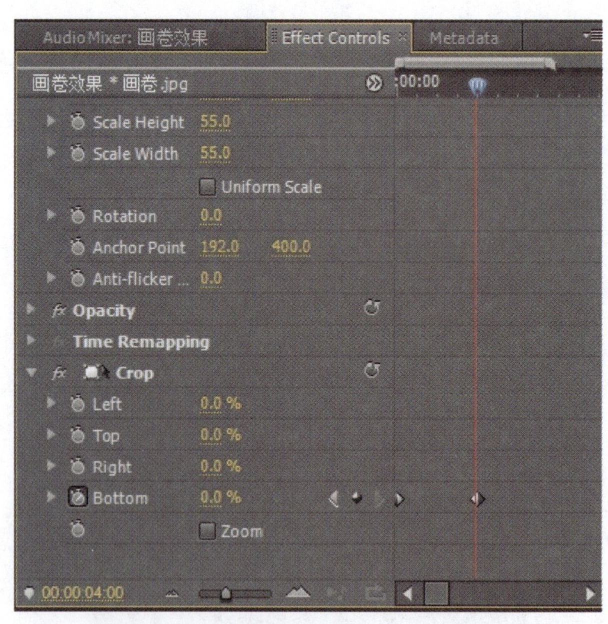

图 10－27

参数设置后，效果如图 10－28 所示。

图 10－28

19.

单击“播放/停止”按钮 进行观看。确定好所有参数后，单击键盘上的〈Enter〉键进行预渲染，渲染后输出项目文件并进行观看，如图 10－29 所示。

图 10－29

在制作时，可以找一张纹理素材放在卷轴之下。

本章小结

Crop在Premiere CS4中是个比较常用的特效滤镜。本章讲述了Crop一种运用方式，并将Crop的应用与字幕设计面板结合起来。通过字幕设计面板，将绘制的简单图形与原素材画布结合在一起，形成卷轴画，再通过Crop特效，对几个素材进行关键帧的设置，达到画面卷动的效果。

课后练习

1. 运用Crop(裁剪)滤镜制作画面从左向右慢慢铺陈开的效果。
2. 运用字幕设计面板图形工具绘制的图形，如何通过字幕属性面板对其进行填色及设置一定的样式?
3. Transform(变形)特效组当中共有________滤镜效果。

   A. 2种

   B. 7种

   C. 8种

   D. 6种

11 画中画效果

本章学习时间：4 课时

学习目标：掌握为视频素材制作画中画效果的方法

教学重点：如何利用遮罩使影片在固定区域内播放

教学难点：遮罩的添加及参数的设置

讲授内容：Track Matte Key(轨道蒙版)，Bevel Edges(边缘倒角)，Drop Shadow(阴影滤镜)

课程范例文件：\chapter11\final\边框.proj

案例　画中画效果

本章课程总览

本章将利用在 Photoshop 中绘制的黑白两色图片和 Premiere 中的 Track Matte Key 特效，制作一个画中画的效果。此效果可应用于节目预告等诸多领域中。遮罩对于色彩的识别是本章的重点也是难点。

01.

打开 Premiere，单击 New Project，新建一个项目文件和序列，命名为“边框”，如图 11－1、图 11－2 所示。

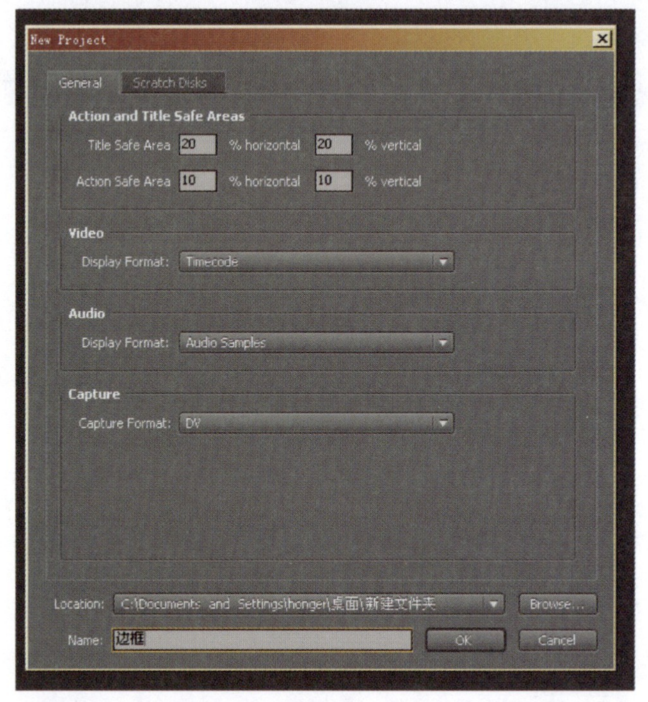

图 11－1

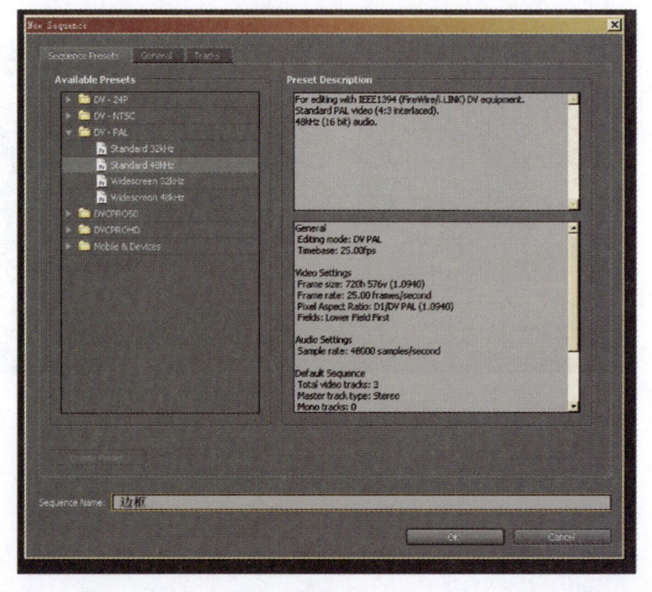

图 11－2

知识点提示

为了适应 Premiere 中创建的 DV-PAL 制视频文件的大小，可以在 Photoshop 新建文件时，通过预设选项，对文件的大小及类型进行设定。选择创建 720 × 576 的文件，选择好之后，系统将自动新建一个 720 × 576 大小的文件。

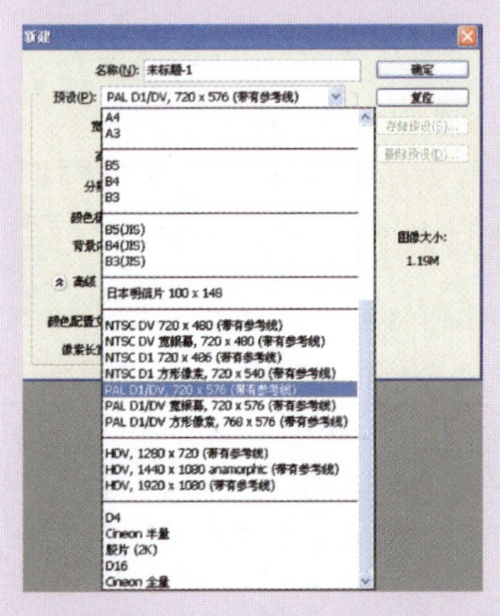

02.

双击 Project 面板中的空白区域，导入“chapter11\media”文件夹中的两段视频素材“动画小电影”和“电影”，如图 11－3 所示。

图 11－3

在 Project 面板中，对素材的属性有十分详细的说明，在此可以发现两段素材的长度不一致，如图 11－4 所示，下一步将对素材的长度进行调整。

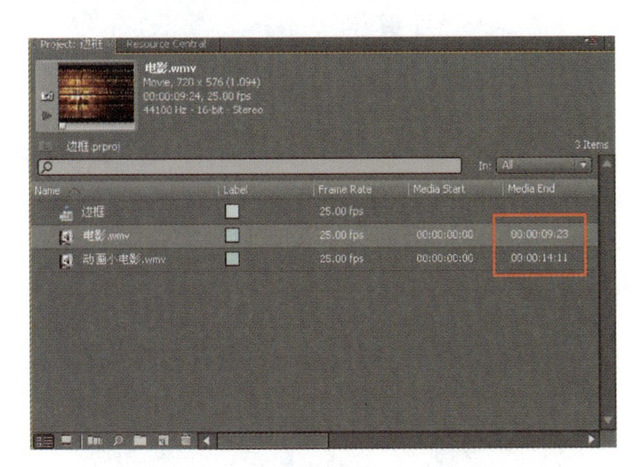

图 11－4

03.

将两段素材分别拖动到 Timeline 窗口中，将“电影.wmv”拖入 Video 1 轨道，作为背景；“动画小电影.wmv”拖动到 Video 2 轨道，如图 11－5 所示。

如果在 Premiere 中创建的是 NTSC 制的视频文件，在进行设置时应按下图选择：

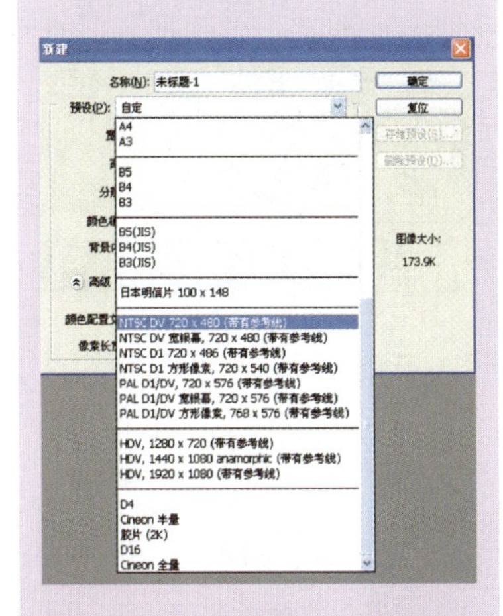

系统将自动创建一个 720 × 480 大小的文件。

使用 等比例缩放工具对文件进行拉长处理时，将会放慢素材的播放速度。

反之，当对素材进行缩短处理时，将会加快素材的播放速度，以适应时间缩短的需要。

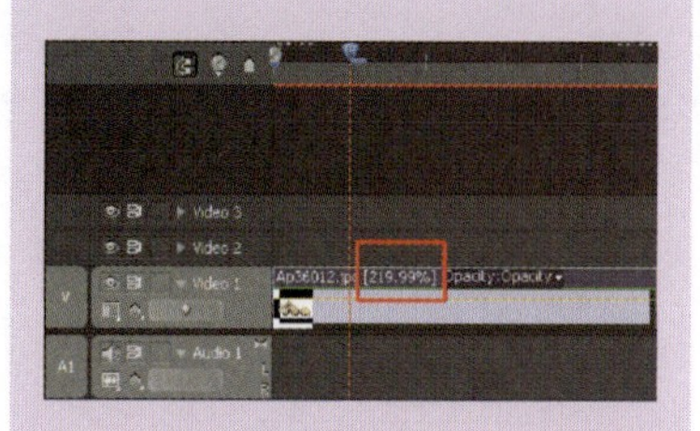

操 作 提 示

在此实例中Video 1轨道上的“电影.wmv”素材只是作为一个背景素材，并且此段素材是一段不断循环播放的图像，所以可以通过等比例缩放工具拖拉，但这并不代表在其他实例中也可以通过此方法拖拉以使两段视频素材的长度相等。在制作时应根据素材的不同采取不同的方法。

知 识 点 提 示

遮罩是通过颜色对图像进行识别：

处于遮罩黑色部分的图像会被全遮蔽。

处于遮罩白色部分的图像会被显示。

处于遮罩灰色部分的图像具有一定的透明度。

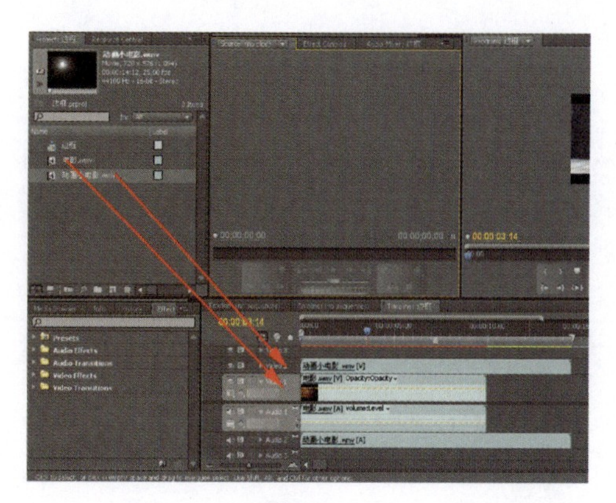

图11-5

04.

Video 1轨道上的素材明显短于Video 2轨道上的素材，此时选用工具箱中的等比例缩放工具对其进行拖长处理，使素材“电影”的长度与“动画小电影”平齐，如图11－6所示。

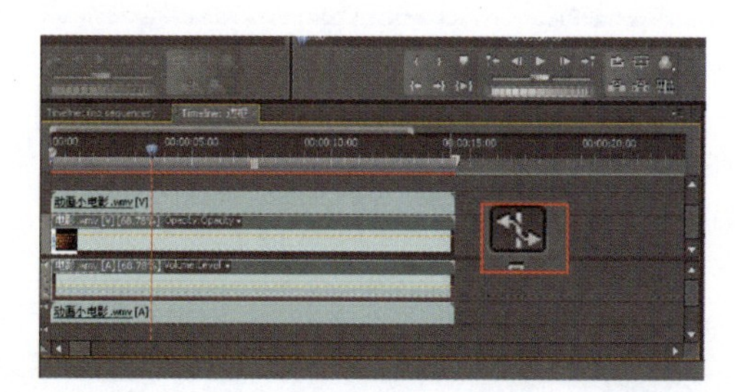

图11-6

单击图11－7中红色方框中的小三角，选择Time Remapping中的Speed，可以注意到素材的左上方也就是图11－7中左上方的红色方框中出现了一个百分比，即68.78%，表示素材将按原有速度的68.78%进行播放。

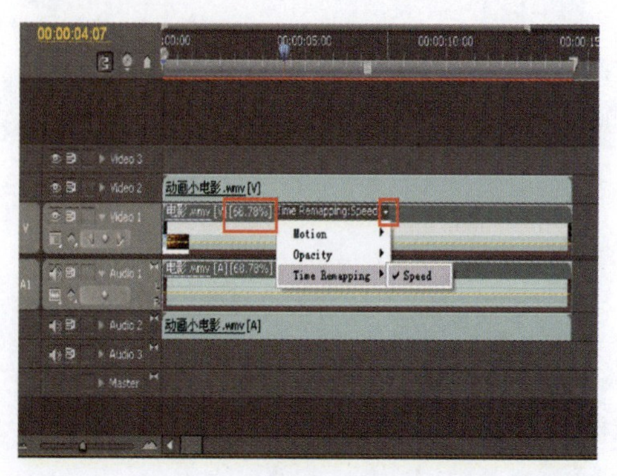

图11-7

05.

接下来要为图像制作一个遮罩。在 Premiere 中的遮罩制作有两种方法，此实例通过 Photoshop 制作遮罩。打开 Photoshop，创建一个 720×576 大小的文件，命名为“遮罩”，如图 11－8 所示。

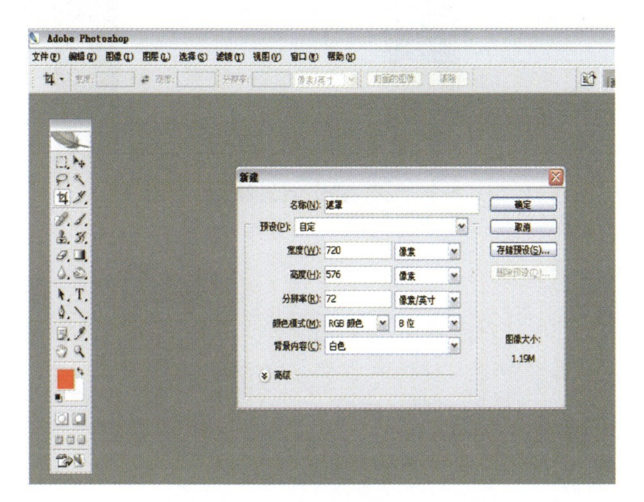

图 11－8

如图 11－9 所示，为新建的文件填充黑色。

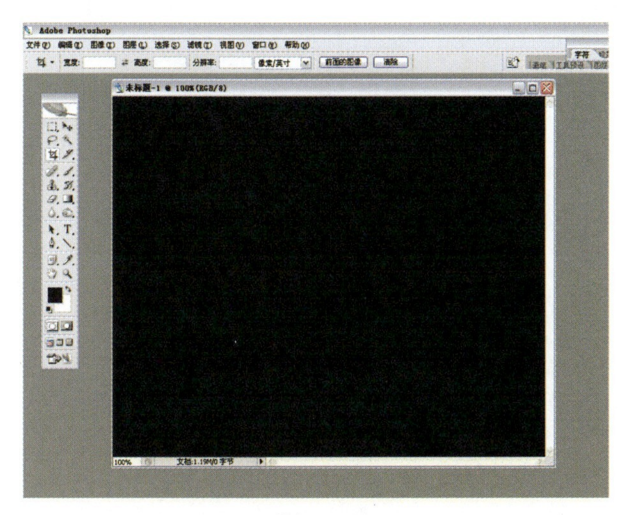

图 11－9

06.

用矩形选框工具在页面中绘制一矩形选区，并将其填充为白色，如图 11－10 所示。

操 作 提 示

根据上面讲的知识点，大家在进行操作时一定要注意填充纯黑色，才能全遮蔽。白色矩形部分的颜色一定为纯白色，才能显示。如果矩形区域填充的不是纯白色，那显示的图像会有透明度的

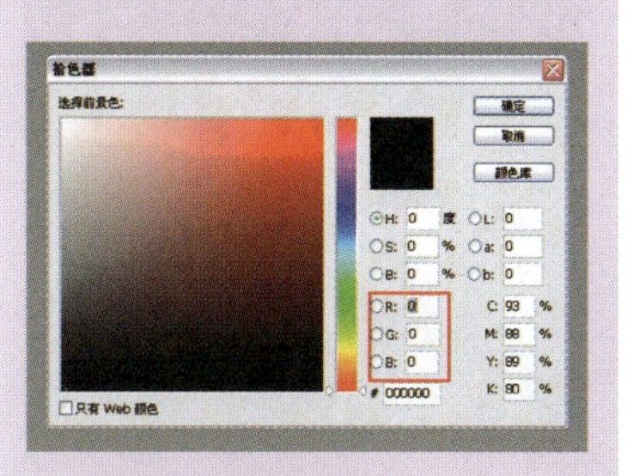

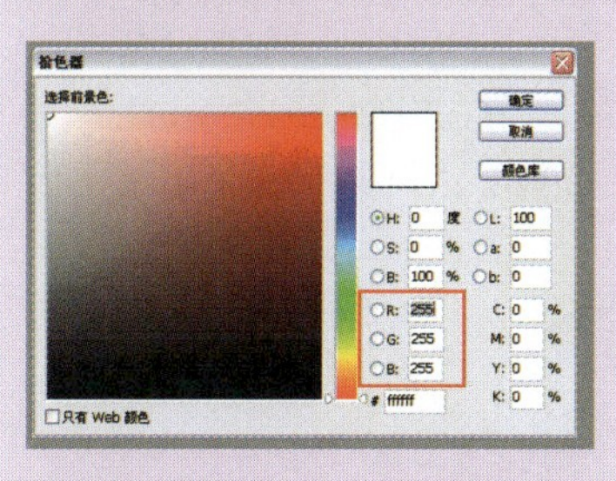

遮罩的形状可以是多样的，不仅仅限为矩形。如下图的形状都可作为遮罩，只需注意将其填充为纯白色。

因“遮罩.jpg”是静帧图片，所以对其在轨道上的时间进行拉长处理时，可以选择 或 工具，都不会对其播放速率造成影响。

运用 工具

运用 工具

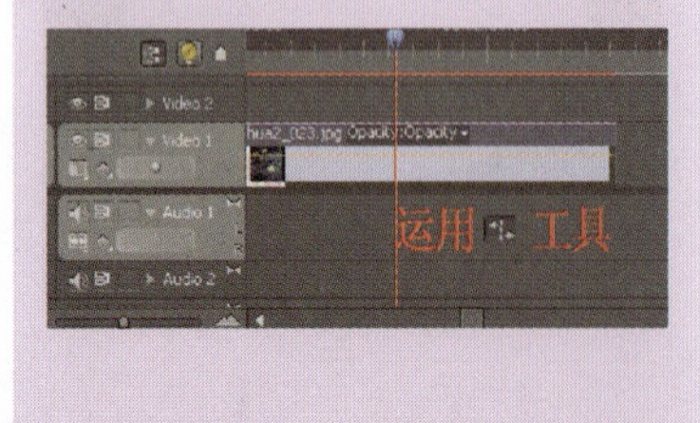

图 11－10

此时矩形选框中白色的位置将是显示图像的位置，用户可根据个人对图像显示方位的创意，绘制出不同的形状，但必须把形状区域填充为白色。

07.

存储新建的 Photoshop 文件为 JPG 格式或 PSD 格式。这里存储为 JPG 的格式，并命名为“遮罩”，如图 11－11 所示。

图 11－11

08.

将“遮罩.jpg”文件导入到 Premiere 中，如图 11-12 所示。

图 11-12

将其拖动到 Video 3 轨道中，如图 11-13 所示，可以注意到在 Program 窗口中新拖入的遮罩文件的大小与画面的大小是一致的。

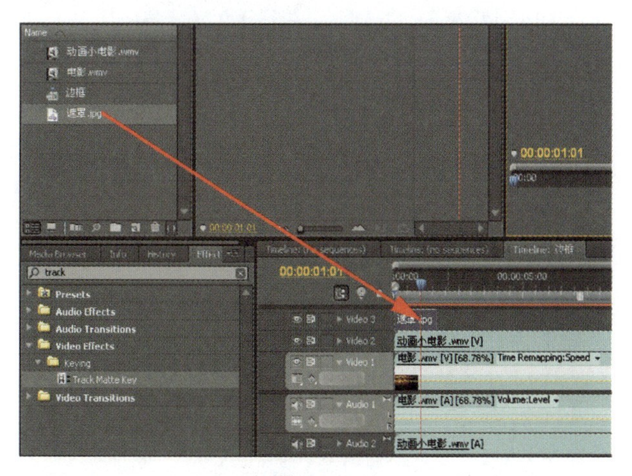

图 11-13

因为“遮罩.jpg”是静帧图片，所以可以随意的对其进行拉长。此实例中，将其长度拉长至与 Video 1 和 Video 2 轨道中素材长度相等的位置，如图 11-14 所示。

知识点提示

Track Matte Key(轨道蒙版)

Matte(蒙版)：通过此选项的下拉菜单可以对轨道蒙版进行选择，一般是具有黑白或是渐变过渡的图片。

Composite Using(合成应用)：通过此选项的下拉菜单可选择采用何种合成应用方式，包括 Matte Alpha 和 Matte Luma 两种方式。

Reverse(反向)：对应用轨道的蒙版的图层进行反向处理。勾选此选项，背景与添加轨道蒙版的素材将被调换。

未勾选

勾选

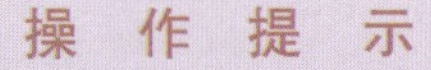

操 作 提 示

对 Effect Controls 窗口中的各种特效进行编辑时，有时为了操作的方便，需要观察未添加特效前画面的效果，此时只需单击各特效前的 fx 按钮即可实现。

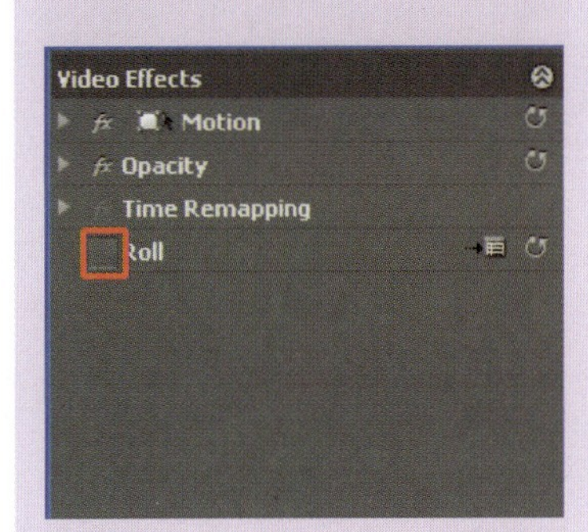

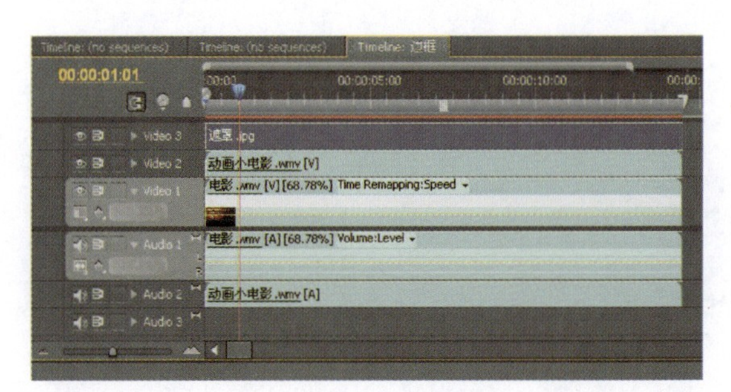

图 11 - 14

09.

在 Effects 面板中搜索“Track Matte Key”，如图 11 - 15 所示。

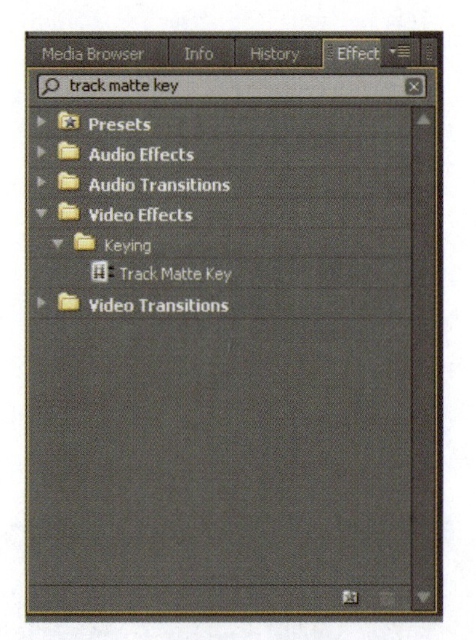

图 11 - 15

并将其拖动到 Video 2 轨道，即拖动到“动画小电影.wmv”中，如图 11 - 16 所示。

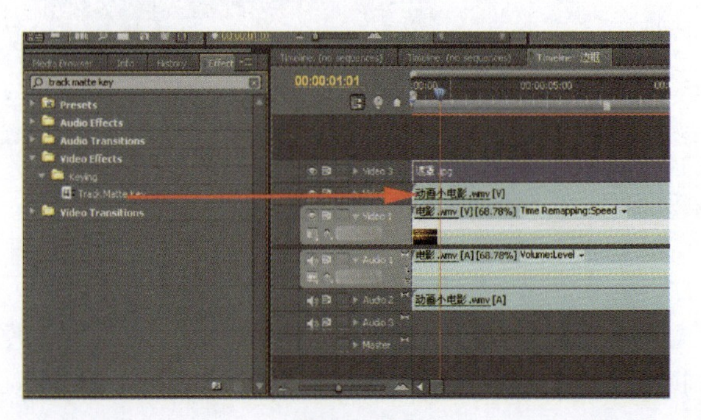

图 11 - 16

10.

在 Effect Controls 面板中将对 Track Matte Key 的参数进行调整。

首先将 Matte 选项由原来的 None 通过下拉菜单，选择为 Video 3，如图 11－17 所示。

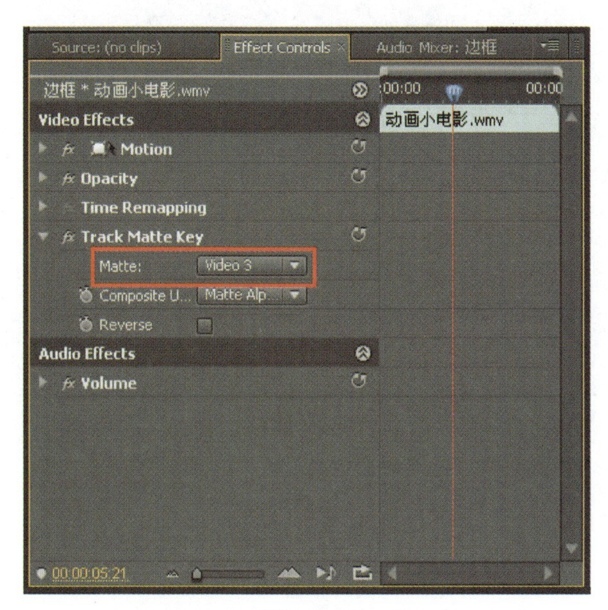

图 11－17

接下来将 Composite Using 选项通过下拉菜单选择为 Matte Luma，如图 11－18 所示。

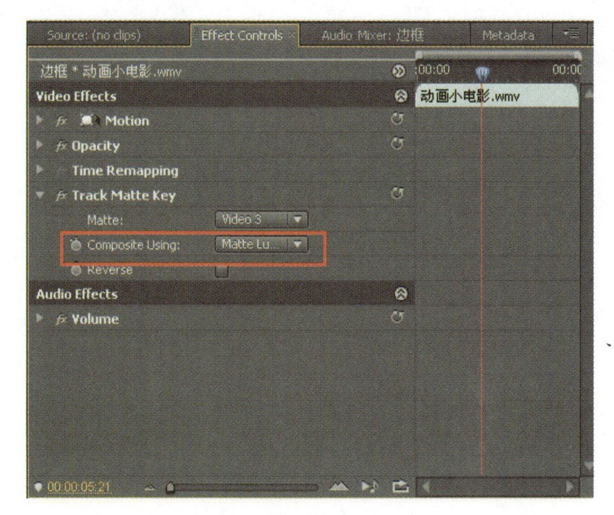

图 11－18

运用 Bevel Alpha（Alpha 斜角）特效滤镜的素材必须具有 Alpha 通道，否则在进行操作时，会对图像的边缘进行倒角处理。

原图

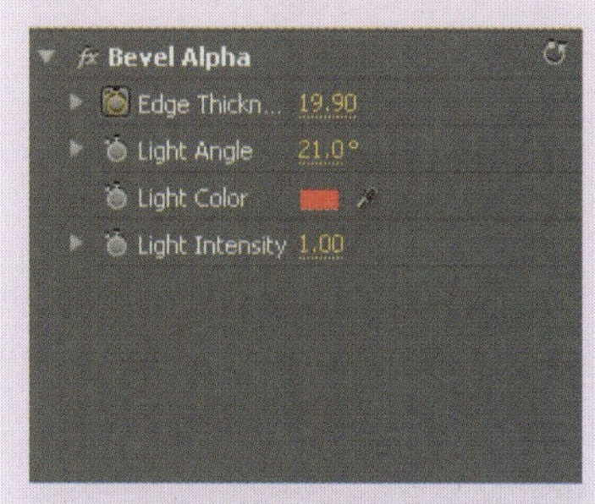

参数设置

效果图

此时可以看到在 Program 窗口中 Vedio2 轨道中的素材“动画小电影.wmv”已经被放入到“遮罩.jpg”的白色区域位置，如图 11－19 所示。

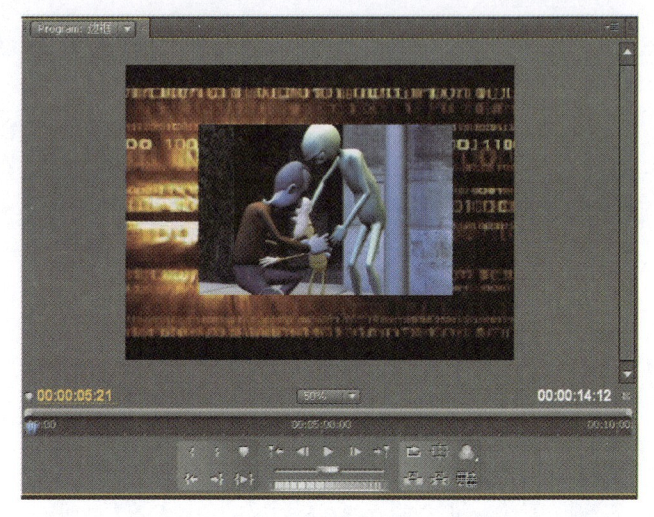

图 11－19

11.

继续为素材添加特效，刻画矩形边框，使其边缘更加立体，以突出中间图像。

为 Video 2 轨道上的素材“动画小电影.wmv”添加 Bevel Edges 特效，如图 11－20 所示。

图 11－20

可以观察到 Program 窗口中的中间图像，好像被嵌入画框中，从而使人的视觉焦点集中于此，如图 11－21 所示为时间指针位于 00:00:05:21 处时的图像。

知识点提示

Perspective 特效

在 Perspective（透视）特效面板中包含有 5 个滤镜选项，下面将依次对 5 个滤镜选项进行讲解。

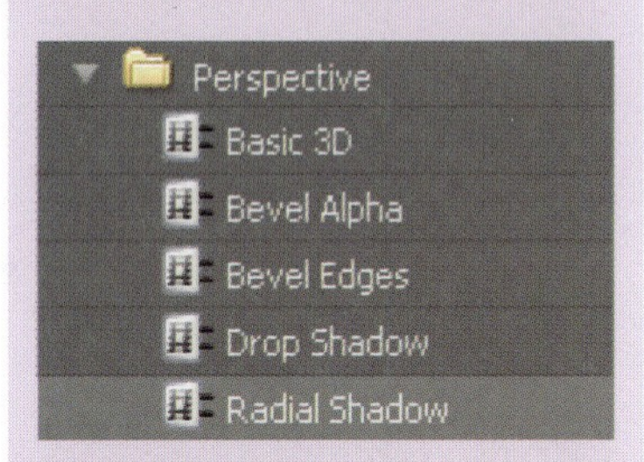

1. Basic 3D(基本 3D)

该特效是对图像进行基本的三维变换，绕水平轴与垂直轴进行旋转来产生图像的运动效果，并且可以使图像拉近或是推远。

原图

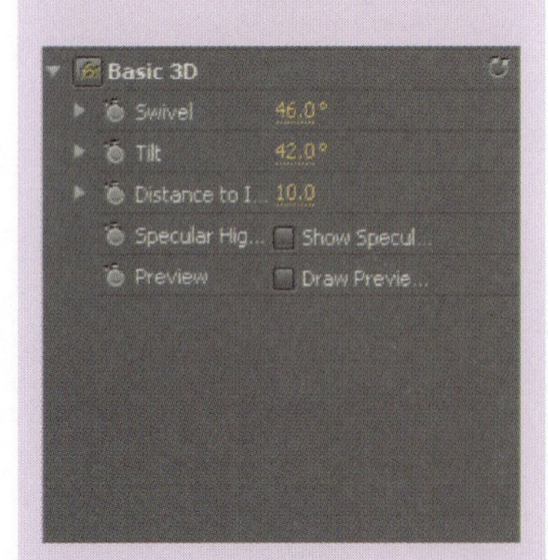

参数设置

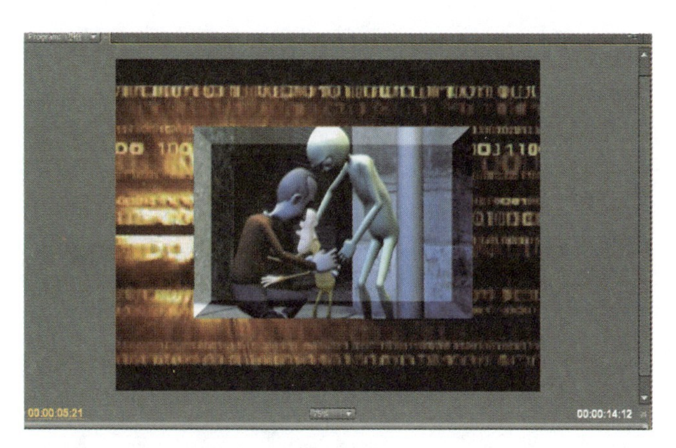

图 11－21

12.

下面精确调节 Bevel Edges 的各项参数，使其符合对画面的创意要求。经过初步的设想，将减小边框的厚度，同时通过参数的设定提升边缘的亮度，使视觉中心的位置更加突出，参数设置如图 11－22 所示。

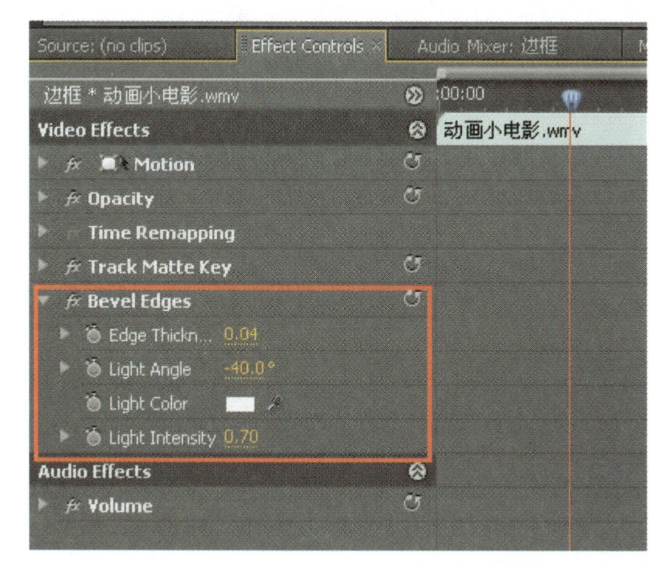

图 11－22

通过参数的调整，在 Program 窗口，可以大致地看到调整之后的效果，如图 11－23 所示。

效果图

Swivel(旋转)：调整图像水平旋转的角度。

Tilt(倾斜)：调整图像垂直旋转的角度。

Distance to image(与图像的距离)：设置图像拉近或推远的距离。

Specular Highlight(镜面反光)：模拟阳光照射在图像上产生的光晕效果。

Preview(预览)：勾选 Draw preview wire frame 选项，在预览时图像会以线框的形式显示，这样可以加快图像的显示速度。

2. Bevel Alpha(Alpha 斜角)

该特效滤镜可以将图像中 Alpha 通道边缘产生立体的边界效果。

原图

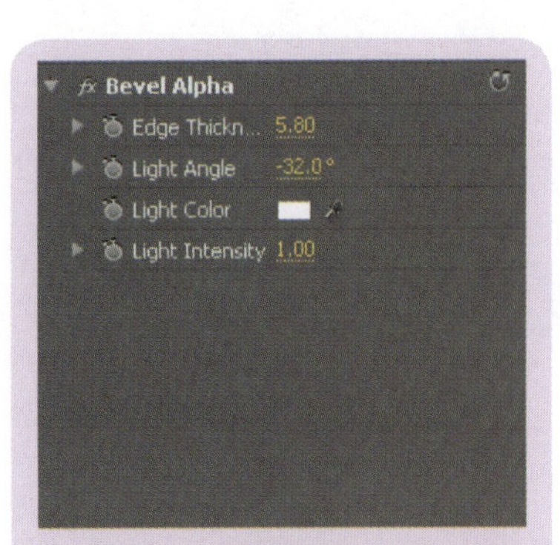

参数设置

效果图

Edge Thickness(边缘厚度): 此选项控制产生的倒角的厚度。

Light Angle(光照角度): 此选项控制产生的模拟灯光的角度。

Light Color(光照颜色): 通过右方的拾色器可以挑选模拟灯光的颜色。

Light Intensity(光照强度): 设置模拟灯光的强度。值越大,强光部分越亮;值越小,则反之。

图 11-23

13.

立体效果的营造除了可以通过倒角的形式,还可以通过其他方法,下面将继续为其添加一些阴影效果,使画面感得到进一步的强化。

为 Video 2 轨道上的素材"动画小电影.wmv"添加 Drop Shadow 特效滤镜,如图 11-24 所示。

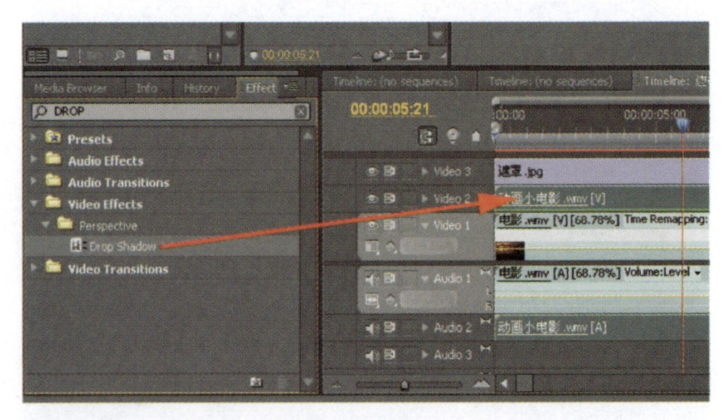

图 11-24

可以观察到 Program 窗口中的中间图像在它的右下部分出现了阴影,如图 11-25 所示。

图 11－25

14.

下面精确调节 Drop Shadow 的各项参数，使其符合对画面的创意要求。通过初步的设想，扩展阴影的范围，同时改变投射阴影的颜色，使其能够与背景的色彩相呼应，增强画面整体的协调性与一致性，具体的参数设置如图 11－26 所示。

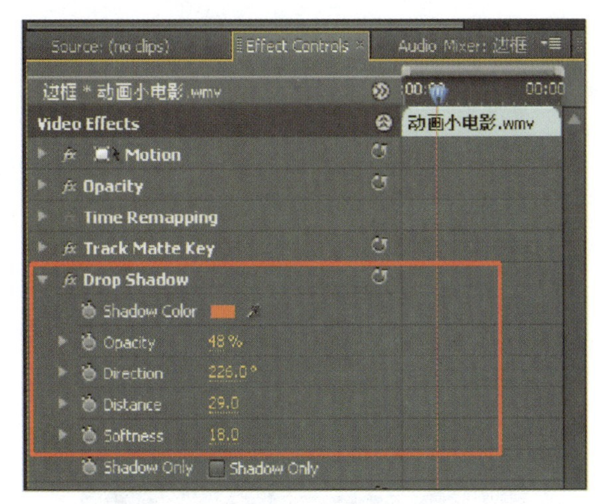

图 11－26

观察画面效果，此时阴影处于中部画面的左下方，与背景色进行呼应，如图 11－27 所示。

3. Bevel Edges(边缘倒角)

该视频滤镜效果可为图像的边缘产生一种立体效果。产生的效果位置是由 Alpha 通道来决定的。

Edge Thickness(边缘厚度)：此选项控制产生的倒角的厚度。

Light Angle(光照角度)：此选项控制产生的模拟灯光的角度。

Light Color(光照颜色)：通过右方的拾色器可以挑选模拟灯光的颜色。

Light Intensity(光照强度):设置模拟灯光的强度。值越大,强光部分越亮;值越小,则反之。

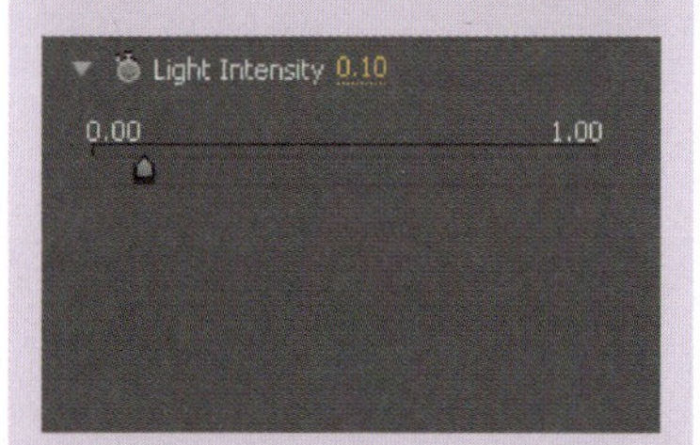

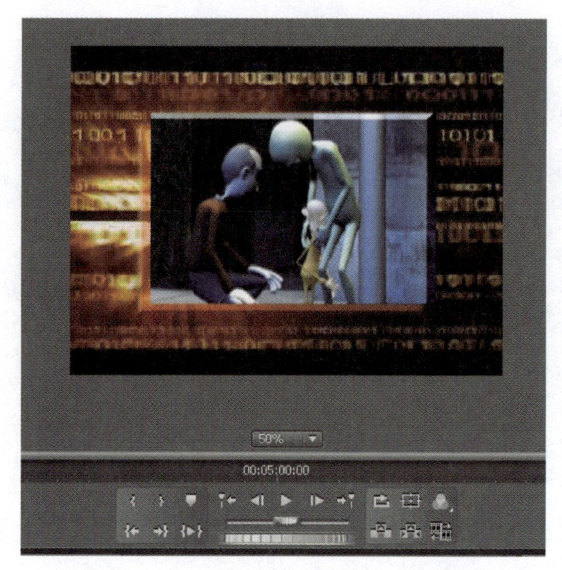

图 11-27

由于阴影的添加,使中部画面的右上方稍显单调,可以再为其添加一次阴影,使阴影的方向处于右上方,以弥补这个不足。

15.

为了保证阴影颜色的一致性,最好的方式就是复制上一个阴影,然后对其方向进行调整。选中 Effect Controls 面板中的 Drop Shadow 滤镜,右键选择 Copy,如图 11-28 所示。

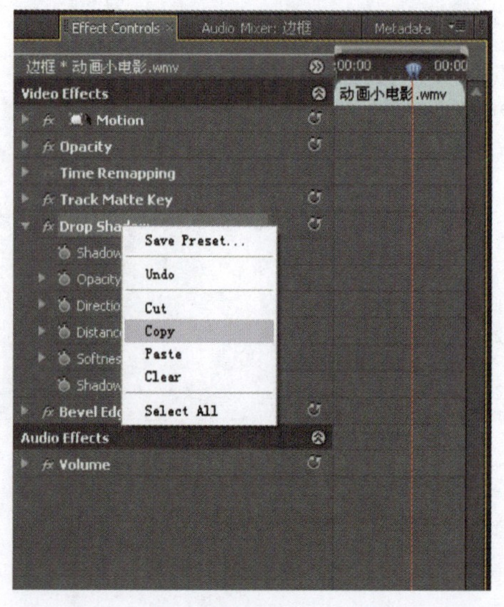

图 11-28

再次单击鼠标右键，在弹出的对话框中，选择 Paste 命令，把上一步复制的特效粘贴在此，如图 11－29 所示。

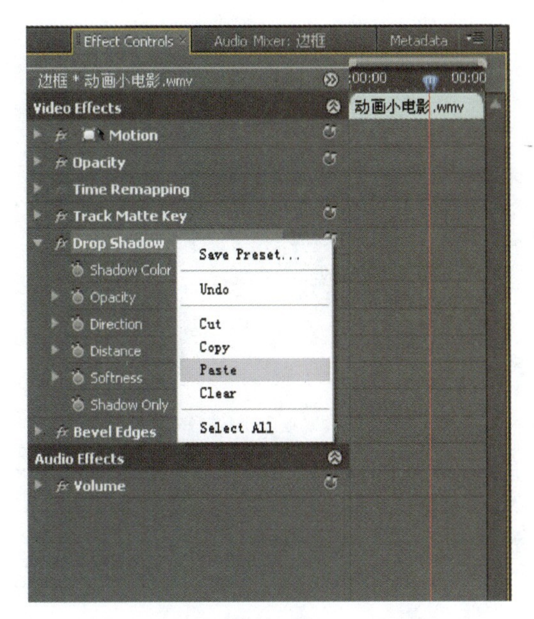

图 11－29

16.

调整新添加的 Drop Shadow 的参数，主要是对 Distance 选项中的角度进行调整，如图 11－30 所示。

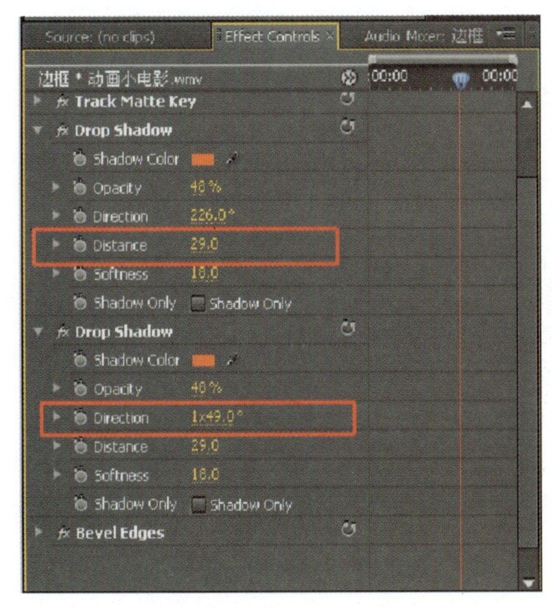

图 11－30

4. Drop Shadow(阴影)滤镜

该滤镜可以为图像添加阴影效果，一般应用在多轨道文件中。

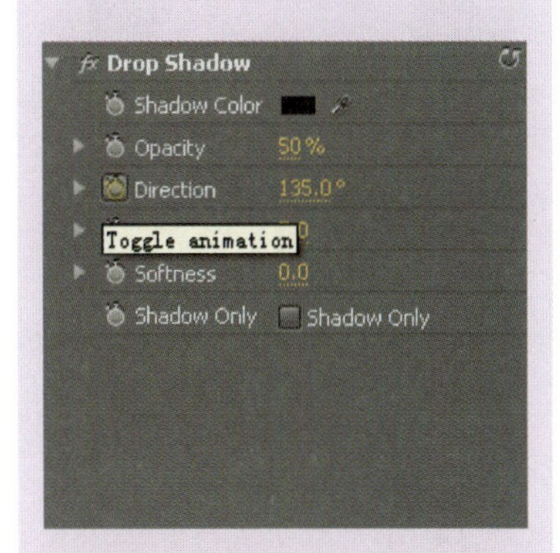

原图

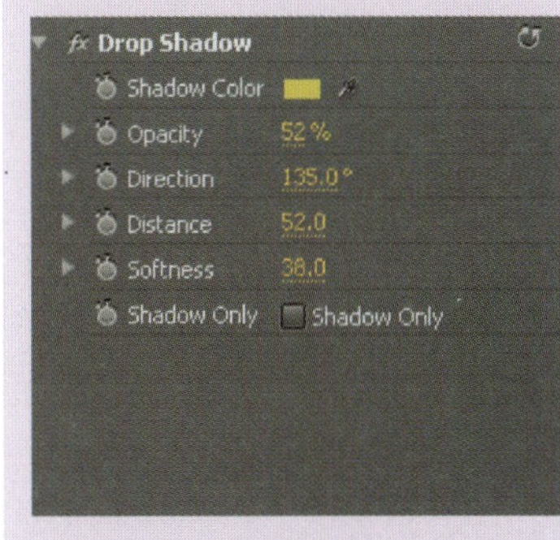

参数设置

效果图

Shadow Color(阴影颜色)：此选项可以调节产生阴影的颜色。

Opacity(透明度)：此选项控制产生阴影的透明参数。

Direction(方向)：此选项控制产生阴影的朝向。

Distance(距离)：此选项控制阴影与本体物之间的距离。

Softness(软化)：此选项值越大，阴影的边缘越加的柔和。

Shadow Only(仅阴影)：勾选此选项将使本体图像隐藏，而只剩下调节产生的阴影，如下图所示。

5. Radial Shadow(径向阴影)

该特效与 Drop Shadow(阴影)特效相似，也可以为图像添加阴影效果，在控制上有更多变化。

此时可以观看监视器中参数调整之后的效果，如图 11 - 31 所示。

图 11 - 31

17.

接下来，对音频进行处理，首先去除 Video 1 轨道上素材“电影. wmv”的音频。

选中“电影. wmv”，单击鼠标右键，在弹出的对话框中选择 Unlink(解除链接)，如图 11 - 32 所示。

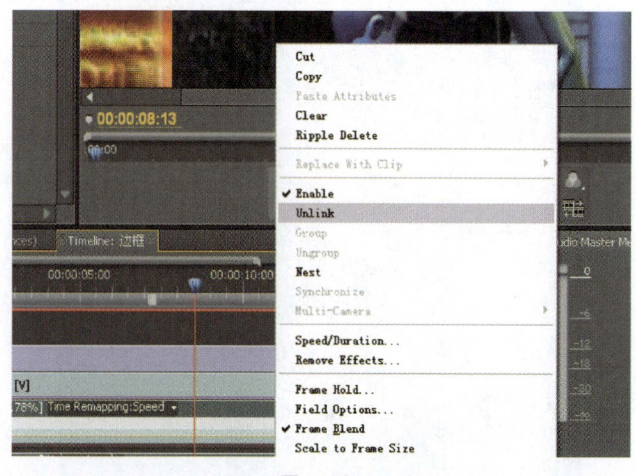

图 11 - 32

去除链接后，可以把 Audio1 音频轨道上的素材删除，如图 11 - 33 所示。

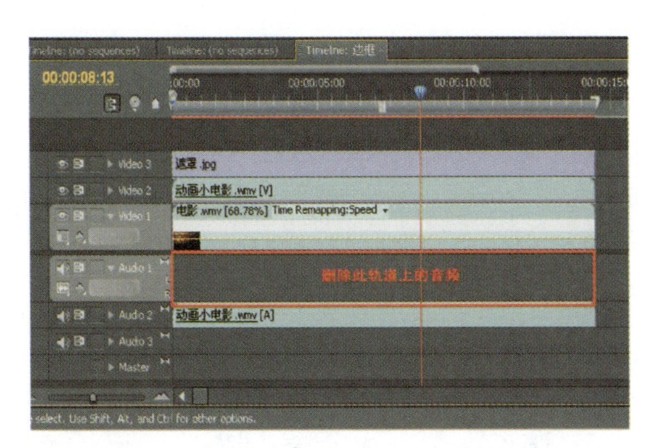

图 11 - 33

18.

为 Audio2 中的声音设置渐入与渐出，使声音实现从无到有，再从有到无的一个渐进变化过程。展开音频轨道，在如图 11 - 34 红框所示的四个位置，添加关键帧。

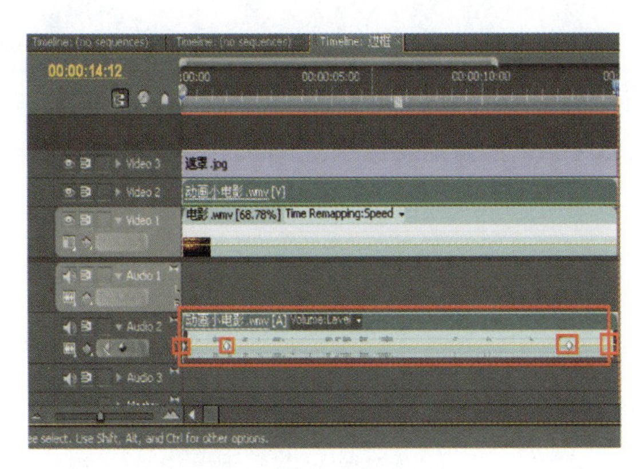

图 11 - 34

拉动第一帧和第四帧的位置，使其向下，实现声音渐入渐出的变化，如图 11 - 35 所示。

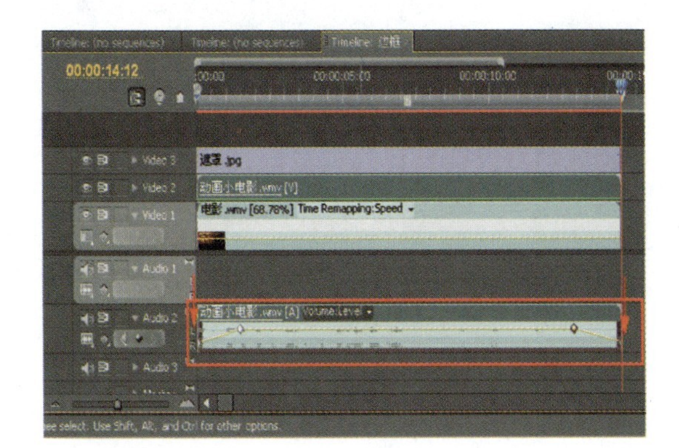

图 11 - 35

原图

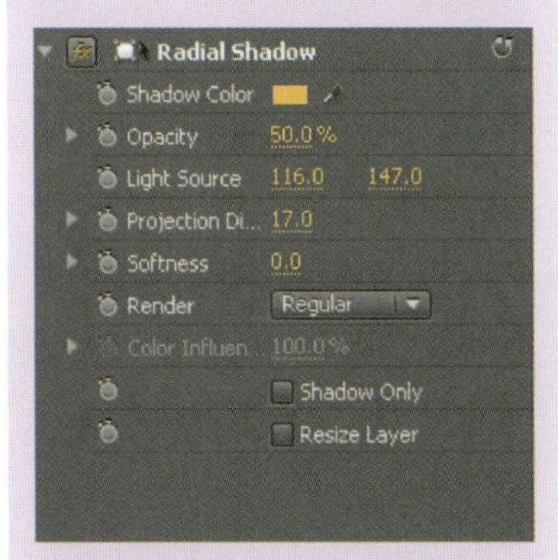

参数设置

效果图

在 Radial Shadow（径向阴影）滤镜中，有许多参数与 Drop Shadow（阴影）相似，不再赘述，其他各项参数的作用如下：

Light Source（光源）：设置模拟灯光的位置。

Projection Distance（投影距离）：设置阴影的投射距离。

Render（渲染）：设置阴影的渲染方式。

Color Influence（颜色影响）：设置周围颜色对阴影的影响程度。

Resize Layer(重置层大小)：重置阴影层的尺寸大小。

操 作 提 示

Drop Shadow选项的添加可以给被添加的素材加上阴影效果，同时也会在一定程度上削减Bevel Edges特效给画面带来的立体效果，所以在同时运用此两特效的时候，参数的设置十分重要。

未添加Drop Shadow滤镜的效果

添加Drop Shadow滤镜之后效果

19.

在Project面板的空白区域右键单击，在弹出的对话框当中选择New Item→New Sequence选项，创建新的序列，命名为“边框2”，如图11－36所示，在新的序列中对视频也进行渐入渐出的处理。

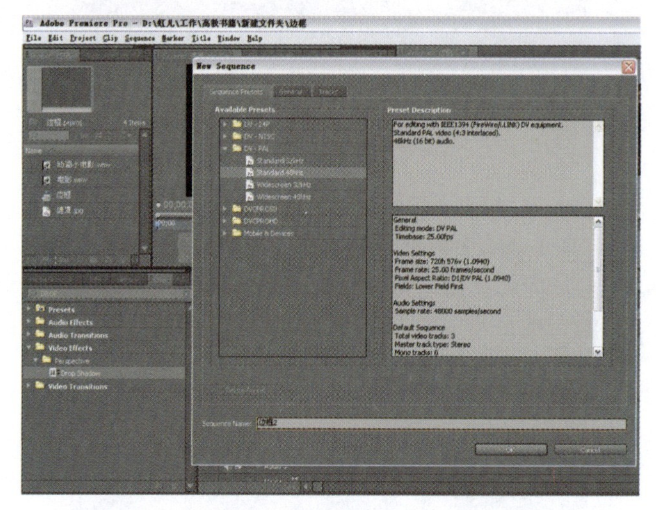

图11－36

将“边框”序列拖动到“Timeline：边框2”面板中的Video 1轨道中，如图11－37所示。

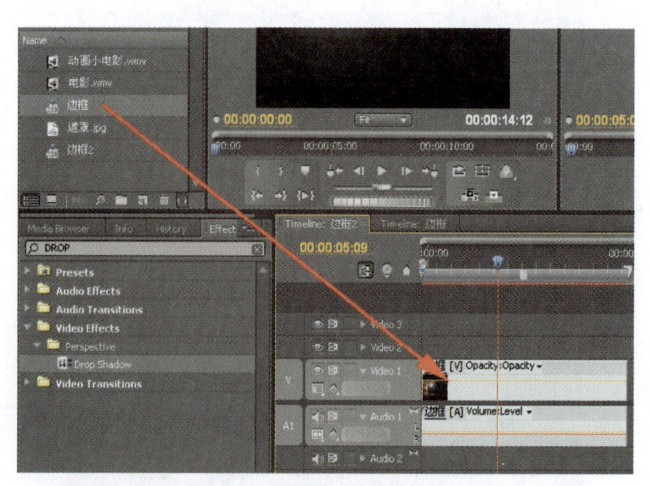

图11－37

在素材的开头与结尾处，以及00：00：11：00与00：00：14：00处的四个位置，为视频轨道添加透明度关键帧，如图11－38所示。

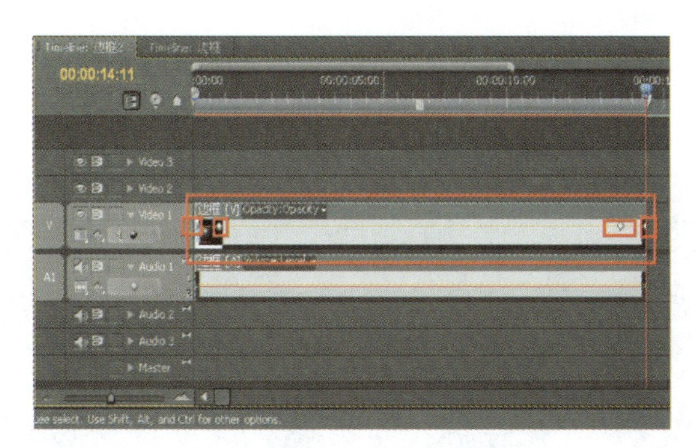

图 11－38

拉动第一帧和第四帧的位置，使其向下，实现画面的渐入渐出的变化，如图 11－39 所示。

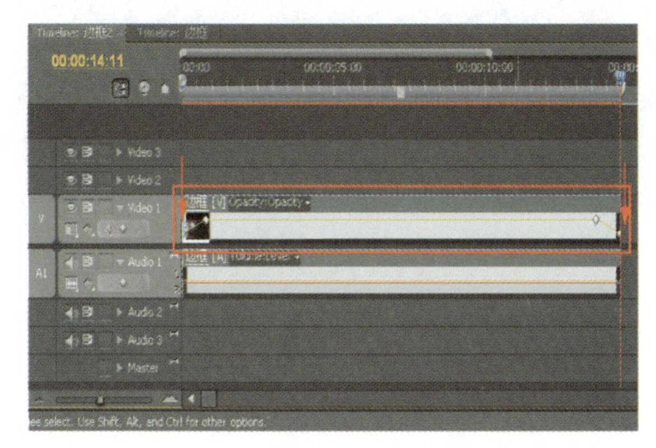

图 11－39

20.

最后，使用〈Enter〉键对视频进行预览，确定达到效果后，可以对项目文件进行输出，如图 11－40 所示。

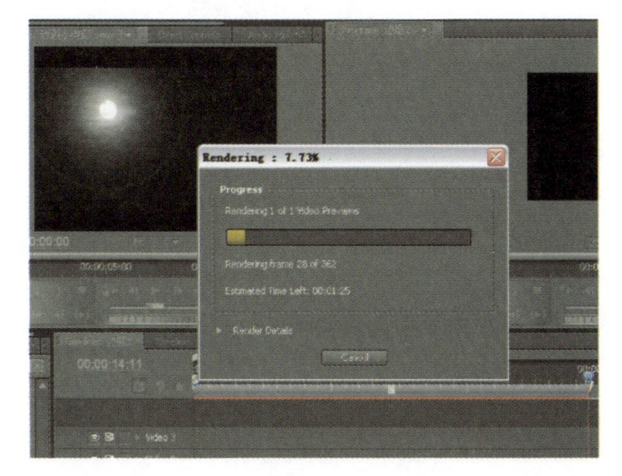

图 11－40

此外，两个滤镜添加的前后顺序也会对最终的效果产生影响。在操作过程中，应根据需要进行选择，并安排好它们添加在素材上的先后顺序。

在对素材的音频进行删除之前，必须首先确定视频与音频之间的链接是否已经去除，如果没有去除的话，对音频进行删除将会删掉与之相对应的视频。

去除链接后，如果要重新对视频与音频进行链接，只需要右键单击音频素材，在弹出的如下图所示的下拉菜单中选择 Link 选项即可。

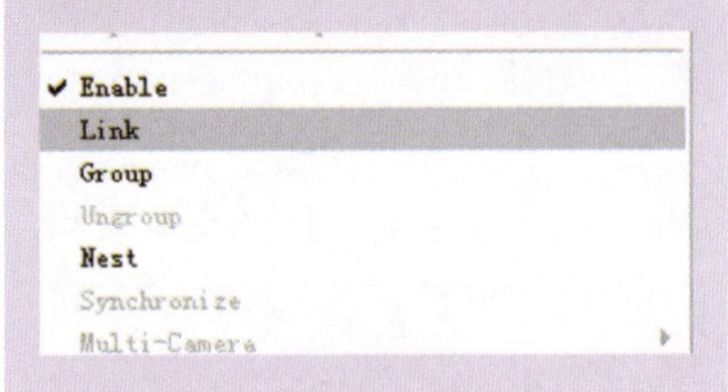

最后就可以对输出的影片进行观看了，如图 11 - 41 所示。

图 11 - 41

本章小结

遮罩的运用是 Premiere 中较为难理解的一项内容。它与特效的应用及参数的调整不同，遮罩还涉及对颜色的理解。不同的颜色信息，遮罩对图像的显示将会不同。为实现图片或影音文件在规定区域范围内的播放，需要创建一个以黑、白及各种阶度的灰色为色彩的图片。白色区域将显示被遮罩的图像，黑色区域将被覆盖，而不同阶度的灰色区域将以不同的透明度进行显示，希望在实际制作的过程中，能更进一步地理解和掌握。

课后练习

1. 遮罩是通过________对图像进行识别的。
   A. 颜色
   B. 光线
   C. 通道
   D. 颜色加光线
2. 在 Premiere 中被遮罩的图像，________的画面能被显示。
   A. 亮光的区域
   B. 纯白色的区域
   C. 具有 Alpha 通道的区域
   D. 以上三项都可以
3. 可实现遮罩特效的是________。
   A. Crop
   B. Fe Image Wipe
   C. Bevel Edges
   D. Track Matte Key

12 水波倒影效果

本章学习时间： 4 课时

学习目标： 掌握用 Premiere 制作水波荡漾的动态效果的方法

教学重点： 利用 Ripple 特效制作波纹效果

教学难点： 注意控制水波形态

讲授内容： 制作图片的倒影，对倒影制作出波纹效果，Ripple 特效，Vertical Flip 特效

课程范例文件： \chapter12\final\水波倒影.proj

本章课程总览

案例 水波倒影效果

三五好友出门旅游，看到美丽的湖光倒影都会按下手中的快门留下这美好的画面。但当按下快门的那一刻，美好就成了凝固的一瞬间，总是遗憾通过相机无法记录下动态的一刻。本章中的实例，将实现化静为动，将静态的图片制作出水波荡漾的效果。

01.

启动 Premiere 软件，单击 New Project 选项，创建一个新的项目文件，程序将自动弹出对话框，如图 12－1 所示。在 Name 选项中可对文件进行命名，此处命名为“水波倒影”，单击 OK 按钮。

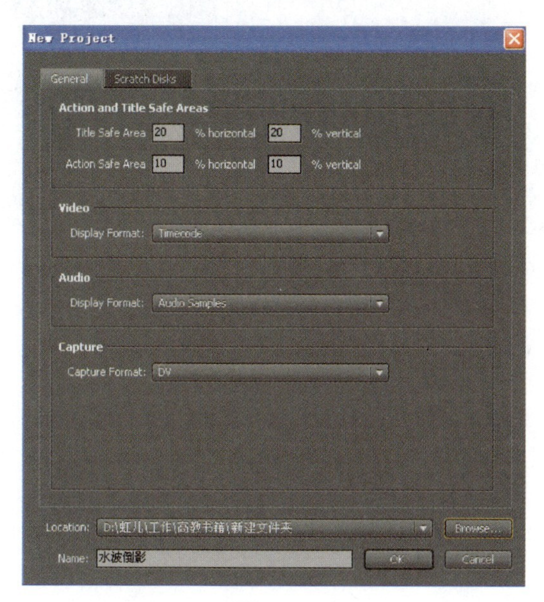

图 12－1

02.

在弹出的对话框中，可对新建文件进行更精确的设置，如图 12－2 所示。

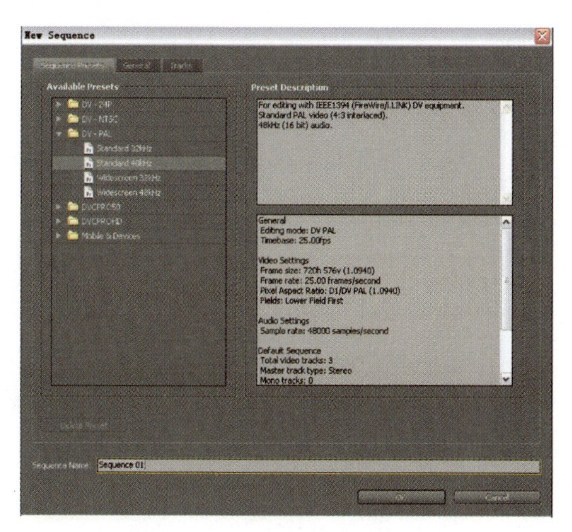

图 12－2

知 识 点 提 示

Pistort 滤镜组

第 10 章已经对 Transform(变形)特效滤镜组进行了知识点的讲解，下面来认识与 Transform(变形)特效相似的一组滤镜组 Distort(扭曲)滤镜组。此滤镜组包含 11 种滤镜特效。

1. Bend(弯曲)

此滤镜可以使图像在水平和垂直方向上产生波浪形状的扭曲。

原图

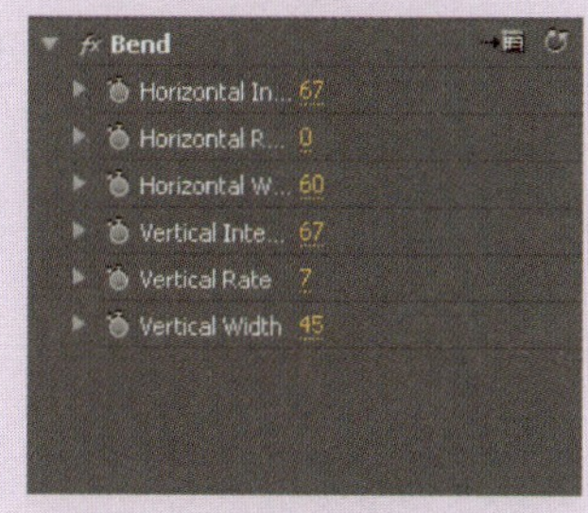

参数设置

效果图

单击特效面板中的 按钮，可调出如下的对话框，以更直观的方式观看效果。

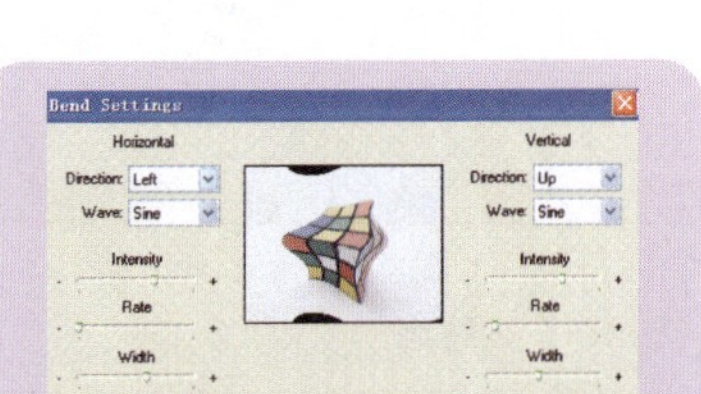

Direction(方向):用来设置弯曲的方向。

Wave(波浪):用来设置弯曲的方式。

Intensity(强度):图像弯曲的强度。

Rate(比率):波形弯曲的频率。

Width(宽度):波形弯曲的宽度。

2. Corner Pin(边角)

该特效可以利用图像四个边角坐标位置的变化对图像进行透视扭曲。

原图

Corner Pin		
Upper Left	2669.7	1300.7
Upper Right	4723.9	1737.2
Lower Left	1978.9	3319.4
Lower Right	5069.3	3464.9

参数设置

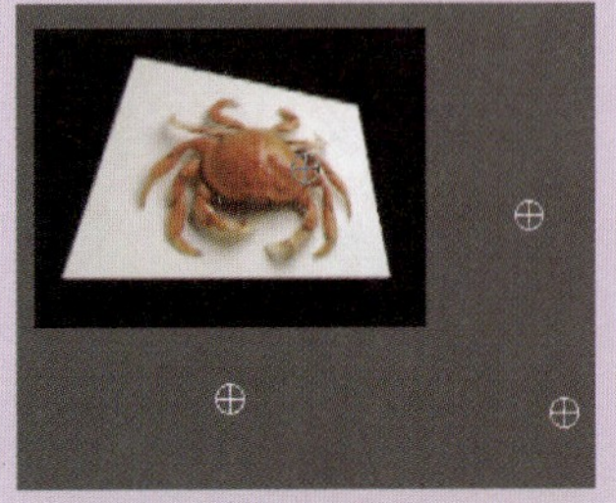

效果图

单击 OK 按钮,进入操作界面,如图 12-3 所示。

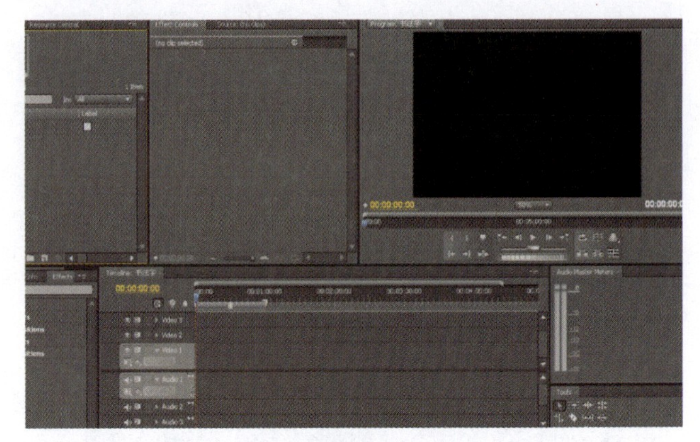

图 12-3

03.

双击 Project 面板的空白区域,打开 Import 导入对话框,选择素材文件"chapter12\media\swfc4. jpg",如图 12-4 所示。单击"打开"按钮。

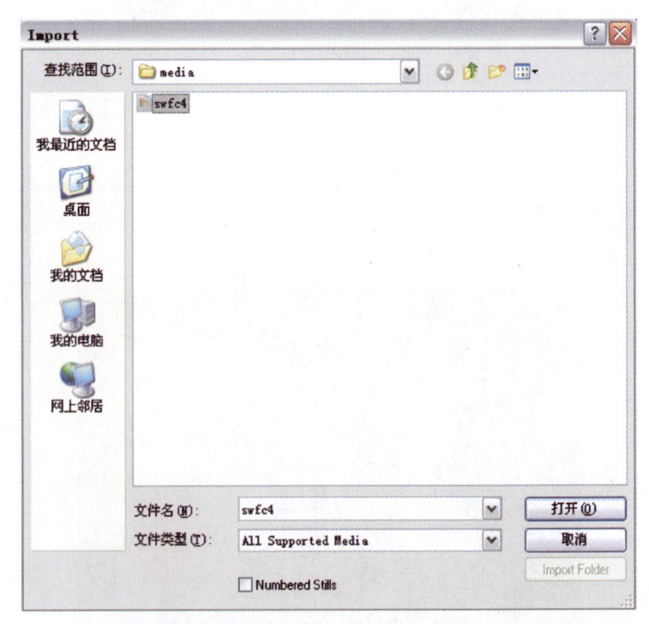

图 12-4

将素材导入到 Project 窗口中,如图 12-5 所示。

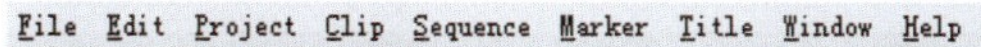

图 12－5

04.

在导入图片后，将“swfc4. jpg”素材分别拖入到 Timeline 面板中的 Video 1 和 Video 2 的轨道上，把起始点放在 00:00:00:00 的位置，如图 12－6 所示。

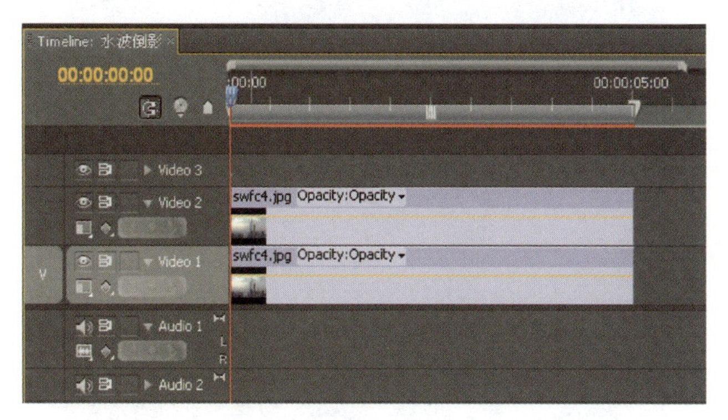

图 12－6

05.

选择 Video 2 轨道中的“swfc4. jpg”，打开 Effect Controls 面板，如图 12－7 所示。

如图 12－8 所示，对素材进行位移设置。展开 Motion 选项，将 Position 的坐标设定为(360. 0，175. 0)。

Upper Left(左上角)：设置左上角的位置。

Upper Right(右上角)：设置右上角的位置。

Lower Left(左下角)：设置左下角的位置。

Lower Right(右下角)：设置右下角的位置。

3. Lens Distortion(光学变形)

该特效可以使画面沿水平轴和垂直轴扭曲变形，制作类似透视图像的效果。

原图

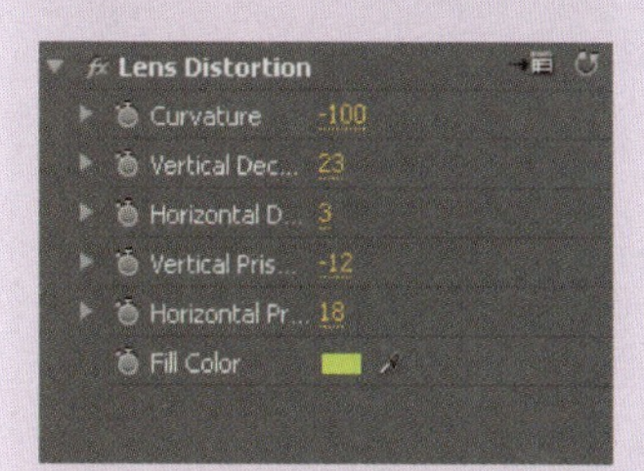

参数设置

效果图

Curvature(曲率)：设置透镜的曲率。

Vertical Decentering(垂直偏移)：垂直方向上偏移透镜原点的程度。

Horizontal Decentering(水平偏移):水平方向上偏移透镜原点的程度。

Vertical prism fx(垂直棱镜):垂直方向上扭曲的程度。

Fill color(水平棱镜):水平方向上扭曲的程度。

4. Magnify(放大镜)

该特效可以使图像产生类似放大镜的效果。

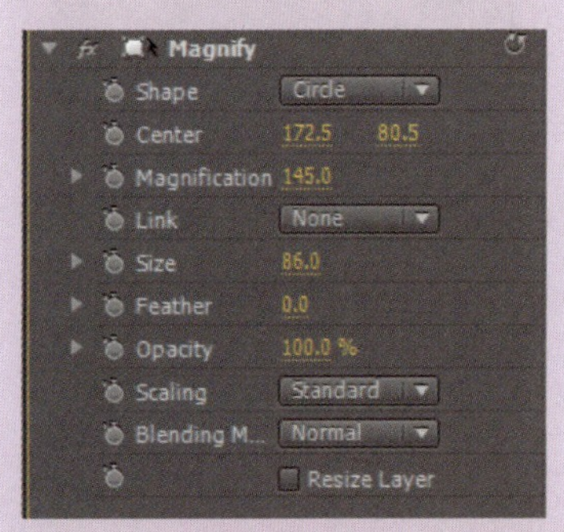

5. Mirror(镜像)

该特效可以制作出图像镜像的效果。

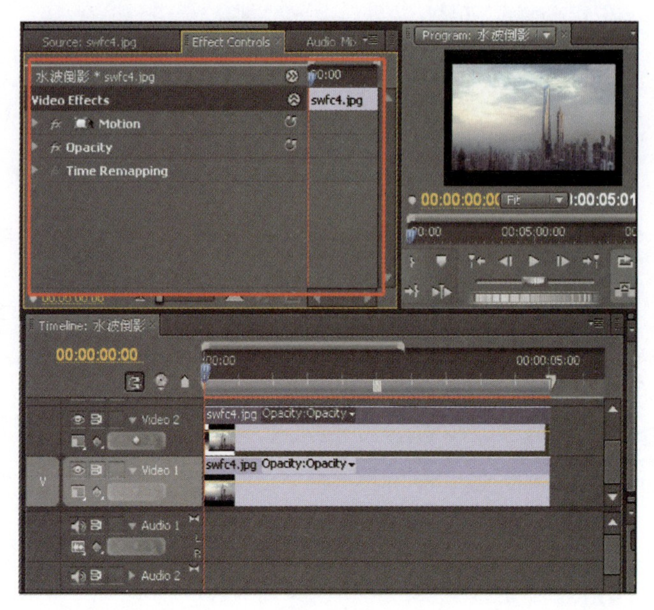

图 12-7

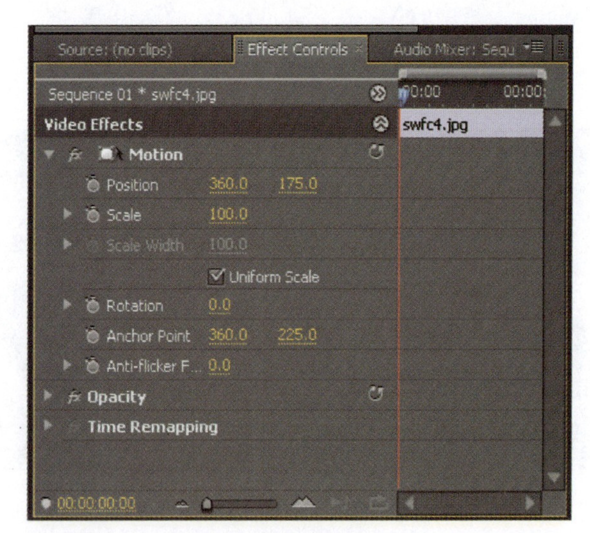

图 12-8

06.

设置完 Video 2 轨道后,再选中 Video 1 轨道上的"swfc4. jpg"素材,打开 Effect Controls 面板,如图 12-9 所示。

图 12-9

先展开 Motion 选项，对 Position 的坐标设定为(360.0,600.0)，如图 12-10 所示。

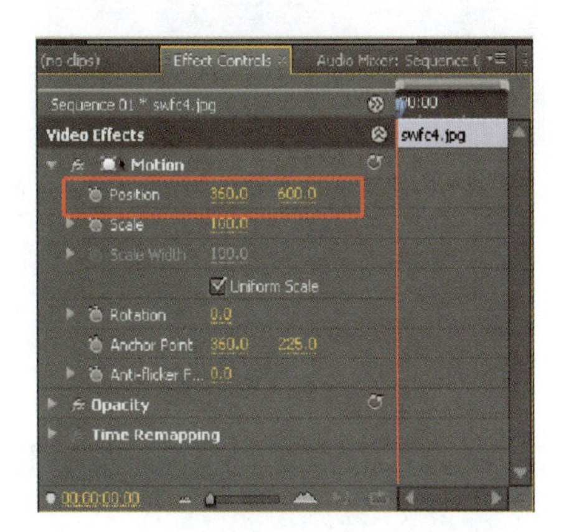

图 12-10

接下来将 Opacity 透明度选项展开，将 Opacity 设置为 60.0%，如图 12-11 所示。

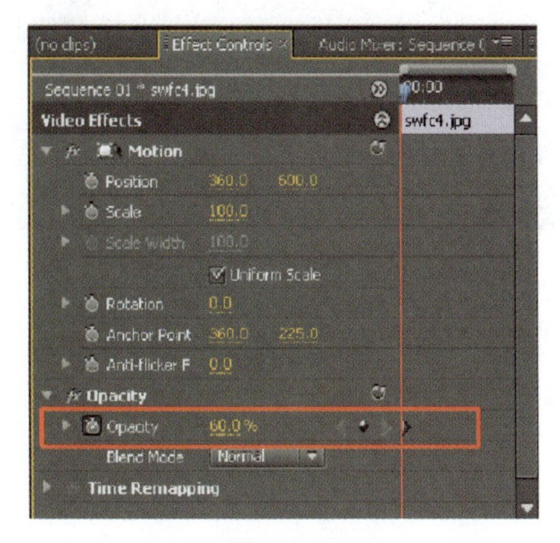

图 12-11

原图

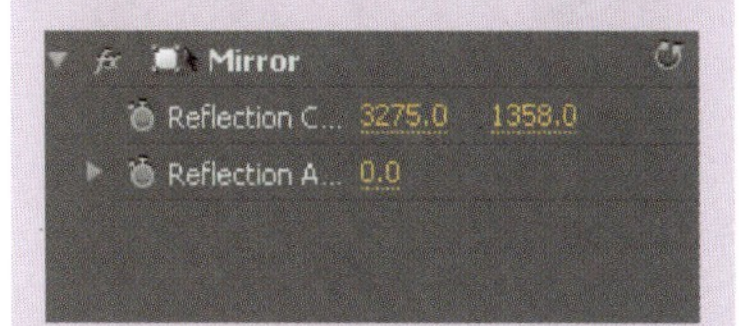

参数设置

效果图

Reflection Center（反射中心）：用来调整反射中心点的坐标位置。

Reflection Angle（反射角度）：用来调整反射的角度。

6. Offset（偏移）

该特效可以使图像进行自身混合运动，使其在一个层内进行移动。

原图

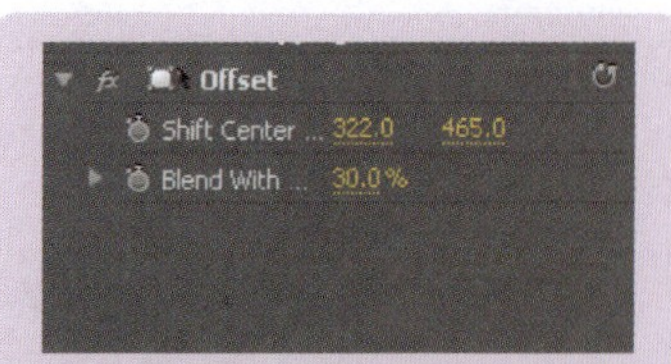

参数设置

效果图

Shift Center To：用来调整中心点的坐标位置。

Blend With Original(与源的混合)：设置与原图像之间的混合比例。

7. Spherize(球形)

该特效使画面产生类似于球形扭曲的效果。

原图

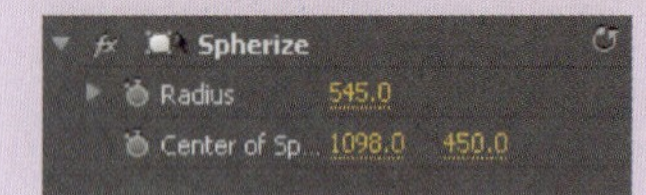

参数设置

效果图

Radius(半径)：变形球体半径。

07.

在设置完两张图片的位置后，打开 Effects 特效面板，展开 Video Effects 选项，选择 Transform 选项中的 Vertical Flip 特效滤镜，如图 12－12 所示。

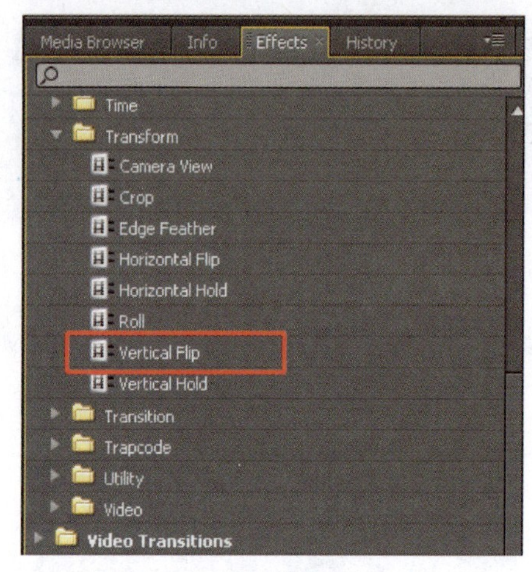

图 12－12

将 Vertical Flip 特效拖入到 Video 1 轨道中的“swfc4.jpg”上，如图 12－13 所示。在 Program 窗口上可以看到预览效果。

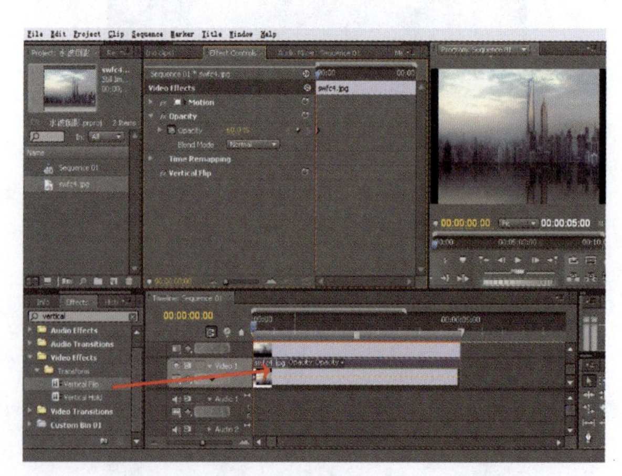

图 12－13

08.

再次打开 Effects 特效面板，展开 Video Effect 选项，选择 GPU Effects 文件夹中的 Ripple (Circular)特效，如图 12－14 所示。

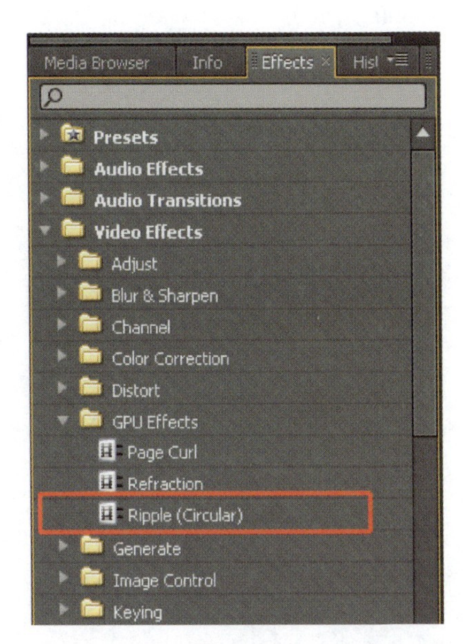

图 12-14

将 Ripple (Circular)特效滤镜拖入到 Video 1 轨道中的"swfc4. jpg"上。在 Effect Controls 面板中,可以看到添加上的特效滤镜,如图 12-15 所示。

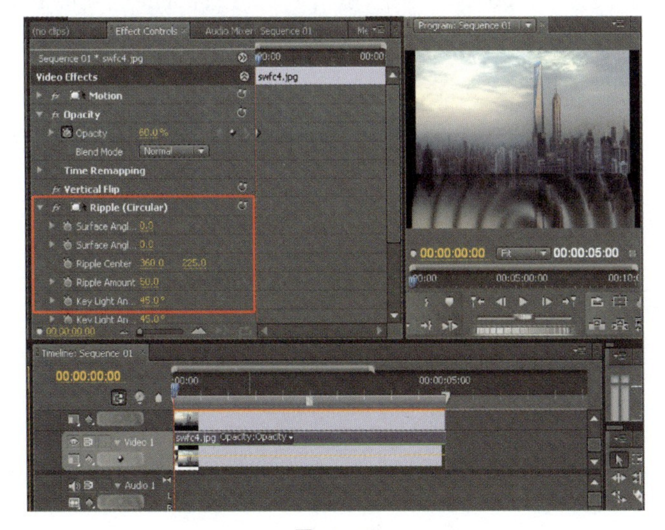

图 12-15

09.

下面对添加的特效滤镜进行参数调整。展开 Ripple (Circular)选项组,对 Ripple Center 进行坐标值的设置,

Center of sphere:球体中心点坐标。

8. Transform(变换)

该特效可以对图像的位置、尺寸、不透明度等进行综合调节。

原图

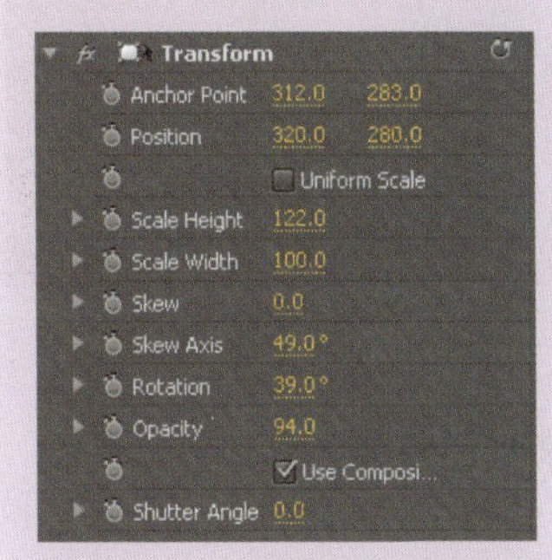

参数设置

效果图

9. Turbulent Displace(狂暴替代)

该特效可以使图像产生旋转等动荡不安的效果。

原图

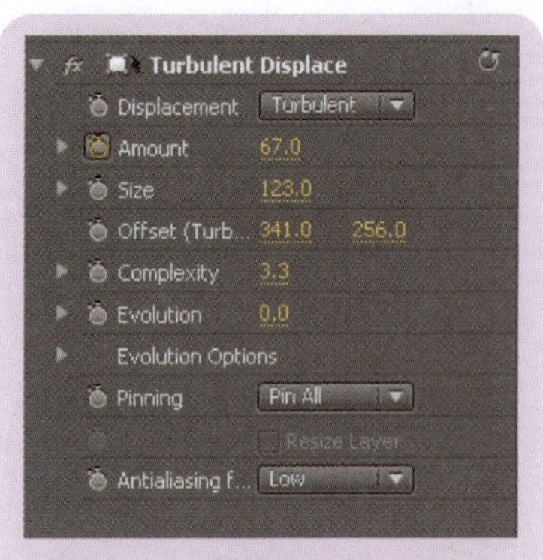

参数设置

效果图

10. Twirl(旋转)

该特效可使图像沿指定中心变形旋转。

原图

参数设置

将数值设为(600.0,300.0),并将 Ripple Amount 设置为 25.0,如图 12-16 所示。

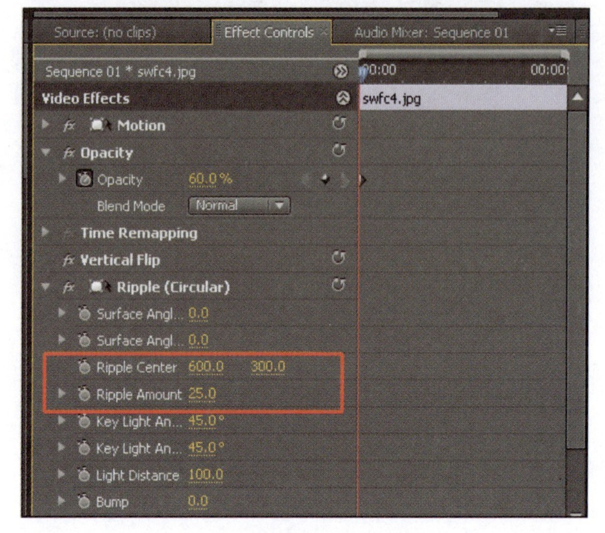

图 12-16

10.

在进行完以上步骤的设置以后,将时间指针移到起始位置,00:00:00:00 处,点击 Ripple Amount 选项前的码表,为其添加关键帧。保持 Ripple Amount 选项为 25.0的数值不变,如图 12-17 所示。

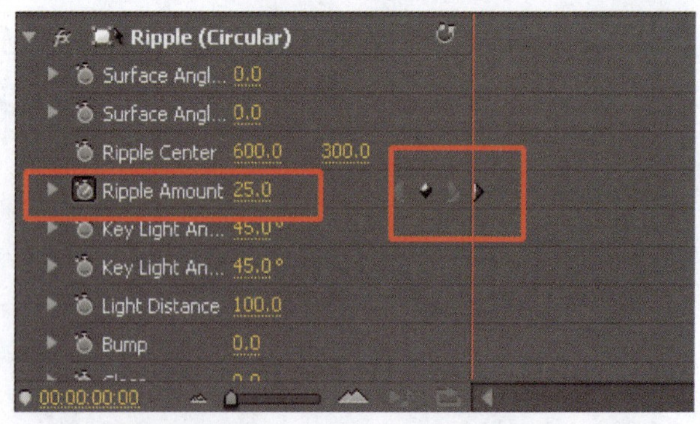

图 12-17

11.

完成了第一点的设置,再将时间指针移到 00:00:02:15 处,将 Ripple Amount 选项的数值改为 40.0,如图 12-18 所示。

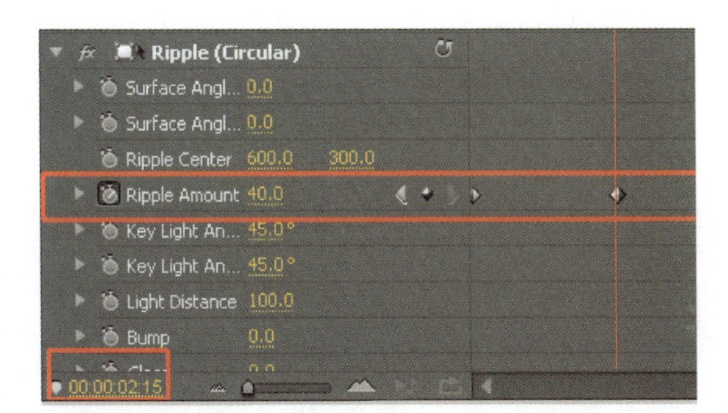

图 12－18

调节之后，在 Program 窗口中，对效果进行观看，如图 12－19 所示。

图 12－19

12.

将时间指针移动到 00∶00∶05∶00 位置处，将 Ripple Amount 选项的数值改为 25.0，系统将自动为其添加上一个关键帧，如图 12－20 所示。

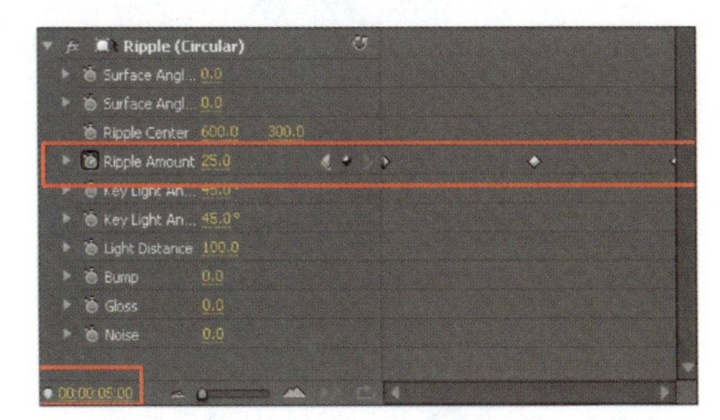

图 12－20

效果图

Angle：旋转的角度。

Twirl Radius：旋转半径。

Twirl Center：旋转的中心。

11. Wave warp（波纹变形）

该特效可产生类似水波扭曲的效果。

原图

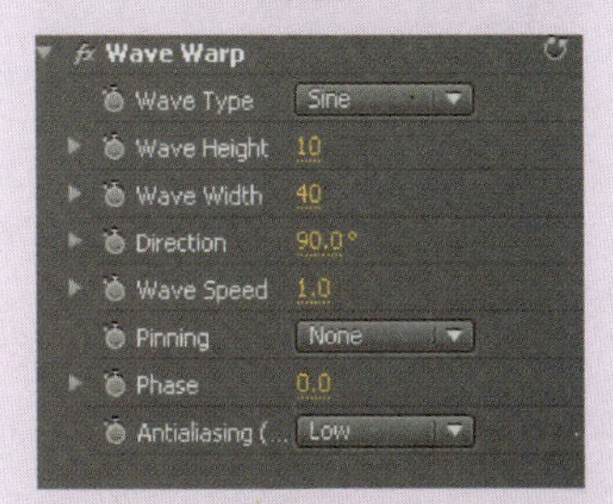

参数设置

效果图

Wave Type：波纹类型。

Wave Height：波浪高度。

Wave Width:波纹宽度。

Direction:波浪方向。

Wave Speed:波浪速度大小。

Pinning:波浪到达的位置。

Phase:相位。

Antialiasing:抗锯齿质量,设置图像的抗锯齿质量。

操 作 提 示

Premiere中提供了多种视频切换效果,按类别分别放在不同的文件夹中,方便用户按类别寻找到所需运用的切换效果。

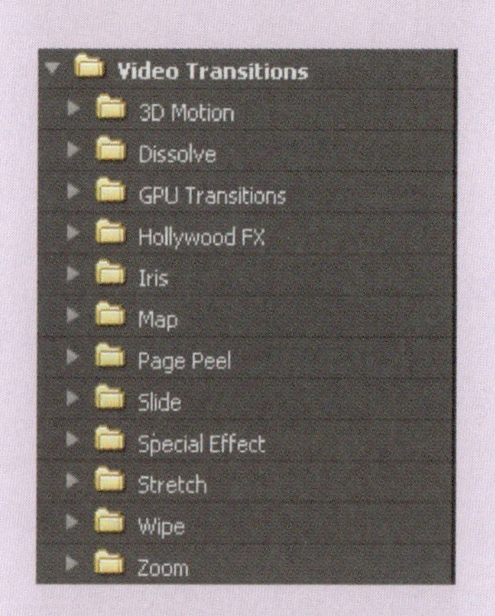

通过单击每个文件夹,还可以打开其中的下挂选项。

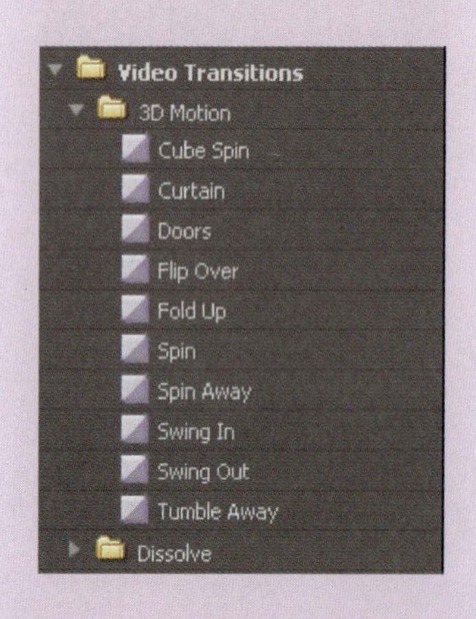

在Effect Controls特效控制面板中将Video 1和Video 2轨道上的素材的Scale(大小),都改为111.9,增大素材的大小,如图12-21所示。

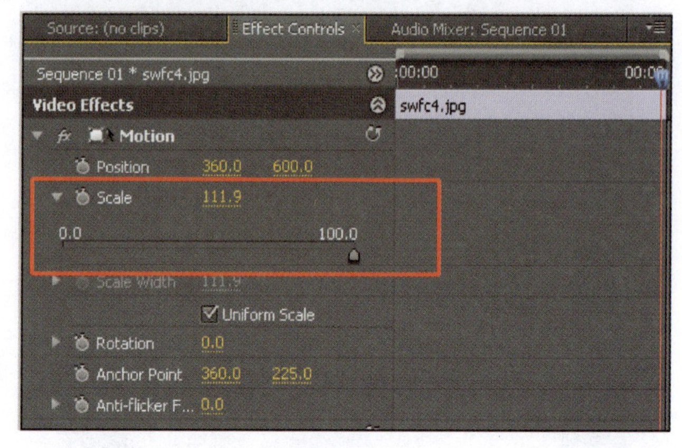

图12-21

调节之后,在Program监视窗口中,对效果进行观看,如图12-22所示。

图12-22

13.

通过以上步骤,已经基本完成水中倒影的制作。在Program窗口中点击▶按钮,对画面进行观看,确定后可以将影片进行输出，最终效果如图 12－23 所示。

图 12－23

按照此方法用户可以根据自己的需要做出各种不同的效果。

如果知道要运用的切换效果的名称，还可以直接在“包含”框（图中红框）中输入要运用的切换效果名称，可以快速找到所需的效果。

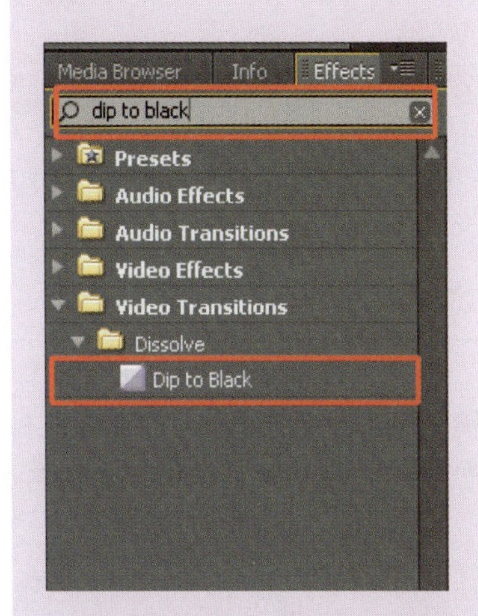

通过新建一个文件夹来存放经常使用的切换效果，以减少在操作时因选择而浪费的时间。点击面板下方的按钮，可以创建一个 New Custom Bin(新自定义容器)。只需将自己常用的视频转场拖拉进新建的 New Custom Bin(新自定义容器)中即可。

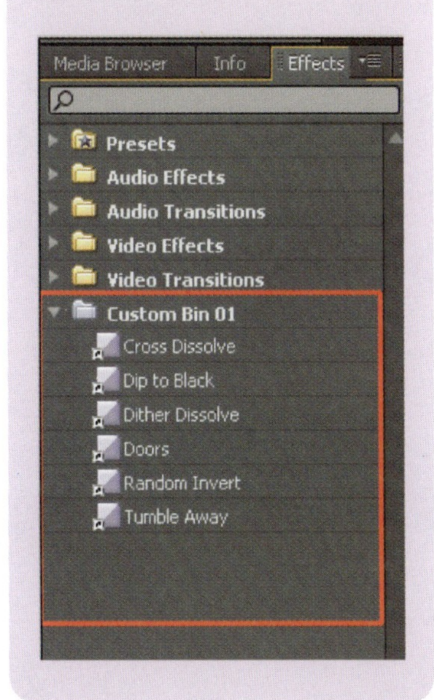

本章小结

通过本章实例的练习可以掌握 Ripple、Vertical Flip 特效滤镜的应用。Ripple (Circular)滤镜能制造出圆形波纹，应用它能模拟出水波荡漾的效果，再配上关键帧就能产生出更加逼真的动态效果。按照此方法可以做出各种动态波纹的效果。

课后练习

1. 在 Distort 扭曲滤镜组中，一共包含有________特效滤镜。
   A. 8 个
   B. 9 个
   C. 10 个
   D. 11 个
2. 运用本章所学内容，制作一个水波纹的动态效果。
3. 使用何种特效可以设置水波纹的大小呢？

13 短片“动物世界”

本章学习时间：5课时

学习目标：掌握使用 Hollywood 特效为画面添加丰富转场效果的方法

教学重点：Hollywood 的添加及各项参数的调节

教学难点：调节 Hollywood 特效的参数

讲授内容：调节素材的长度，Hollywood FX 5 特效，Shine(发光)特效

课程范例文件：\chapter13\final\动物世界.proj

本章课程总览

案例 短片“动物世界”

相信很多非线编辑爱好者都接触过 Hollywood FX，用过 Hollywood FX 的人无不被其丰富的转场特效、强大的特效控制功能所折服。Hollywood FX 是品尼高公司(Pinnacle)的产品，它实际上是一种专做3D转场特效的软件，可以作为其他很多视频编辑软件的插件来使用。本章将利用 Hollywood 来制作名为“动物世界”的一段视频。

知识点提示

Blur & Sharpen(模糊锐化)类特效

该类特效主要是对图像进行各种模糊和锐化处理，根据图像素材的特点及要达到的画面效果，选择不同的模糊的方式。此特效组中包含有10种不同的滤镜。

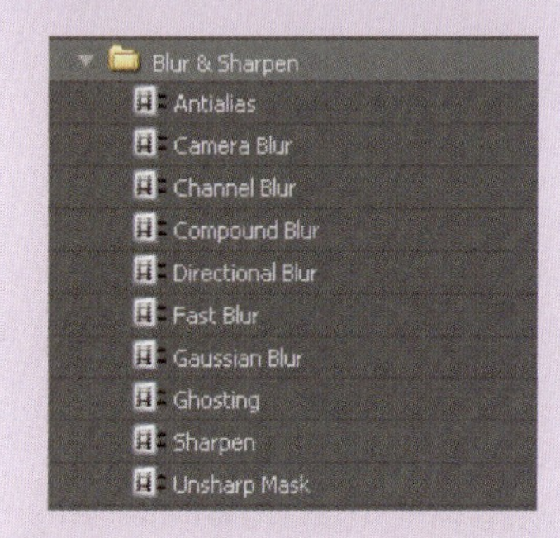

1. Antialias(抗锯齿)

本视频滤镜的作用是将图像区域中色彩变化明显的部分进行平均，使得画面柔和化。在从暗到亮的过渡区域加上适当的色彩，使图像对比强烈的地方变得柔和。

此滤镜没有可调节的参数，要使画面效果更加模糊的话，可以多次使用该滤镜。

参数设置

效果图

01.

启动Premiere，创建新的项目文件和新的序列，命名为“动物世界”，如图13－1、图13－2所示。

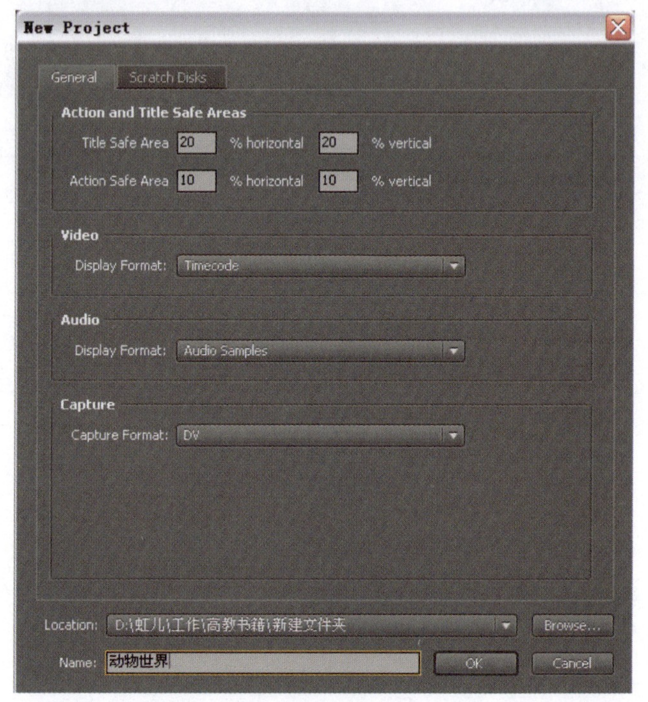

图13－1

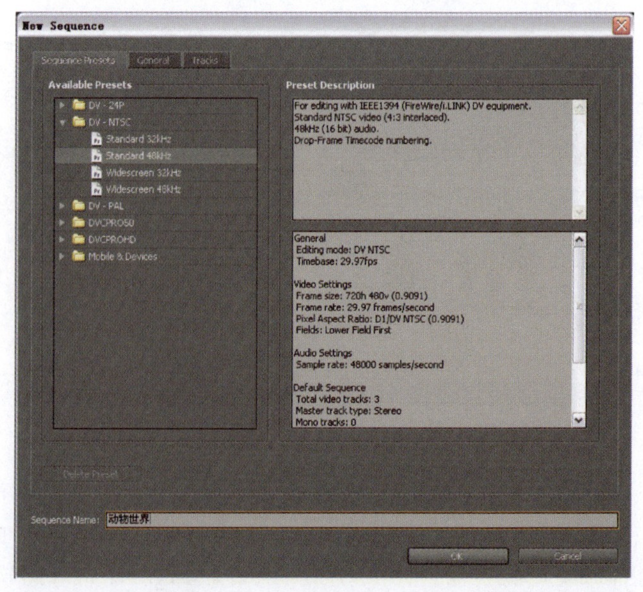

图13－2

02.

按〈Ctrl〉+〈I〉键打开 Import 导入对话框，导入“chapter13\media”文件夹中的素材。因为实例中涉及的素材较多，单击“Import Folder”按钮可将放置所有图片的文件夹导入，如图 13－3 所示。

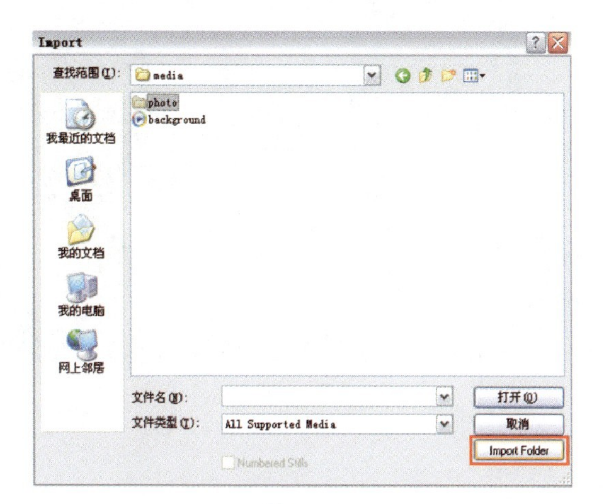

图 13－3

再执行上一步操作，将名为“background. avi”的素材导入。此时在 Project 面板中，所有图片及一段影音素材都已导入。所有图片以文件夹的形式导入，简化了 Project 面板，便于操作，如图 13－4 所示。

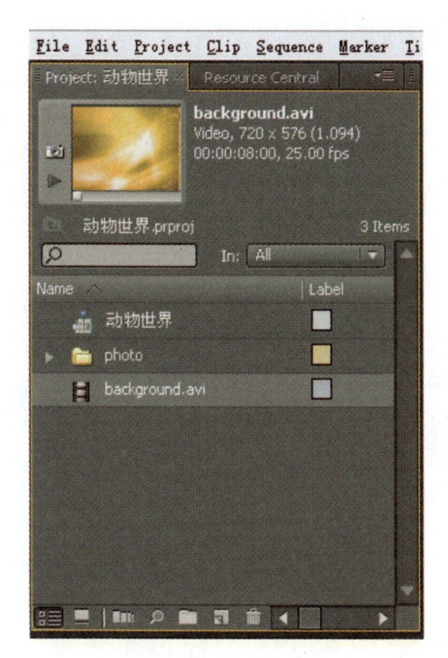

图 13－4

2. Camera Blur(照相机模糊)

本视频滤镜是随时间变化的模糊调整方式，可使画面从清晰渐变调整到模糊，类似照相机调整焦距时出现的模糊景物情况。本视频滤镜效果可以应用于片断的开始画面或结束画面，做出调焦效果。要使用调焦效果，必须设定开始点的画面和结束点的画面。

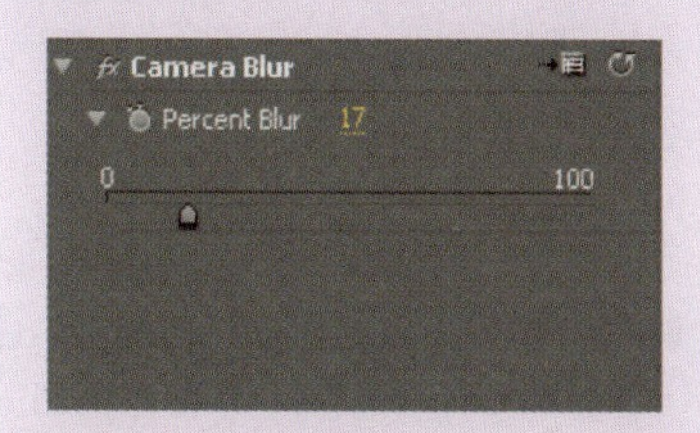

参数设置

效果图

Percent blur(模糊百分比)：设置镜头模糊的百分比。值越大，画面越模糊。

单击特效中的 [按钮] 按钮，可以打开带预览的参数调节对话框。

3. Channel Blur(通道模糊)

该滤镜可以分别对图像的几个通道进行模糊。

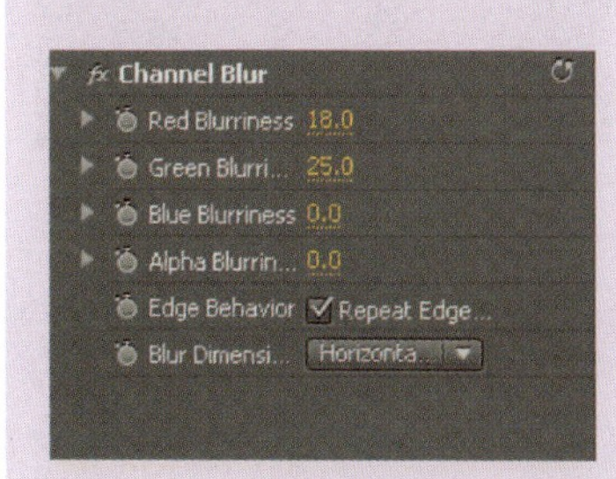

参数设置

效果图

Red/Green/Blue/Alpha/Blurriness：分别为对图像的红、绿、蓝及 Alpha 通道进行模糊处理。

Edge Behavior：选中其右侧的 Repeat Edge Pixels(排除边缘像素)复选框，可以排除图像边缘模糊。

Blur Dimensions(模糊方向)：用来设置模糊的方向。

4. Compound Blur(复合模糊)

该滤镜可以根据轨道上的图像素材产生复合模糊效果。

参数设置

效果图

Blur Layer(模糊层)：可从右侧的三角形按钮中选择需模糊的层。

Maximum Blur(模糊最大值)：调节模糊的程度。值越大，图像越模糊。

将 Photo 文件夹中的图片“1. jpg”～“8. jpg”拖动到 Video 2 轨道中，如图 13－5 所示。

图 13－5

03.

下面对 Video 2 中素材的长度进行调节，使每张图片的持续时间为 2 秒。

将时间码调到 00:00:02:00，选中第一个素材，拖动它的结尾处，使其与时间指针平齐，如图 13－6 所示。

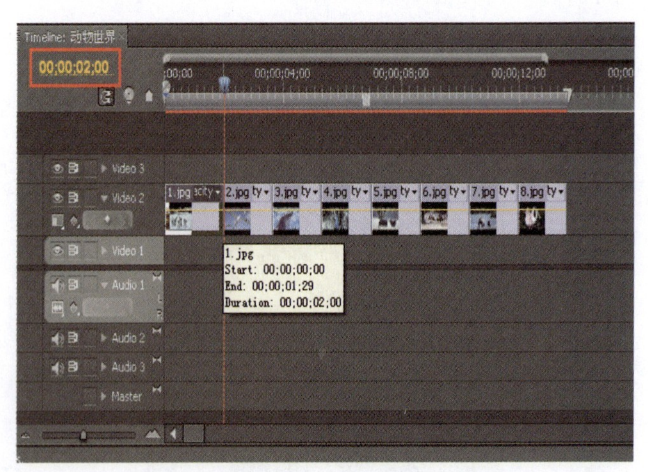

图 13－6

再将时间码调到 00:00:04:00 处，选中第二个素材，拖动它的结尾处，使其与时间指针平齐，如图 13－7 所示。

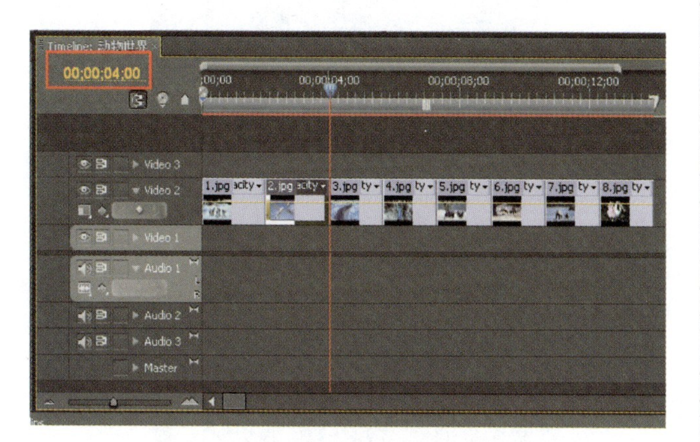

图 13-7

用同样的方法处理其他的素材，使每段素材的长度都为 2 秒。八张图片共持续时间 16 秒，如图 13-8 所示。

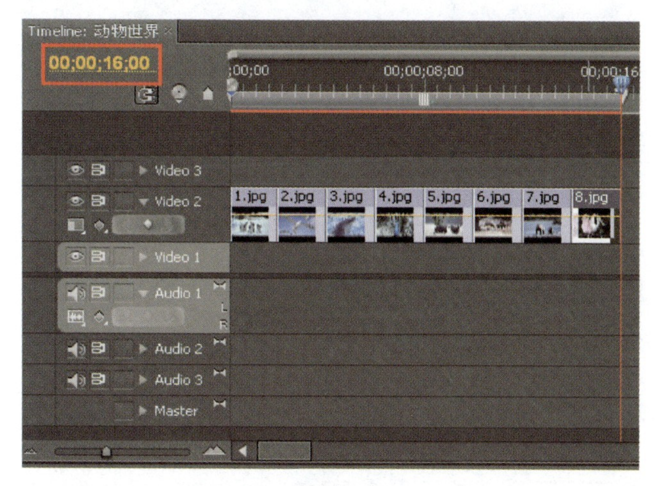

图 13-8

04.

下面为图片添加特效，在 Effects 面板中，搜索 Hollywood FX 5，如图 13-9 所示。

将其拖动到 Video 2 轨道中，添加在“1. jpg”和“2. jpg”中间，如图 13-10 所示。

再将 Hollywood FX 5 拖动到 Video 2 轨道中，添加在“2. jpg”和“3. jpg”中间，如图 13-11 所示。

If Layer Sizes Differ(假如层大小不同)：勾选该项右侧的 Stretch Map To Fit(调整图像到适合)复选框，可将图像调整到合适大小。

Invert Blur(反转模糊)：勾选该复选框，将模糊效果反相处理。

5. Directional Blur(方向模糊)

该视频滤镜可以在图像中产生一个具有方向性的模糊感，从而产生一种片断在运动的幻觉。

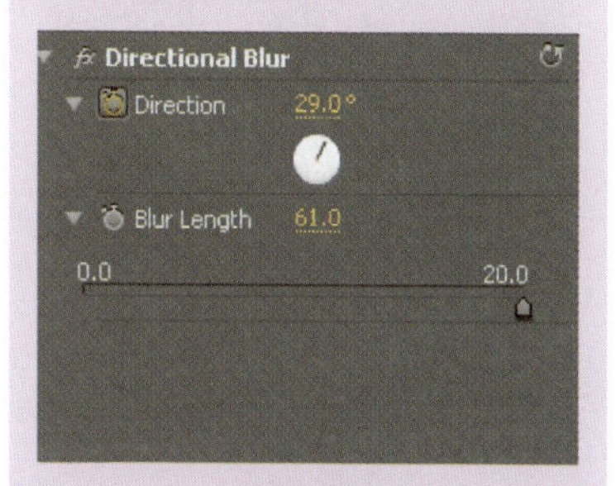

参数设置

效果图

Direction(方向)：指定模糊的方向，在应用模糊效果时，将环绕像素中心平均分布。

Blur Length(模糊长度)：指定图像模糊程度。

6. Fast Blur(快速模糊)

该视频滤镜可指定图像模糊的快慢程度，指定模糊的方向是水平、垂直、或是两个方向上都产生模糊。Fast Blur 产生的模糊效果比 Gaussian Blur 更快。

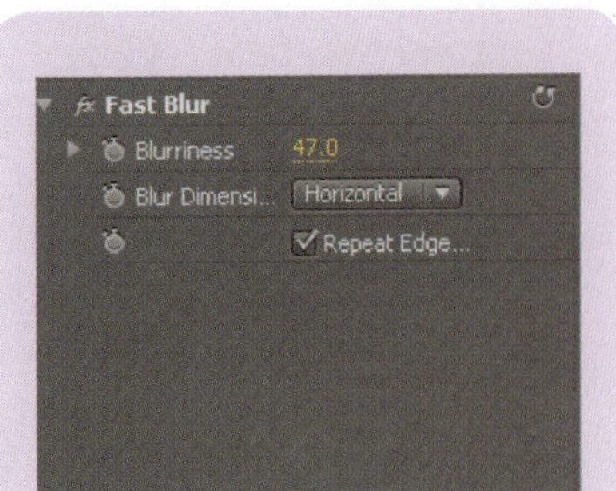

参数设置

效果图

Blurriness(模糊)：用来调整图像的模糊程度。

Blur Dimensions(模糊方向)：可以从下拉菜单中选择 Horizontal And Vertical（水平和垂直）、Horizontal(垂直)、Vertical(水平)方向上的模糊。

Repeat Edge Pixels(排除边缘像素)：勾选此选项，可以排除图像边缘的模糊。

7. Gaussian Blur(高斯模糊)

该视频滤镜通过修改明暗分界点的差值，使图像大面积模糊。其效果如同使用了若干次 Blur 滤镜一样。Gaussian 是一种变形曲线，由画面的临近像素点的色彩值产生。它可以对比较锐利的画面进行改观，使画面有一种雾状的效果。

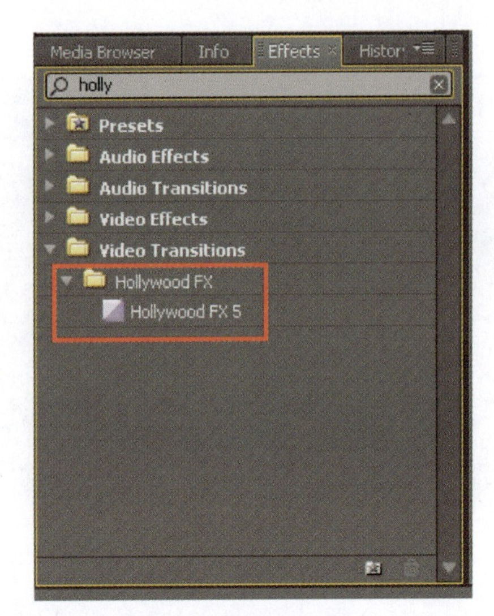

图 13-9

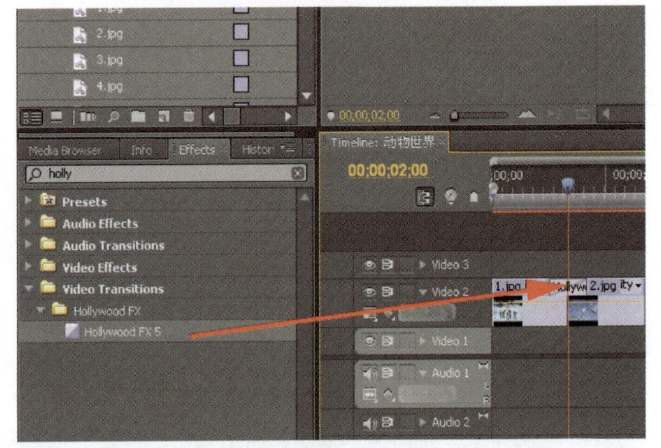

图 13-10

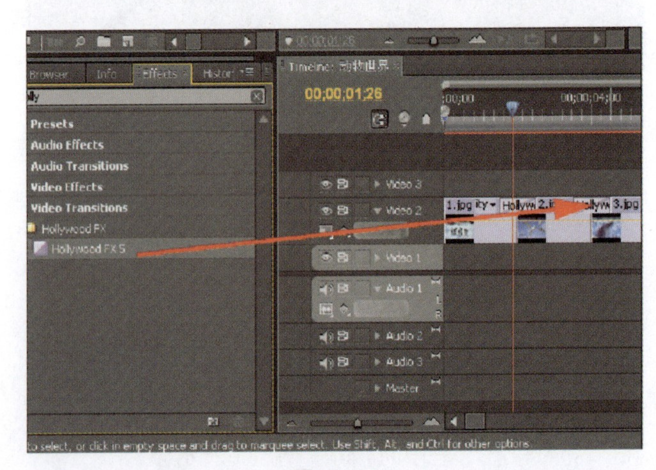

图 13-11

依照同样的方法在每两个图片的连接处加上 Hollywood 转场特效，如图 13－12 所示。

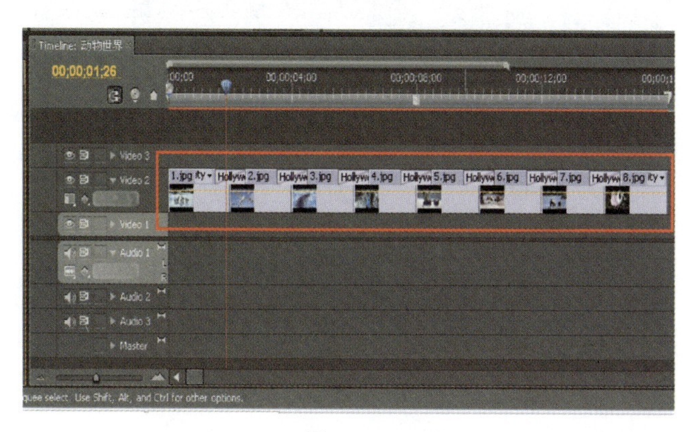

图 13－12

05.

双击添加在“1. jpg”和“2. jpg”中间的特效，在弹出的对话框中对特效的长度以及类型进行设置，如图 13－13 所示。

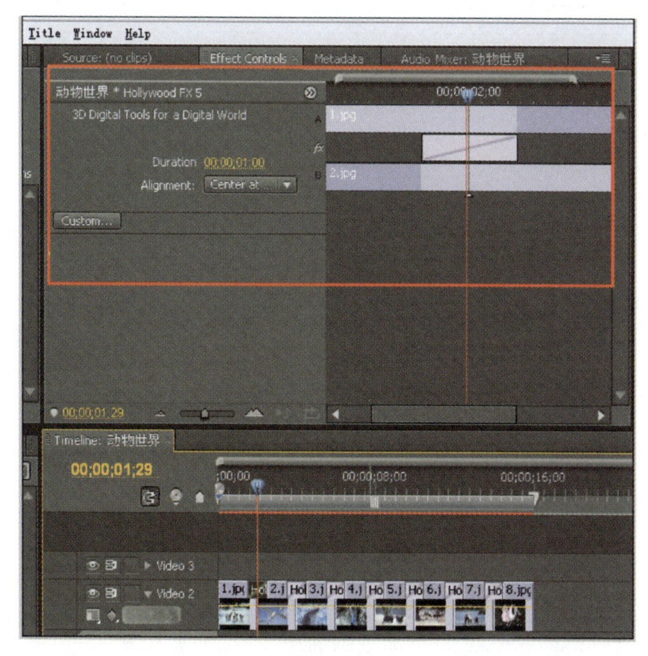

图 13－13

首先，调整特效的长度，将 Duration 选项调整为 2 秒，如图 13－14 所示。

参数设置

效果图

Blurriness（模糊）：用来调整图像的模糊程度。

Blur Dimensions（模糊方向）：可以从下拉菜单中选择 Horizontal And Vertical（水平和垂直）、Horizontal（垂直）、Vertical（水平）方向上的模糊。

8. Ghosting（重影）

该视频滤镜可以将当前所播放的帧画面透明地覆盖到前一帧画面上，从而产生一种叠影的效果，在电影特技中可以经常看到此种滤镜的使用。

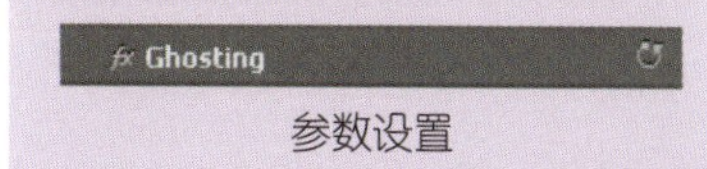

参数设置

效果图

此模糊滤镜效果只能用在动态的视频素材中才能产生重影的效果，当添加在静态的图片中，会使图片产生拉伸的效果，而无法产生重影。

效果图

9. Sharpen（锐化）

该特效可以提高素材相邻像素之间的对比。

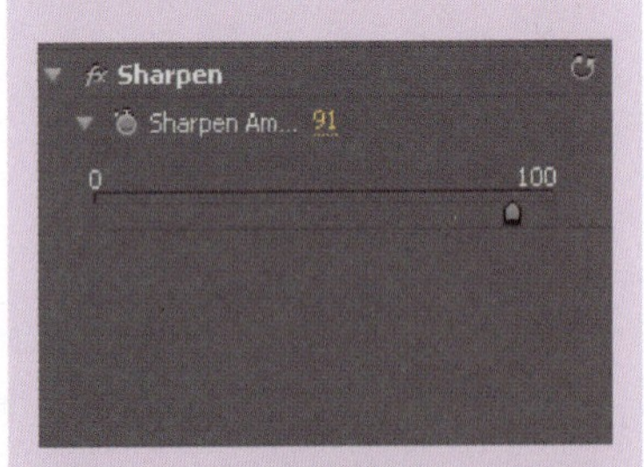

参数设置

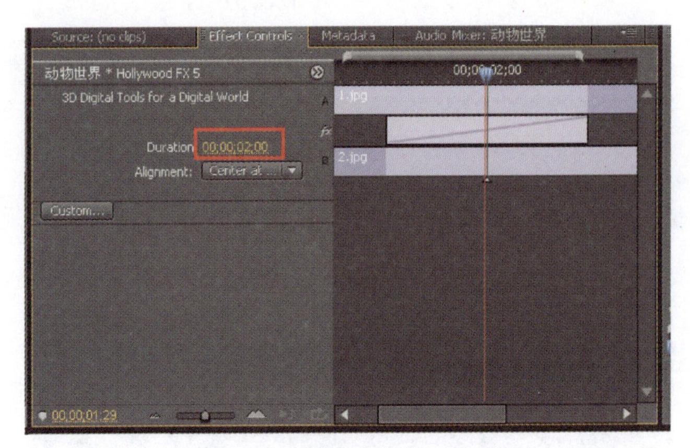

图 13－14

06.

下面通过 Hollywood 内置的丰富转场特效为影片增强视觉冲击力。单击“Custom...”选项，弹出如图 13－15 所示对话框。

图 13－15

选择 Fx 15－Video and Film 特效组，再选择其中的 PLS-Matinee 1，如图 13－16 所示。

此时特效已经添加进画面中，单击播放按钮，可以看到加上特效后的效果，如图 13－17 所示。

确定特效之后，可以单击对话框中右部的显示/隐藏按钮，隐藏掉特效选项，简化面板，如图 13－18 所示。

图 13－16

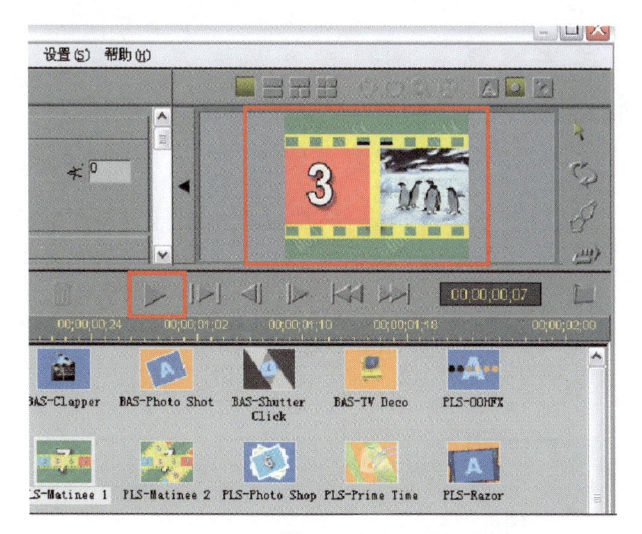

图 13－17

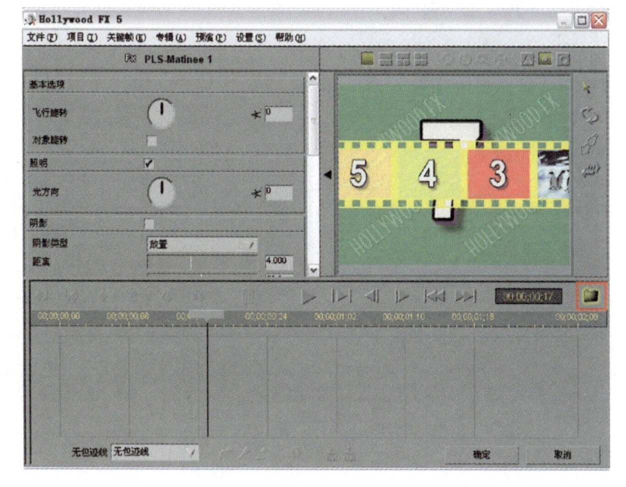

图 13－18

效果图

Sharpen Amount（锐化数量）： 用于调整图像的锐化强度，值越大，锐化程度越明显。

10. Unsharp Mask（非锐化遮罩）

该特效可以应用半径和阈值对图像的色彩进行锐化处理。

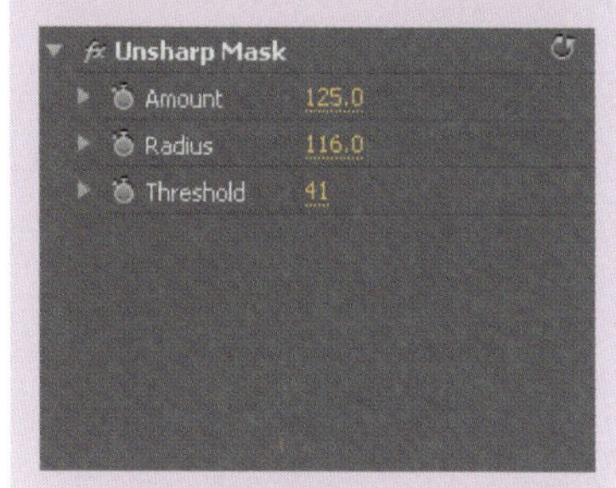

参数设置

效果图

Amount（数量）： 用来调整锐化的强度。

Radius（半径）： 用来调整锐化的范围

Threshold（阈值）： 用来调整锐化的颜色值。

Stylize(风格化)类特效

该组特效主要是模仿各种绘画技巧,使图像产生丰富的视觉效果,Stylize(风格化)类特效组包括13组特效滤镜。下面只对常用滤镜及其常用参数进行介绍。

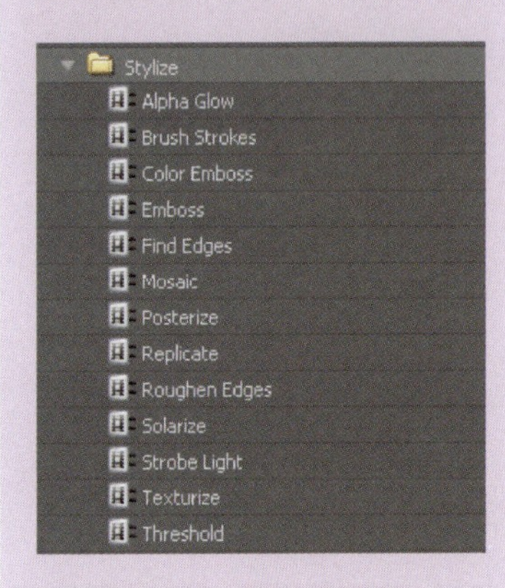

1. Alpha Glow(Alpha 发光)

该视频滤镜仅对具有 Alpha 通道的片断起作用,而且只对第一个 Alpha 通道起作用。它可以在 Alpha 通道指定的区域边缘产生一种颜色逐渐衰减或向另一种颜色过渡的效果。这是一个随时间变化的视频滤镜效果。

参数设置

效果图

单击图片,可以对特效参数进行设置,在此采用默认的数值,如图 13-19 所示。

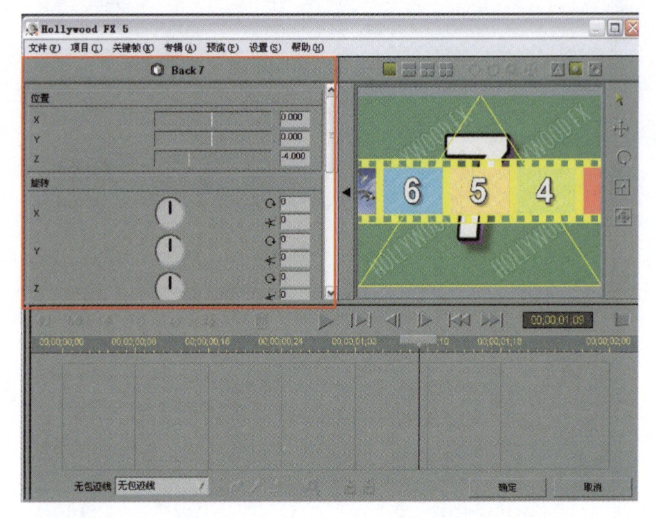

图 13-19

同时也可以改变视窗的显示方式,对效果及参数的设置有更为直观的了解。图 13-20 中采用的是四视窗的形式。

图 13-20

07.

为“2. jpg”和“3. jpg”之间的转场也选择与以上相同的特效。但需要注意的是在“2. jpg”和“3. jpg”之间的转场持续时间为 1 秒，而不需要将转场持续时间像上一转场时间修改为 2 秒，如图 13－21 所示。

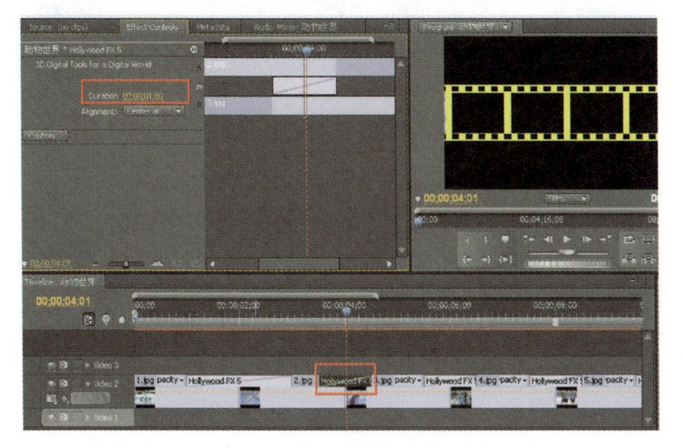

图 13－21

单击“Custom. . . ”选项为其选择 Fx 15 － Video and Film 特效组中的 PLS-Matinee 1，如图 13－22 所示，数值采用默认的数值。

图 13－22

用相同的方式，为所有素材之间添加的转场都指定

Glow（发光）：用来调整当前的发光颜色值。

Brightness（亮度）：用来调整画面的 Alpha 通道区域的亮度。

Start Color（开始颜色）和 End Color（结束颜色）：用来设定附加颜色的开始值和结束值。

2. Brush Stroke（画笔描边）

该特效滤镜可以对图像应用画笔描边效果，使图像产生一种类似画笔绘制的效果。

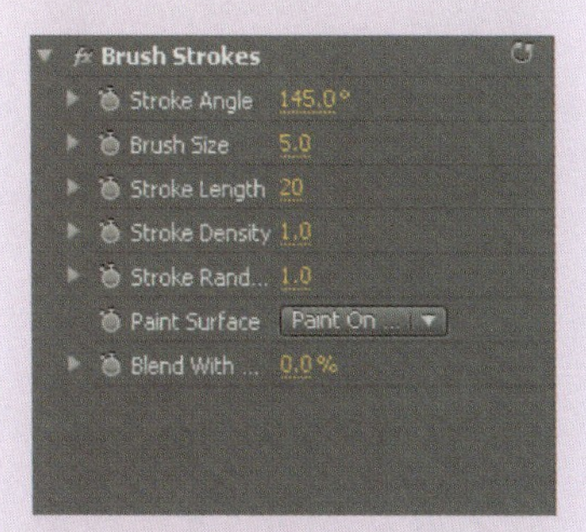

参数设置

效果图

Stroke Angel（画笔角度）：设置画笔描边的角度。

Brush Size（画笔大小）：设置画笔描边的大小。

Stroke Length（画笔长度）：设置笔触绘画时的长度。

Stroke Density（画笔密度）：设置画笔的笔触稀密程度。

Stroke Randomness（随机画笔）：设置画笔的随机变化量。

Paint Surface（描绘表面）：设置画笔效果施加在哪个源上。

Blend With Original(与源混合): 设置与原图像之间的混合比例。

3. Color Emboss(彩色浮雕)

该视频滤镜效果除了不会抑制原始图像中的颜色之外,其他效果与 Emboss 浮雕产生的效果一样。通过锐化图像中物体的轮廓,从而产生彩色浮雕的效果。

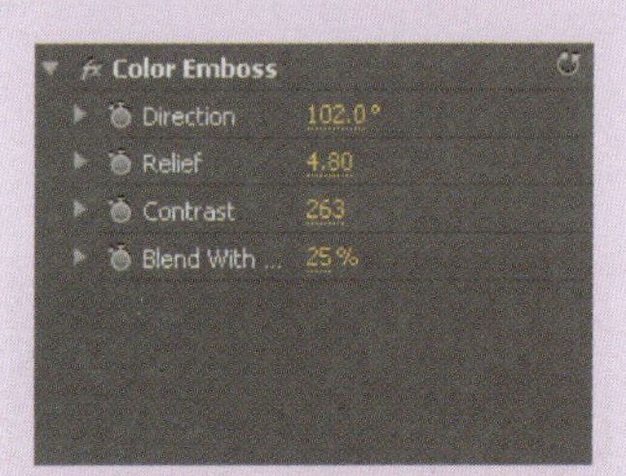

参数设置

效果图

Direction(方向): 调整光源照射的方向。

Relief(浮雕): 设置浮雕度。

Contrast(对比度): 设置浮雕的锐化程度。

Blend With Original(与源混合): 设置与原图像之间的混合比例。

4. Emboss(浮雕)

该特效滤镜与 Color Emboss(彩色浮雕)相似,只是产生的浮雕颜色是灰色的。

15 - Video and Film 特效组中的 PLS-Matinee 1。持续时间都为默认的 1 秒,如图 13 - 23 所示。

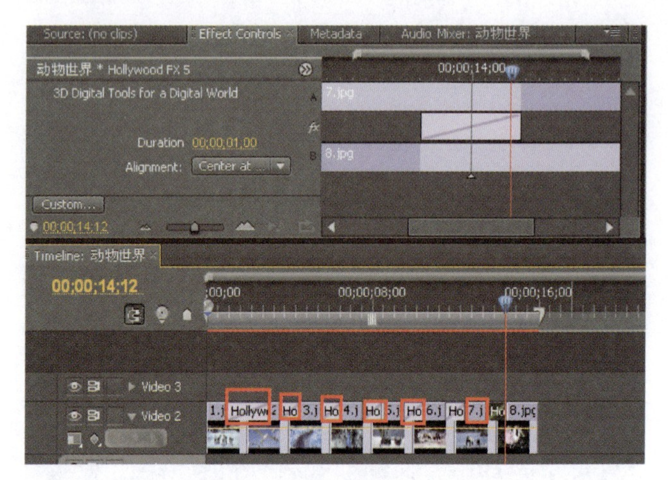

图 13 - 23

08.

此时,所有图片之间的转场都进行了统一,接下来为切换时出现的黑屏添加一个背景。将素材"background.avi"拖动到 Video 1 轨道上,如图 13 - 24 所示。

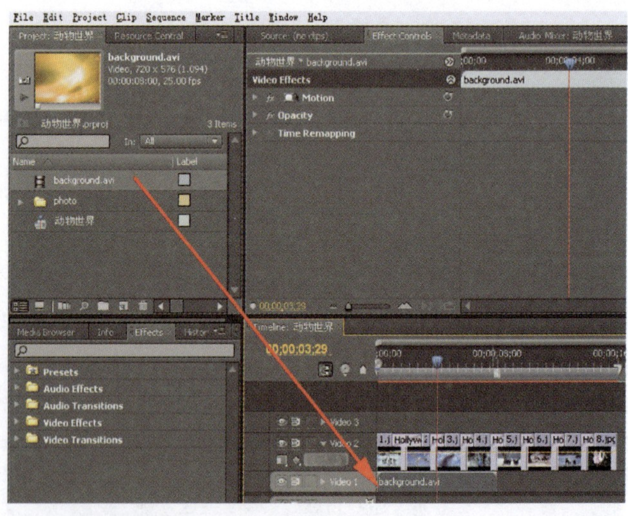

图 13 - 24

素材的长度与 Video 2 轨道上的长度不同,选择工具箱中的等比例工具 对其进行调整,使其与 Video 2 轨道上素材的长度一致，如图 13－25 所示。

图 13－25

09.

接下来为素材再添加一个片头，加上一张有“动物世界”文字的图片，并给文字添加扫光的效果。将 Photo 文件夹中的“封面. jpg”图片拖动到 Video 3 轨道中，如图 13－26 所示。

图 13－26

在 Effects 面板中搜索 Shine，将其拖动到 Video 3 中

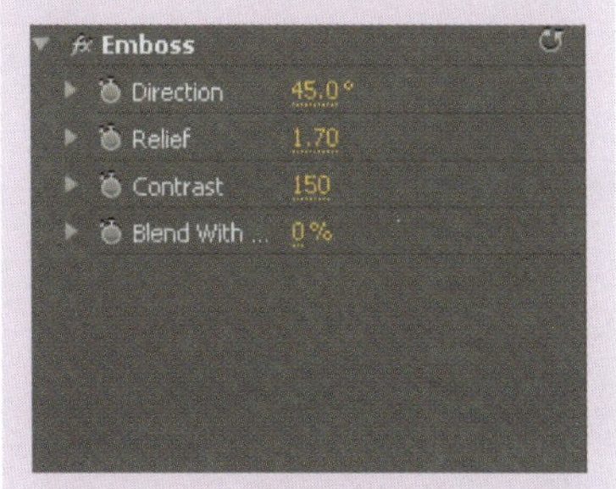

参数设置

效果图

Direction（方向）：调整光源照射的方向。

Relief（浮雕）：设置浮雕度。

Contrast（对比度）：设置浮雕的锐化程度。

Blend With Original（与源混合）：设置与原图像之间的混合比例。

5. Find Edges（查找边缘）

该特效滤镜可以对图像的边缘进行勾勒，从而使图像产生类似素描或底片的效果。

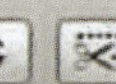

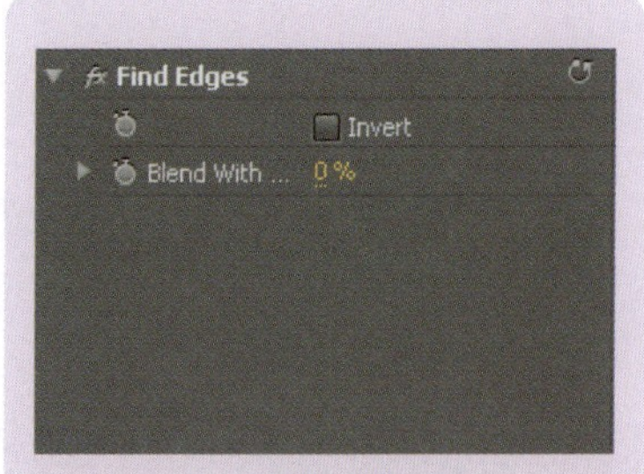

参数设置

效果图

Invert(反转):将当前的颜色转换成其补色的反相效果。

Blend With Original(混合程度):设置描边与原图像的混合比例。

6. Mosaic(马赛克)

该视频滤镜可以按照画面出现的颜色层次,用马赛克镶嵌图案代替原画面中的图像。通过调整滑块,可控制马赛克图案的大小,以保持原有画面的面目,同时可选择较锐利的画面效果。该视频滤镜效果随时间而变化。

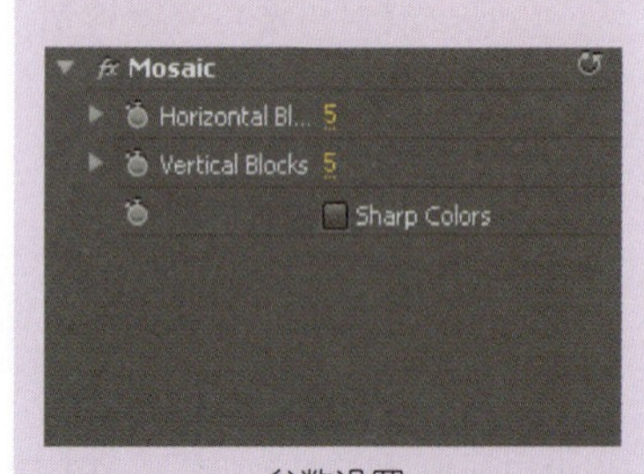

参数设置

的素材上,如图 13-27 所示。

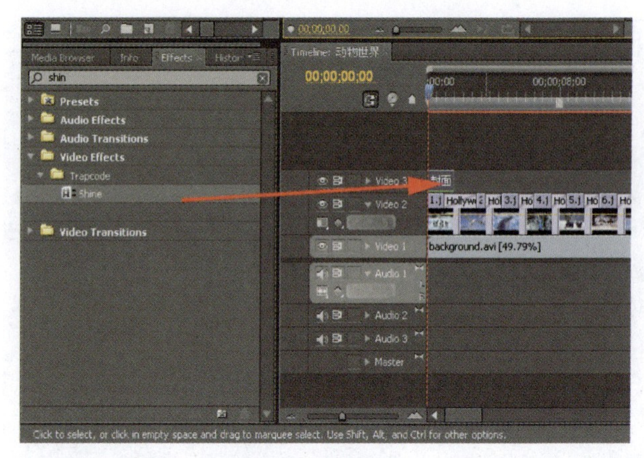

图 13-27

在加上特效之后,会发现 Shine 是添加在封面图片上,却出现在"1. jpg"的图像中,这是由于其中一些参数设置的原因,下面对参数进行调整。

10.

首先,将 Transfer Mode 由 None 改为 Screen。如图 13-28 所示,可以发现 Program 窗口中的图片就变成了封面图片。

图 13-28

接下来,调整其他的参数,使光线产生流转的效果。

展开 Colorize 选项,将下面的 Colorize... 选项设为 Mars,使其光晕效果更加突出,如图 13-29 所示。

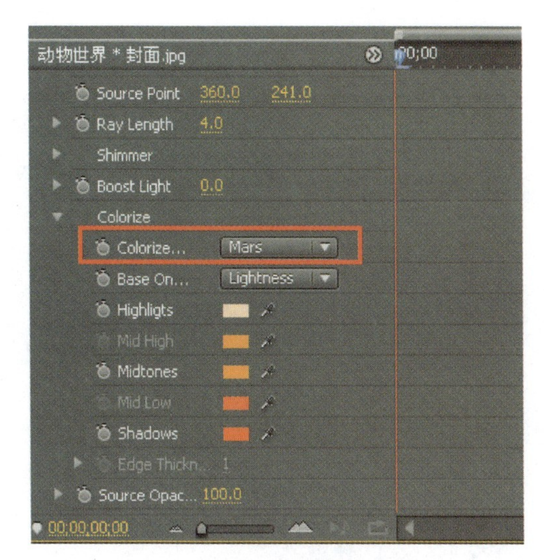

图 13 - 29

此外，还可以改变其中所设置的光线颜色，使光线更具有个性与张力。

11.

为了使光线发生流动，必须为光照设置一个坐标运动。将时间指针移动到 00:00:00:00，为 Source Point 设置关键帧，数值为(360.0，241.0)，如图 13 - 30 所示。

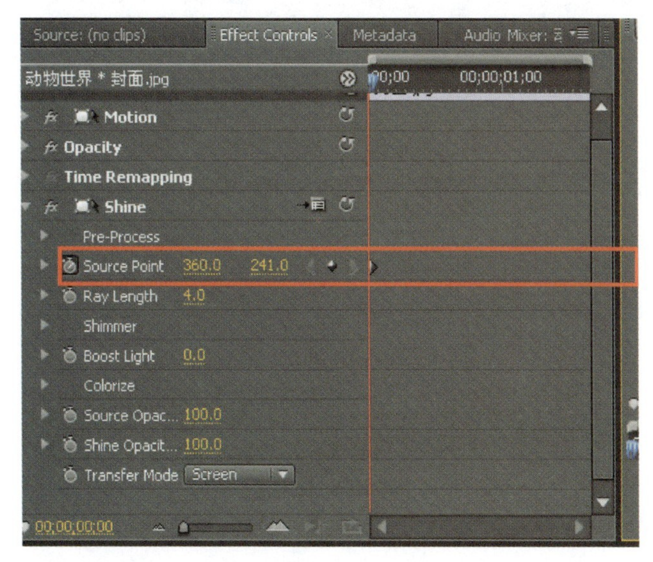

图 13 - 30

再将时间指针移动到 00:00:00:16 处，为 Source Point

效果图

Horizontal Blocks(水平块)：设置水平方向上的马赛克数量。

Vertical Blocks(垂直块)：设置垂直方向上的马赛克数量。

Sharp Colors(锐化颜色)：选中此项，可对马赛克进行锐化处理。

7. Posterize(色彩分离)

该特效滤镜可以将图像中的颜色信息减少，产生颜色分离的手绘效果。

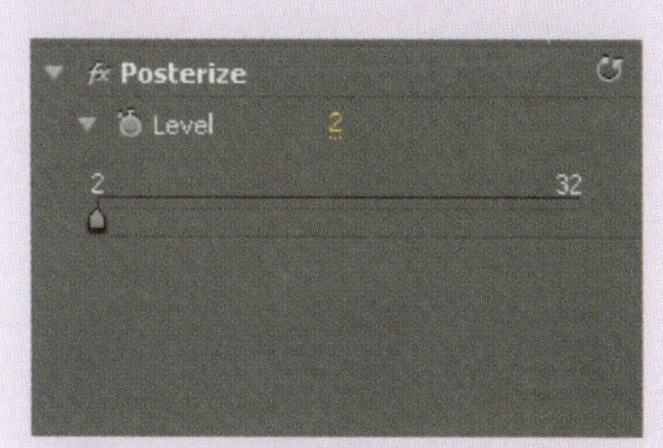

参数设置

效果图

Level(级别)：设置颜色分离的级别，值越少，颜色信息越少，分离效果越明显。

8. Replicate(复制)

该特效滤镜能使画面产生多重图像的复制效果。

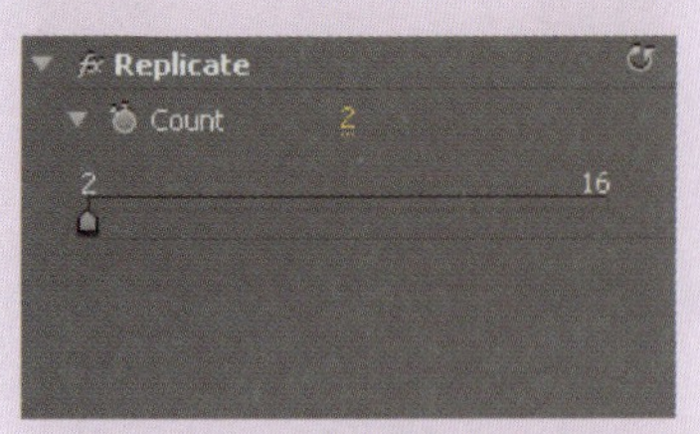

参数设置

效果图

Count(数量):复制画面数量。

9. Roughen Edges(粗糙边缘)

该特效滤镜可使画面的边缘产生粗糙的效果。

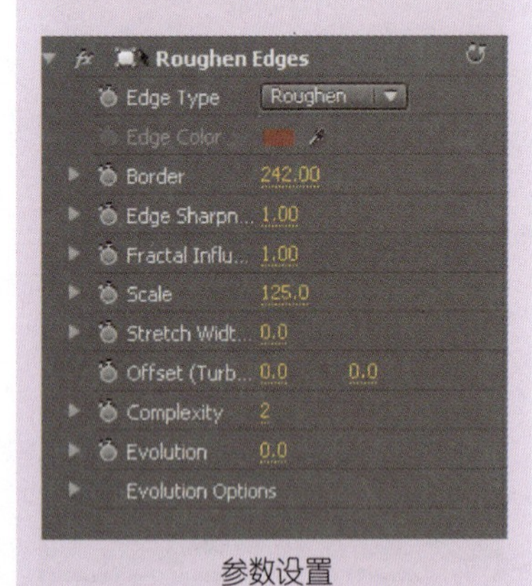

参数设置

设置关键帧,数值为(360.0,430.0),如图 13-31 所示。

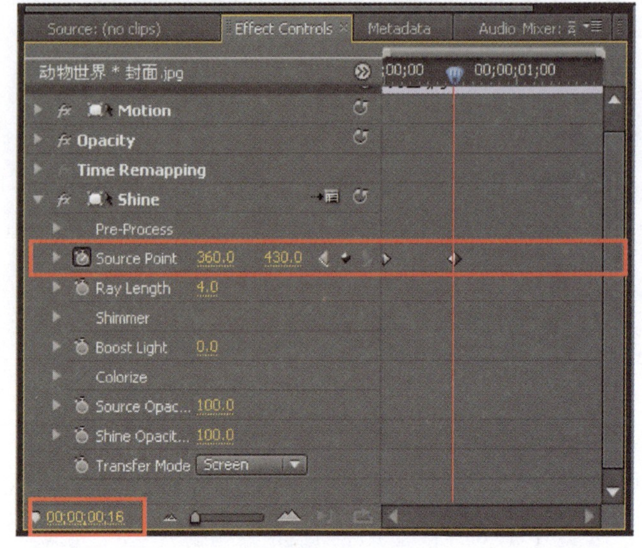

图 13-31

最后,再将时间指针移动到 00:00:01:06 处,为 Source Point 设置关键帧,数值为(360.0,800.0),如图 13-32 所示。

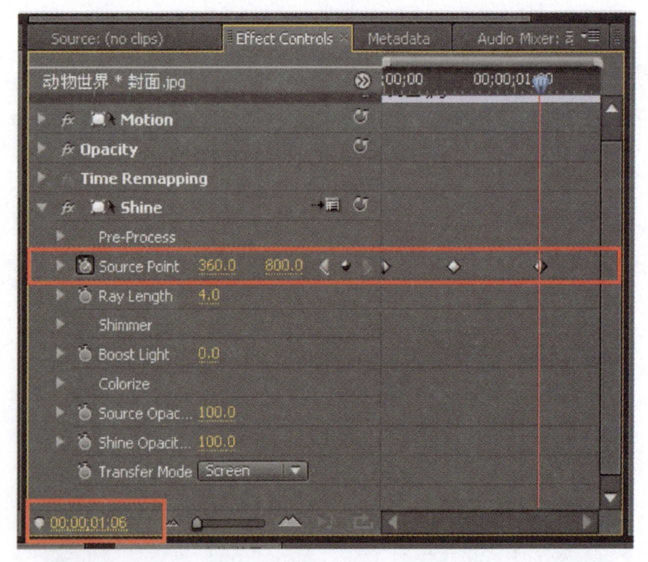

图 13-32

12.

为光线设置渐隐的效果,在 00:00:01:07 处为 Shine

Opacity 设置关键帧,数值为 100.0,如图 13－33 所示。

图 13－33

在 00:00:01:19 处为 Shine Opacity 设置关键帧,数值为 0.0,使光线从屏幕中渐隐掉,如图 13－34 所示。

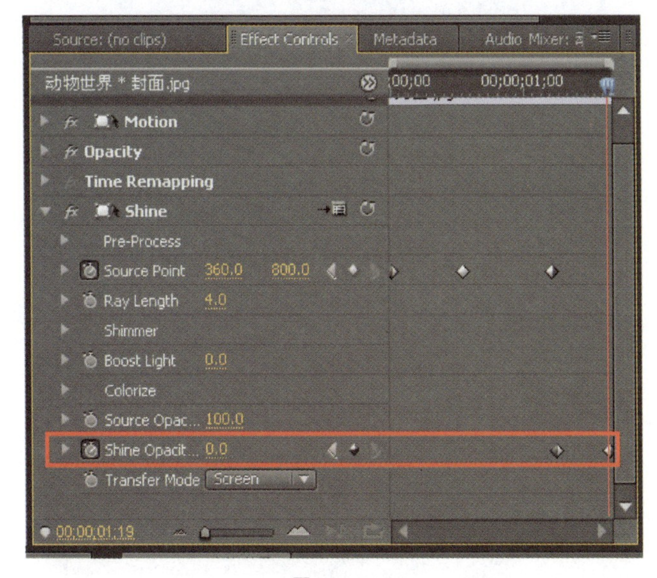

图 13－34

13.

框选 Video 1 和 Video 2 轨道中所有的素材,将其拖动到 Video 3 轨道的"封面"素材之后,重新排列素材在轨道上的位置,如图 13－35 所示。

效果图

10. Solarize(曝光)

该特效滤镜可使画面产生类似相机曝光的效果。

参数设置

效果图

Threshold(阈值):用来控制曝光的强度。

11. Strobe Light(闪光灯)

可通过闪光灯色彩及其他参数的设置使画面产生颜色及光照上的变化。

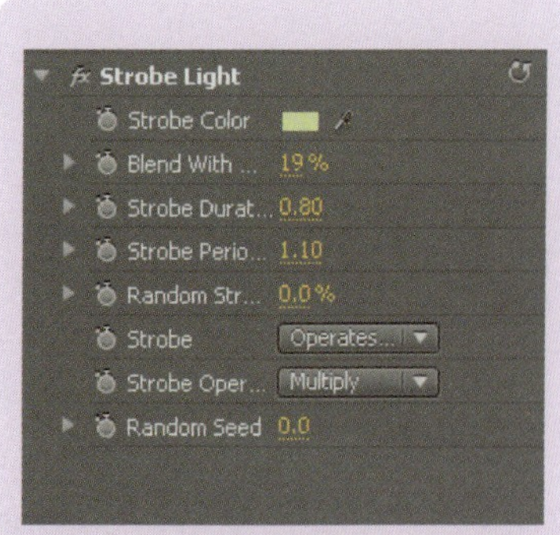

参数设置

效果图

12. Texturize(纹理)

该特效可为画面添加某种纹理效果。

参数设置

效果图

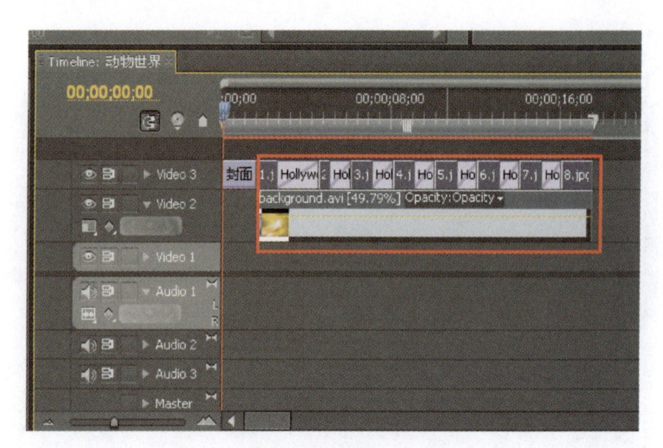

图 13－35

在 Effects 面板中搜索“Addtive Dissolve”，将其添加在“封面.jpg”与“1.jpg”之间，如图 13－36 所示。

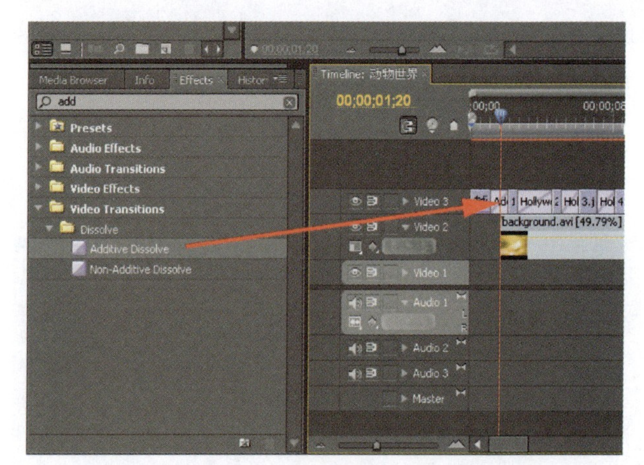

图 13－36

在 Effects 面板中搜索“Dip to Black”将其添加到两条轨道素材的结尾，使画面在结尾处出现渐隐效果，如图 13－37 所示。

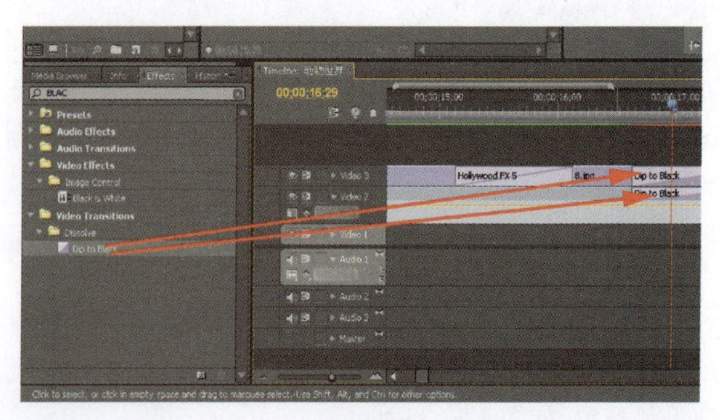

图 13－37

14.

在输出之前，按〈Enter〉键对项目文件进行预渲染，确定之后可以进行成片的输出，如图 13－38 所示。

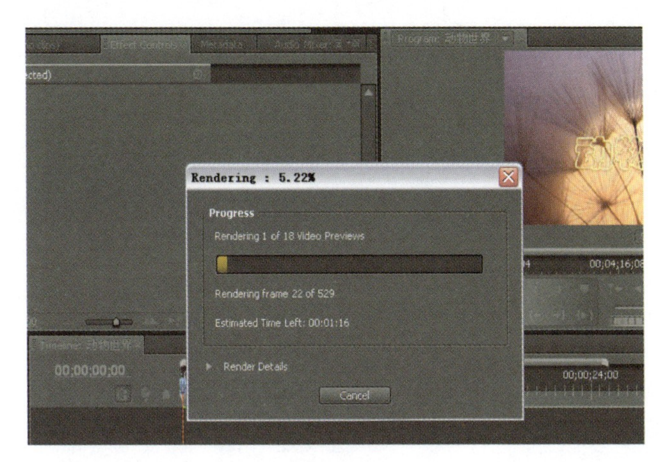

图 13－38

最后输出影片，并对其进行观赏。

13. Threshold(阈值)

该特效可以控制画面曝光的强度。

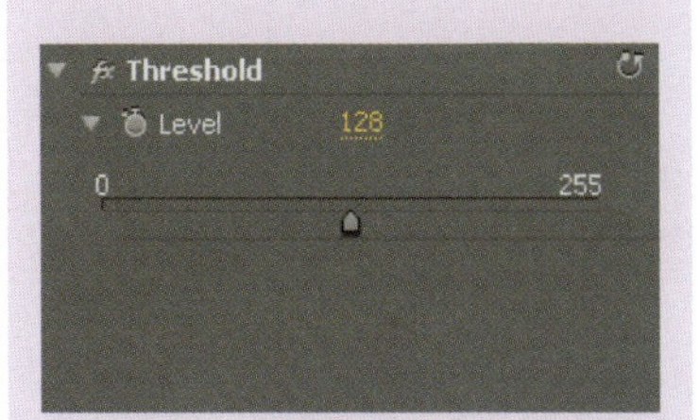

参数设置

效果图

Level(级)：设置图像变化的程度。

本章小结

Premiere中丰富的转场效果，为影视工作者实现自己的创意与想象提供了无限的可能性。不仅如此，很多组织或个人也为Premiere开发设计了第三方的外挂特效插件，只需要运行其安装程序或将特效程序文件复制到Premiere安装目录的Plug-in文件夹中即可使用。因此，可以运用强大的第三方插件，在Premiere中实现对画面的构思。当然一切的基石都在于用户的创新意识及对软件的熟练把握。

课后练习

❶ 在Premiere中，可否使用第三方插件来进行特效的制作？谈谈你所熟知的第三方插件。

❷ 使影片产生渐隐的效果，可以使用________特效。

A. Additive dissolve

B. Cross dissolve

C. Dip to black

D. Displace

❸ 用本章中的方法添加在两段素材之间转场特效的持续时间。

14 新年倒计时

本课学习时间： 6课时

学习目标： 熟悉 Premiere CS4 基本的字幕功能设置

教学重点： 利用 Clock Wipe 制作倒计时效果

教学难点： 在字幕设计面板制作倒计时字幕模板

讲授内容： 字幕设置中对形状工具的使用，字体效果的制作，Clock Wipe(钟形擦除)效果

课程范例文件： \chapter14\final 倒计时.proj

案例　新年倒计时

本章课程总览

每年辞旧迎新的时候，大家都会看到许许多多的不同样式的新年倒计时。倒计时的效果在许多场合都有应用，那么大家有没有想过自己设计一个个性化的倒计时效果呢？接下来就来介绍 Premiere Pro CS4 中倒计时的制作的方法。

知 识 点 提 示

Wipe(擦除)类转场

Wipe(擦除)类转场主要是将素材 B 以各种形状将素材 A 擦除，从而将 B 显示出来。Wipe(擦除)类转场共有 17 种不同的方式，如下图所示。

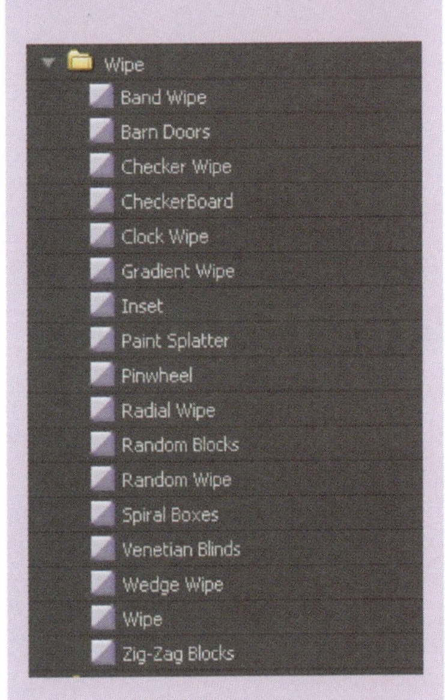

操 作 提 示

本实例中运用到的 Clock Wipe(钟形擦除)属于 Wipe(擦除)类转场的一种，下面对 Wipe 中的转场效果逐一进行介绍：

1. Band Wipe(带状擦除)

素材 B 以带状分别从屏幕的外面插入，并逐渐覆盖素材 A。

01.

启动 Premiere Pro CS4，单击 New Project(新项目)图标，如图 14-1 所示。

图 14-1

在打开的 New Project(新项目)对话框中可以对新建项目的参数进行设置。在 Name 选项中对文件进行命名。在这里命名为“倒计时”。单击 OK 按钮，如图 14-2 所示。

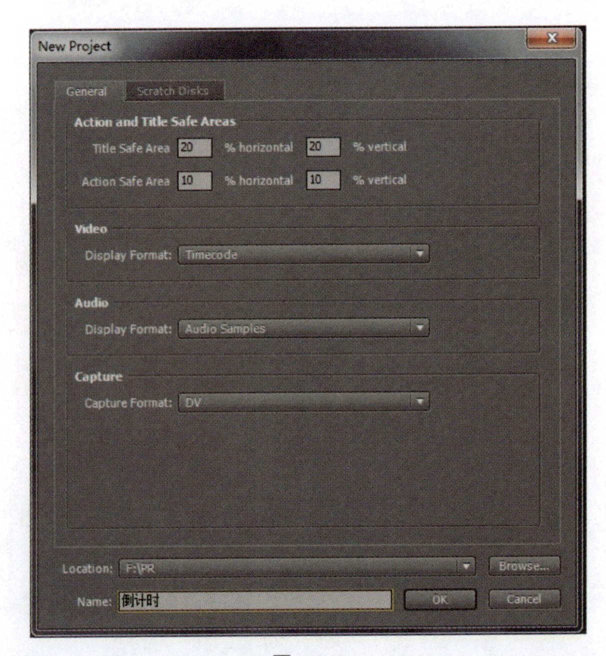

图 14-2

如图 14－3 所示，在弹出的新对话框中。选择 DV－PAL 中的第二项 Standard 48 kHz 选项。相应在右边面板中将会对选项所涉及的详细信息进行描述。

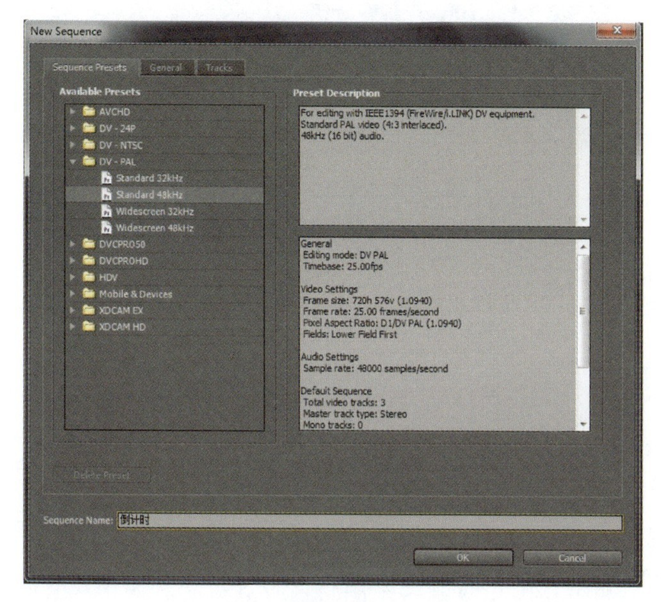

图 14－3

单击 OK 按钮，进行操作界面，如图 14－4 所示。

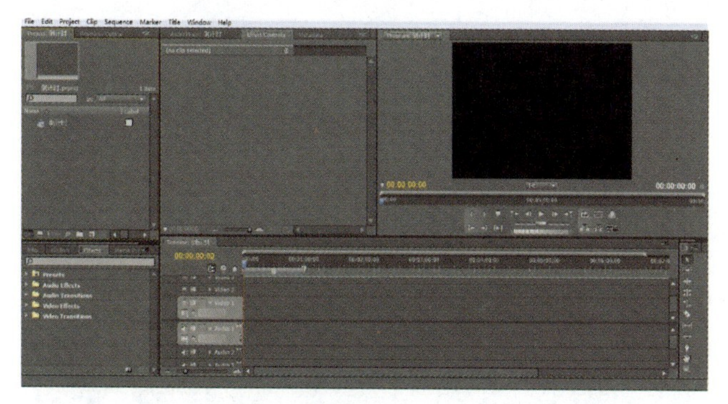

图 14－4

02.

选择菜单命令 File→New→Title，或用快捷键〈Ctrl〉+〈T〉打开新的 New Title（新字幕文件）对话框，在 Name 中输入字幕名称，这里将其命名为“红色背景”。单击 OK 按钮，如图 14－5 所示。

原图

转场效果图

转场后效果图

2. Barn Doors(门状擦除)

素材B以开门的形式从上下或左右慢慢展开,在展开的同时逐渐覆盖A素材。

原图

转场效果图

转场后效果图

3. Checker Wipe(棋盘格擦除)

素材B以棋盘状逐渐显示并覆盖素材A。

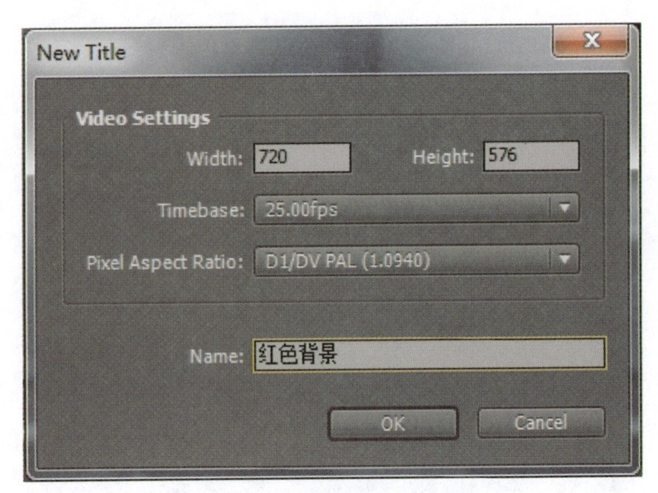

图14-5

03.

字幕窗口打开后,在左侧的工具栏中选中 Ellipse Tool(椭圆工具)按钮 ,与〈Shift〉键配合来绘制一个正圆形。取消 Fill 选项,使其只有一个黄色的轮廓。然后再等比缩小复制一个圆。将两个圆同心居中,如图14-6所示。

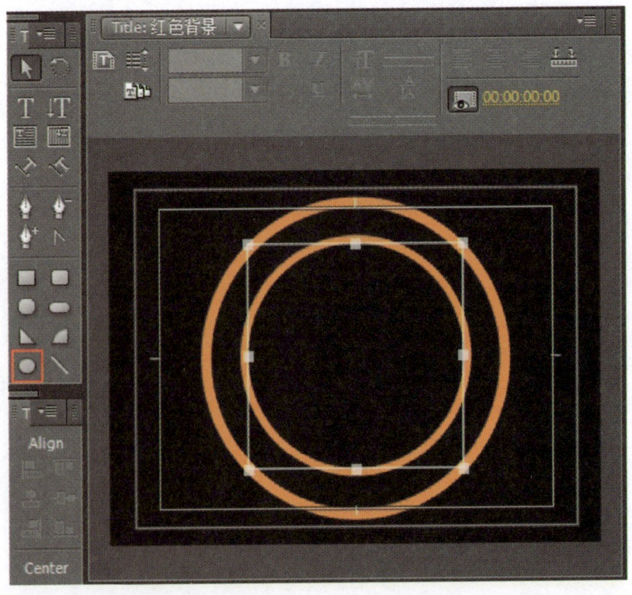

图14-6

04.

在左侧的工具栏中选中 Line Tool(直线工具)按钮

，再用〈Shift〉键配合来绘制一条水平的直线和一条垂直的直线，也将其颜色设为黄色，如图 14－7 所示。

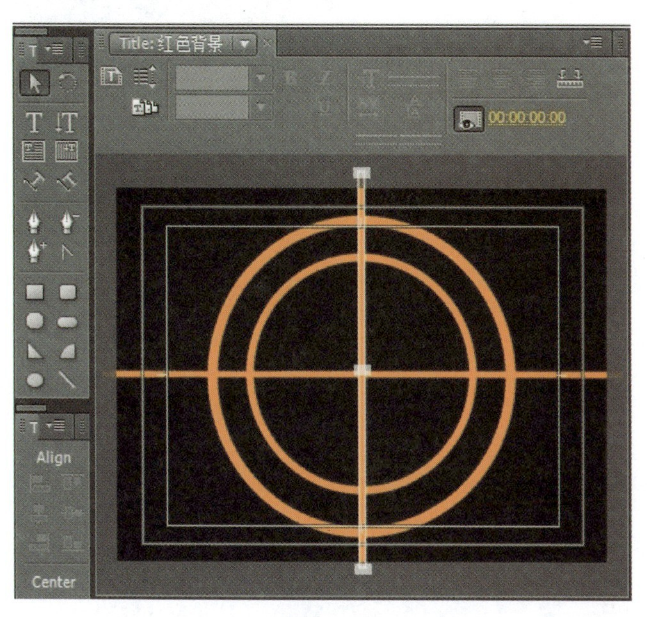

图 14－7

05.

在左侧的工具栏中选中 Rectangle Tool（矩形工具）![]，拉出一个大的矩形，并铺满整个屏幕，将其填充颜色设为橙色，如图 14－8 所示。

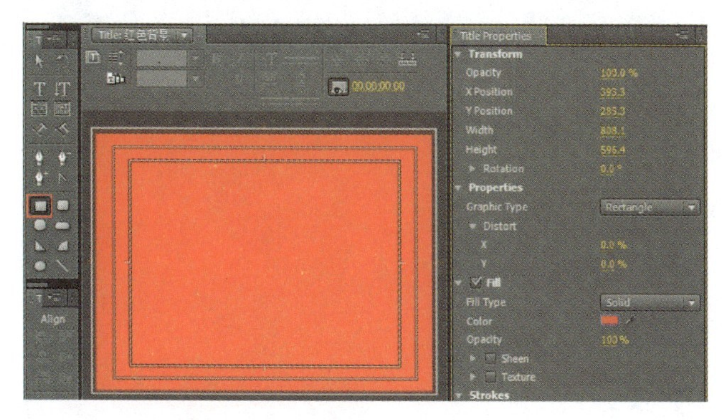

图 14－8

然后选择菜单命令 Title（字幕）→Arrange（排列）→Send to Back（移动到底层），将其移到最后，如图 14－9 所示。这样便得到圆形与直线的底色。

原图

转场效果图

转场后效果图

4. Checker Board（方格擦除）

素材 B 以若干小方块状出现并逐渐覆盖素材 A。

原图

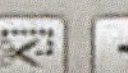

转场效果图

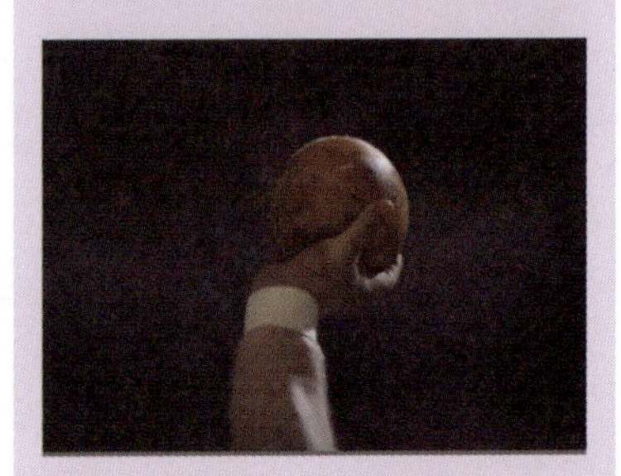

转场后效果图

5. Clock Wipe(钟形擦除)

素材B以时钟旋转的方式显示，在显示的过程中将素材A擦除。

原图

转场效果图

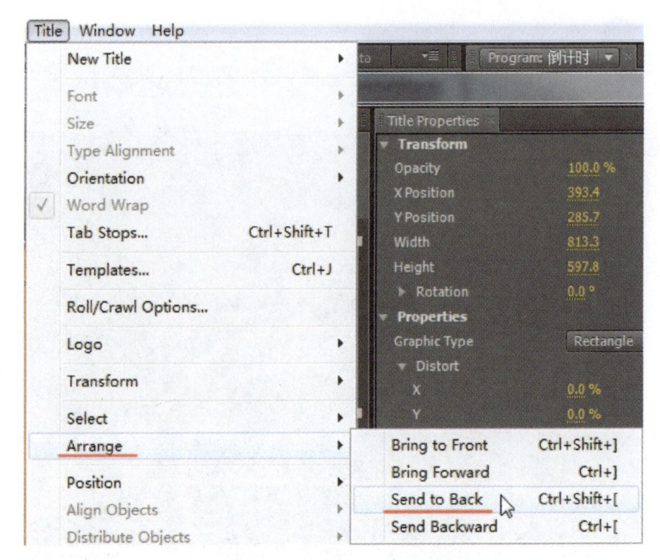

图 14-9

至此，完成了第一个背景的制作。

06.

单击在字幕窗口左上角的 New Title Based on Current Title(基于当前字幕新建字幕)按钮 ，如图 14-10 所示。

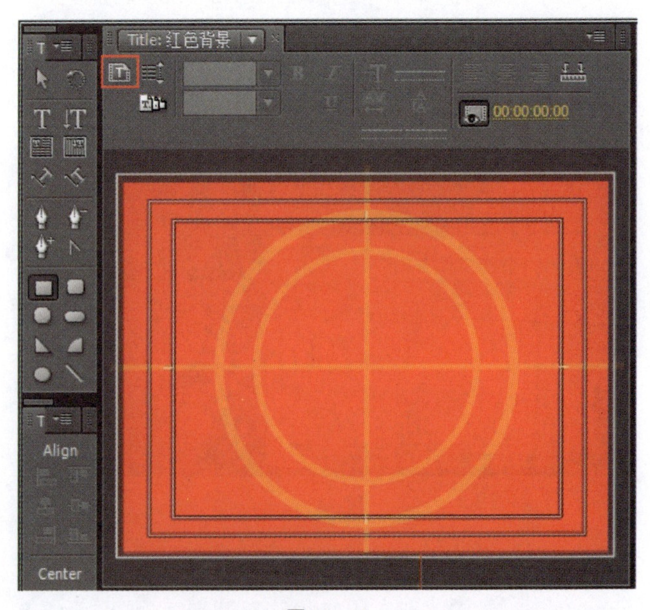

图 14-10

单击此按钮，打开 New Title 的对话框。输入字幕名称“黄色背景”，单击 OK 按钮。如图 14－11 所示。

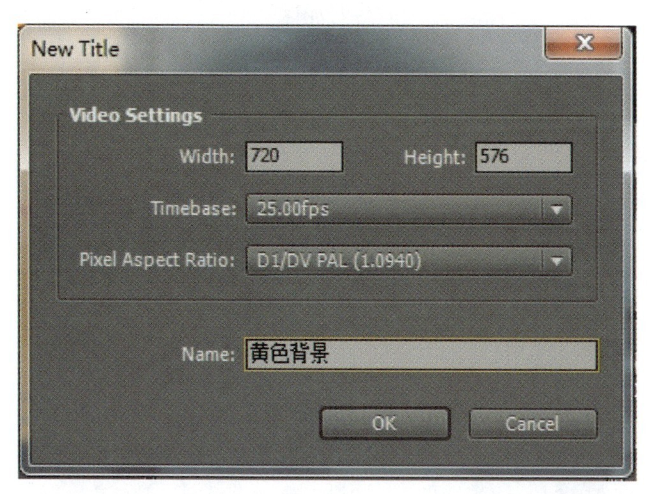

图 14－11

将原来“红色背景”中的黄色圆形轮廓通过右部的 Fill(填充)选项设为橙色，将直线也设为橙色，将矩形背景设为黄色。这样正好与“红色背景”相反，如图 14－12 所示。

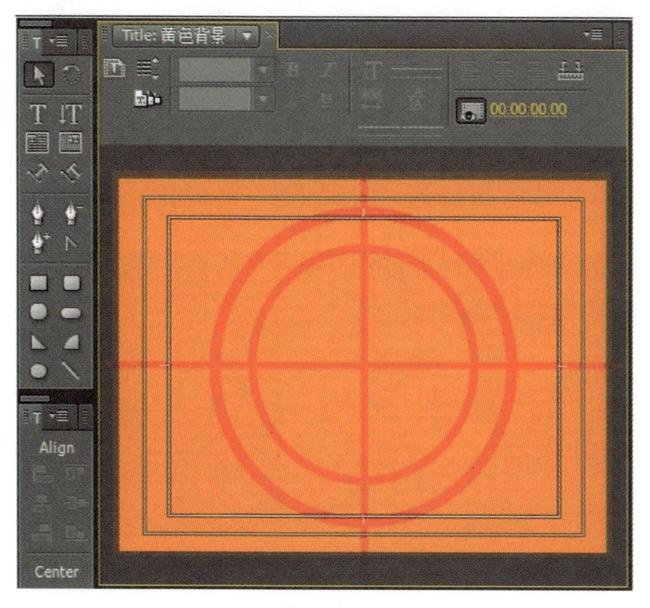

图 14－12

07.

选择菜单命令 File→New→Title，打开新的 New Title 对话框，在命名处输入“5”，单击 OK 按钮。

转场后效果图

6. Gradient Wipe(渐变擦除)

素材 B 以图像渐变的方式将素材 A 倾斜擦除。

原图

转场效果图

转场后效果图

7. Inset(插入)

素材B从屏幕一角逐渐插入，将素材A覆盖。

原图

转场效果图

转场后效果图

8. Paint Splatter(墨水喷溅)

素材B以墨水喷溅形式将素材A覆盖。

在左侧的工具栏中选中Type-Tool(文字工具)，在字幕窗口中键入一个“5”，如图14-13所示。

图14-13

08.

在输入数字“5”后，具体设置字幕效果的参数。在Title Properties(文本样式)的面板中设置Font Family(字体)设为Arial，Font Size(字体大小)为400，Slant(倾斜)为10度，并居中放置，如图14-14所示。

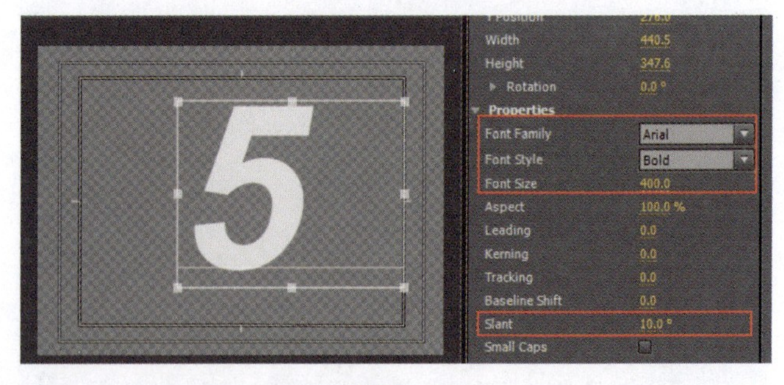

图14-14

09.

为数字填充颜色，在这里设置一个渐变的效果，选择Fill Type(填充类型)→4 Color Gradient(四色渐变)，如图14-15所示。

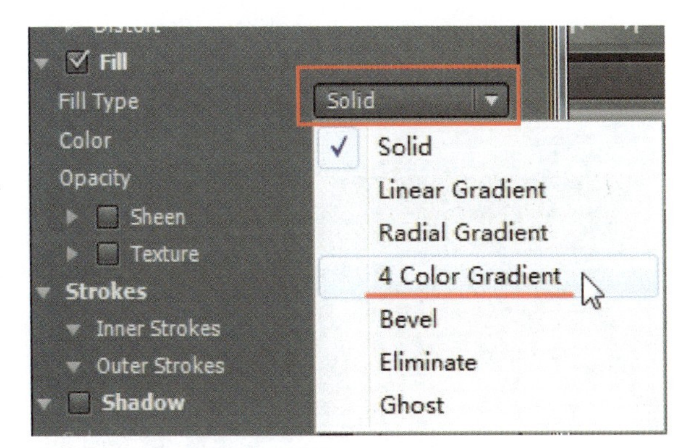

图 14－15

10.

设置四色渐变色彩，左上角 RGB 参数为(10，185，240)。如图 14－16 所示。

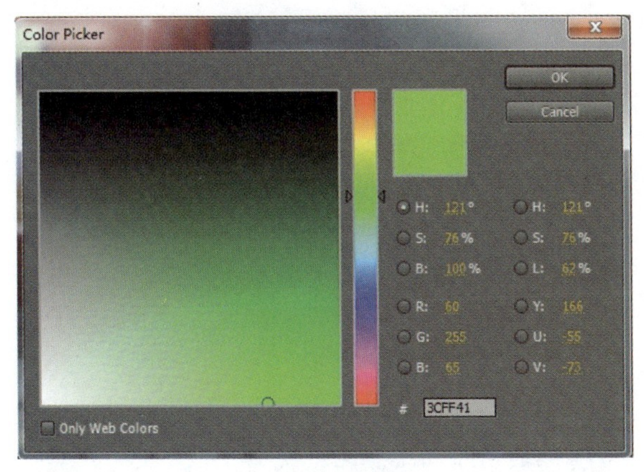

图 14－16

右上角 RGB 参数为(10，185，240)。如图 14－17 所示。

图 14－17

原图

转场效果图

转场后效果图

9. Pinwheel(旋转风车)

素材 A 以风车的形式消失，同时逐渐显示 B 素材。

原图

转场效果图

转场后效果图

10. Radial Wipe(射线擦除)

素材 B 以射线形式从屏幕一角开始逐渐将素材 A 擦除。

原图

左下角 RGB 参数为(165，50，150)如图 14－18 所示。

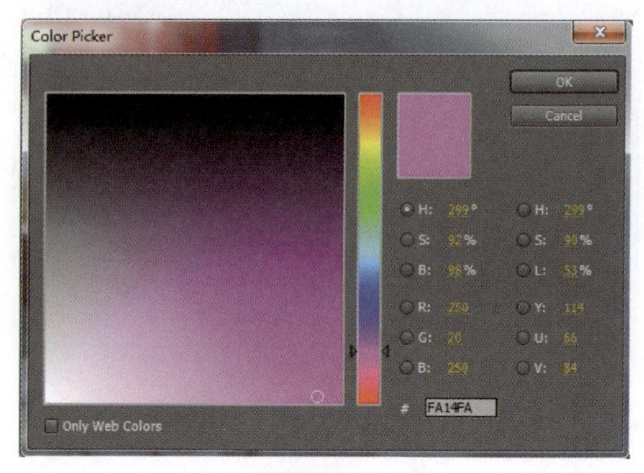

图 14－18

右下角 RGB 参数为(250，255，115)。如图 14－19 所示。

图 14－19

11.

再为数值设置立体效果。展开 Strokes(描边)选项，单击 Outer Strokes(外描边)后面的 Add(添加)。这样就添加了个 Outer Strokes，如图 14－20 所示。

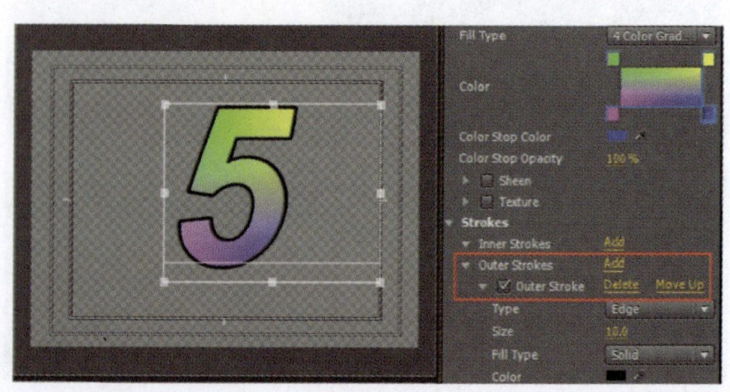

图 14－20

12.

添加完 Outer Strokes(外描边)后,将其 Type(类型)设为 Depth(深度),Size 设为 50,Angle(角度)设为70.0°,Fill Type 设为 Linear Gradient。在其下设置 RGB 参数,左侧(25,5,90),右侧(150,5,125),如图 14-21 所示。

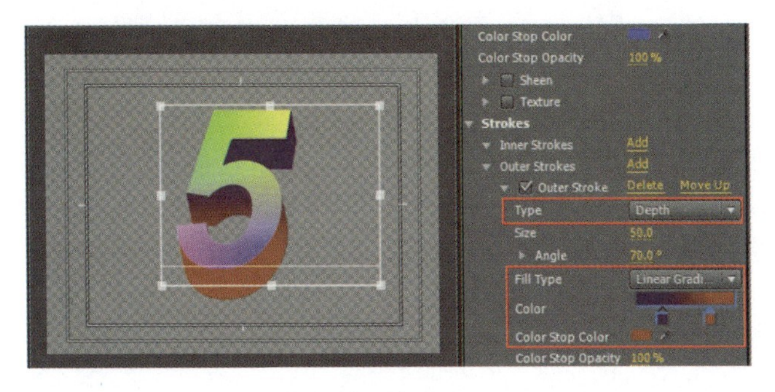

图 14-21

13.

在完成第一个数字的制作后,可以用同样的方法制作其他数字。单击在字幕窗口左上角的 New Title Based on Current Title(基于当前字幕新建字幕)按钮 ,打开对话框,输入字幕名称为"4",单击 OK 按钮,将字幕窗口中的"5"改为"4"就可以了。如图 14-22所示。

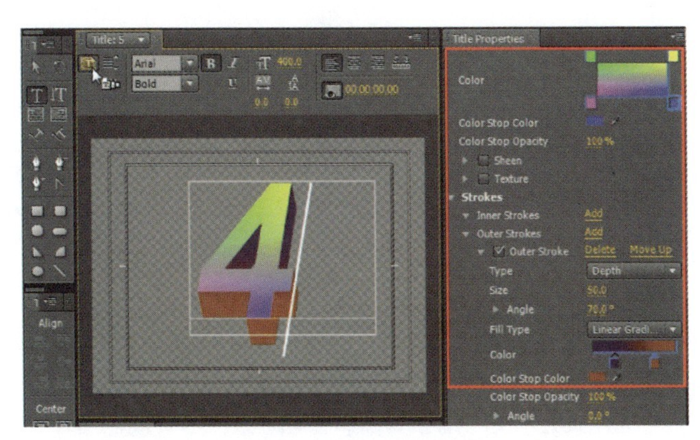

图 14-22

转场效果图

转场后效果图

11. Random Blocks(随机方格)

该特效将素材 B 以随机方格的形式出现,并逐渐覆盖掉素材 A。

原图

转场效果图

转场后效果图

12. Random Wipe(随机擦除)

素材B以随机出现的小方块从上、下或左、右将素材A擦除。

原图

转场效果图

转场后效果图

按照同样的方法，在当前字幕的基础上依次建立新的字幕“3”，“2”，“1”。

经过以上的步骤，数字已经基本制作完成。

14.

接下来，制作“Happy New Year”字幕文件。选择菜单命令 File→New→Title，打开新的 New Title 对话框，在 Name 中输入字幕名称。这里将其命名为“Happy New Year”，单击 OK 按钮，出现字幕窗口。

在左侧的工具栏中选中 Type-Tool(文字工具) T 在字幕窗口中键入“Happy New Year”，在 Title Properties 的面板下对其进行设置：Font Family 设为 Adobe Garmond Pro，Font Style 设为 Bold，Font Size 135，Fill Type 设为 Linear Gradient。在其下设置 RGB 参数，左侧(80，0，0)，右侧(250，0，0)居中放置。在字体背后可以根据自己的喜好添加背景。如图 14-23 所示。

图 14-23

制作完成“Happy New Year”字幕后，已经完成一大半的工作了。接下来就将这些素材合成起来，并实现最后的效果。

15.

如图 14-24 所示，从 Project 项目面板中，将“红色背景”拖至 Timeline 面板中的 Video 1 轨道当中。

将“黄色背景”拖至 Video 2 轨道当中，再将数字“5”拖至 Video 3 中，并调整 3 条轨道中素材的长度使其等长，如图 14-25 所示。

图 14 - 24

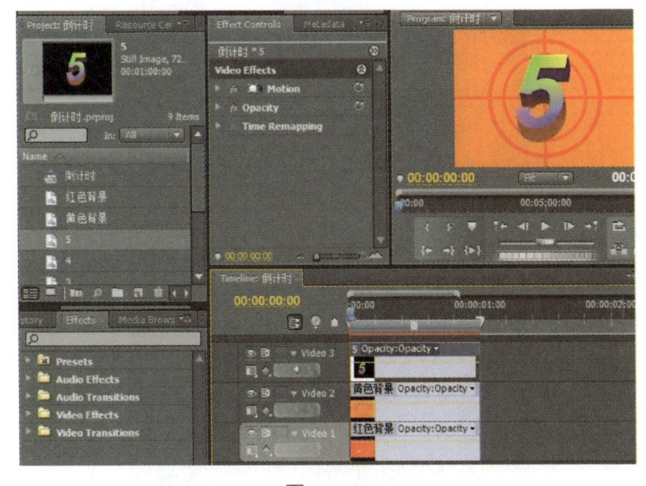

图 14 - 25

16.

在完成以上的操作后，开始制作特效。打开左下侧 Effect 特效面板，展开 Video Transitions（视频转换）。如图 14 - 26 所示。

13. Spiral Boxes（螺旋盒）

素材 B 以旋转方块盒子的形式将素材 A 擦除。

原图

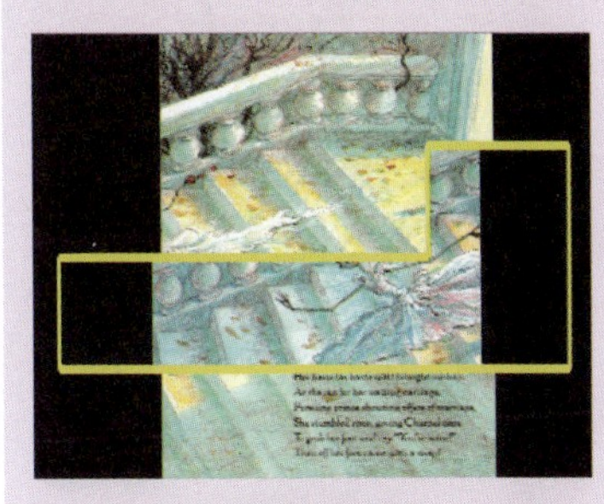

转场效果图

转场后效果图

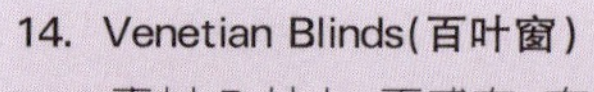

14. Venetian Blinds(百叶窗)

素材 B 从上、下或左、右以百叶窗形式覆盖素材 A。

原图

转场效果图

转场后效果图

15. Wedge Wipe(楔形擦除)

素材 B 从屏幕中心以楔形旋转形式出现并逐渐覆盖素材 A。

原图

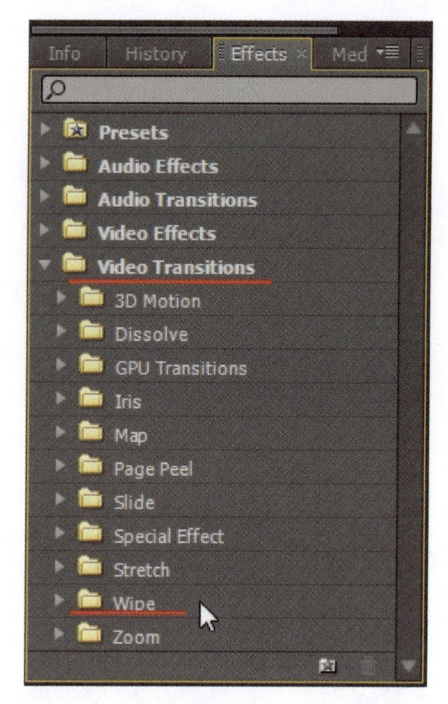

图 14－26

找到 Wipe 菜单下的 Clock Wipe(钟形擦除)。如图 14－27 所示。

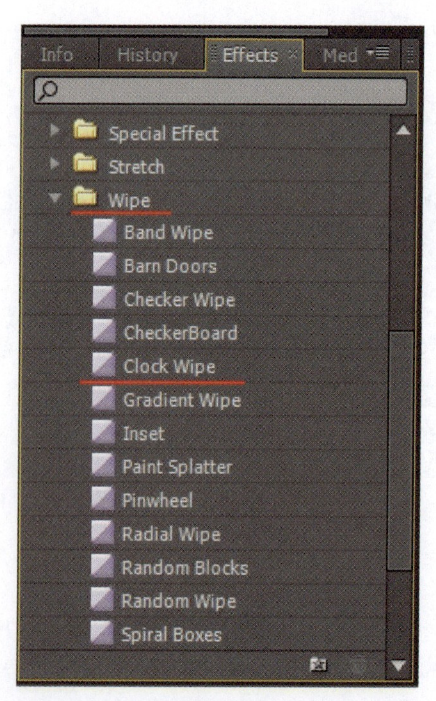

图 14－27

17.

选中 Clock Wipe 后下将其拖至 Video 2 轨道中的“黄色背景”上，为其添加一个 Clock Wipe 转场特效，如图14－28所示。完成后的效果如图 14－29 所示。

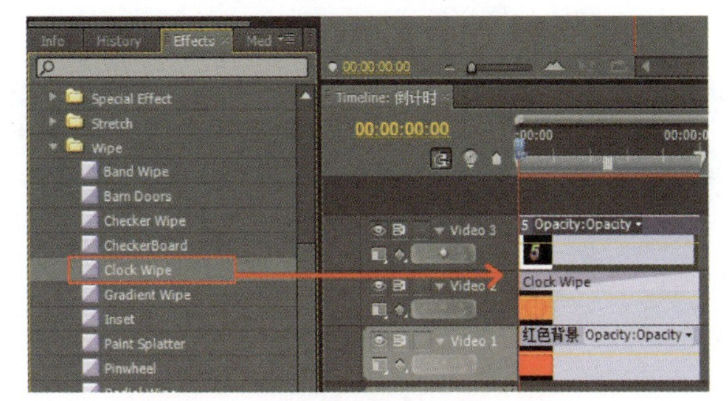

图 14－28

图 14－29

18.

制作其他的数字的转场效果，选中 Video 1 中的“红色背景”，并使用〈Shfit〉键选中 Video 2 中的“黄色背景”，然后用快捷键〈Ctrl〉+〈C〉复制，再按〈End〉键自动把时间移至尾部并按〈Ctrl〉+〈V〉粘贴，连续复制 4 次，如图 14－30 所示。

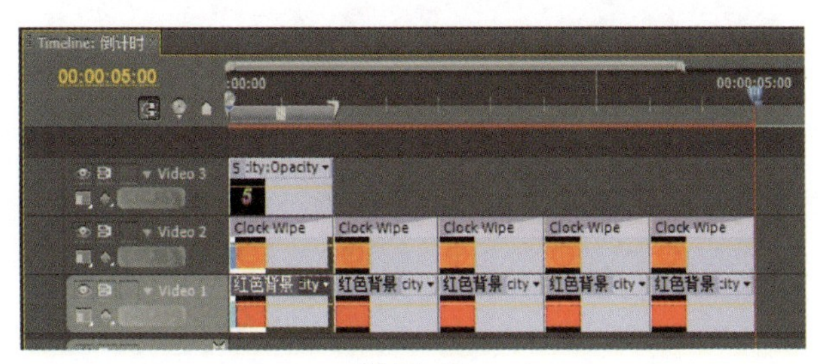

图 14－30

转场效果图

转场后效果图

16. Wipe（擦除）

素材 B 从屏幕一边逐渐向另一边滑入，滑入的同时将素材 A 擦除。

原图

转场效果图

转场后效果图

17. Zigzag Blocks(z 形块)

素材 B 以 z 字形的效果逐渐将素材 A 擦除。

原图

转场后效果图

转场后效果图

19.

在从 Project 项目面板中依次将其他几个数字拖到 Timeline 窗口的 Video 3 轨道中，并调整素材长度，使其与 Video 2 中对应的素材长度相等。这样基本的倒计时样式已经做好，如图 14－31 所示。

图 14－31

20.

接下来，将事先完成的“Happy New Year”字幕在从 Project 面板中拖移到 Video 3 轨道中的最后位置，如图 14－32 所示。

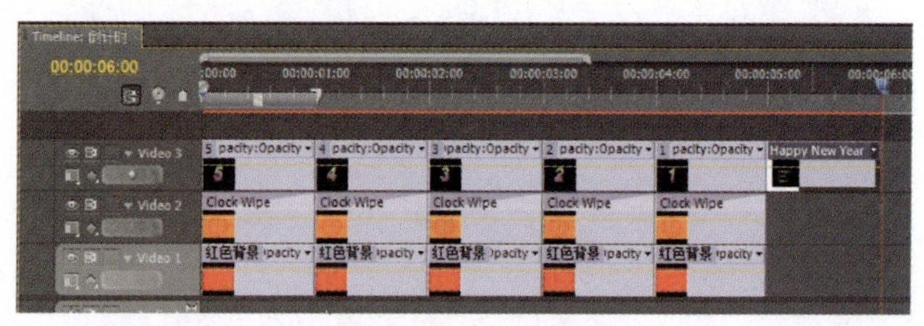

图 14－32

自此，本实例制作完成，可以观看如图 14－33 所示的效果了。

图 14－33

本章小结

本章在字幕设计窗口中制作倒计时的字幕文件及图片文件，设计视频的转场效果，让其进行钟形擦除。在学习的同时，可参照 Wipe(擦除)转场知识点的介绍，了解 Wipe(擦除)转场的各种效果，进一步丰富对转场的认识。

课后练习

1. 如何在字幕设计窗口当中创建新的字幕文字，单击________选项可以实现。
   A.
   B.
   C.
   D. 
2. 对在字幕设计窗口当中的多个图形和文字进行排列时，我们可以执行什么命令?
3. 简要叙述 Clock Wipe(钟形擦除)视频转场可实现的效果，并制作一个实例。

栏目片头介绍

本章学习时间： 6 课时

学习目标： 掌握在 Premiere 中利用 Gradient Wipe（渐变擦除）特效制作图片渐出效果的方法。

教学重点： Photoshop 与 Premiere 的综合应用

教学难点： 素材图片制作过程中对选区的选择及渐变色的填充

讲授内容： 制作具有渐变效果的 TGA 图片，Gradient Wipe（渐变擦除）特效，Shine（发光）特效

课程范例文件： \chapter15\final\栏目介绍.proj

本章课程总览

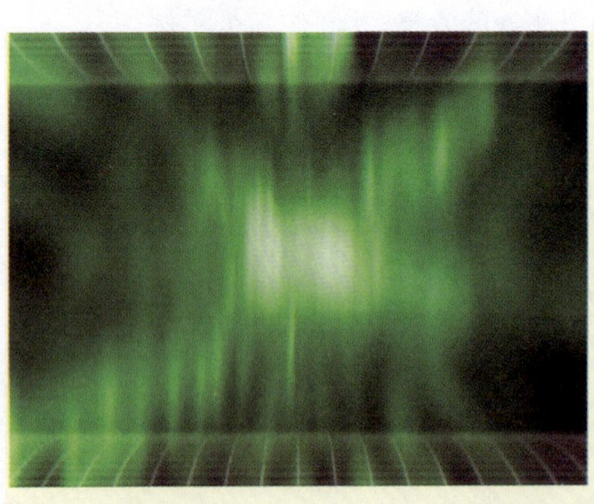

案例　栏目片头介绍

在越来越重视电视栏目包装的今天，利用栏目的宣传片头来推介栏目的作用，已经得到电视人的充分认识。电视栏目宣传片头不仅对电视栏目的特质与内容进行了简明扼要的介绍，也可以让观众在选择节目时更具有针对性。本章的实例就是制作一档栏目的片头。

01.

启动 Premiere，创建新的项目文件和新的序列，命名为“公益行”，如图 15－1、图 15－2 所示。

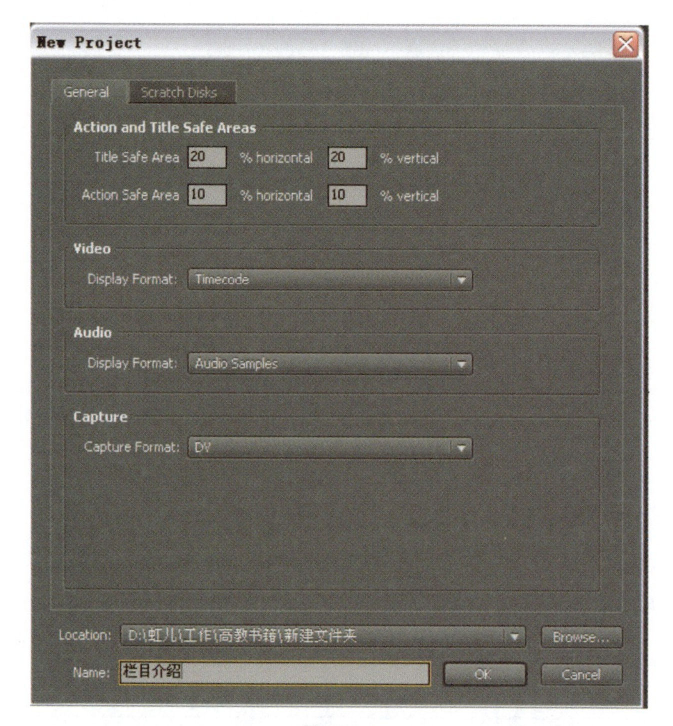

图 15－1

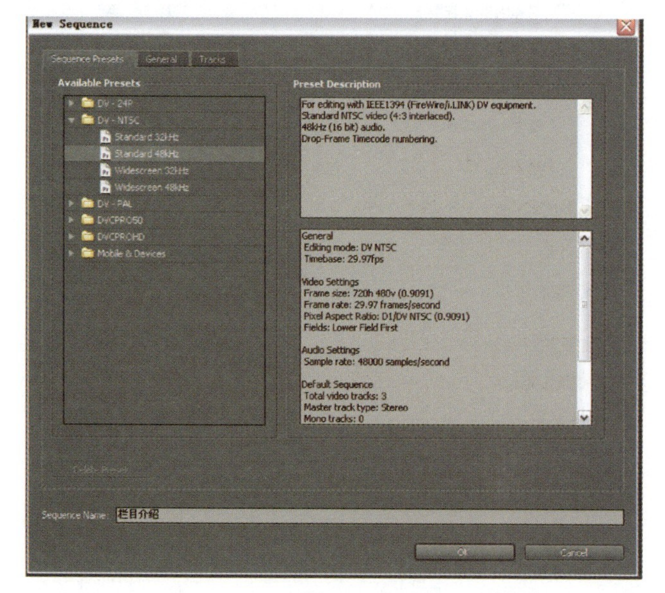

图 15－2

知识点讲解

Generate（生成）特效组

生成特效组中包含有各种各样有趣的特效，其中有许多与平面软件中的特效十分相似，例如 Lens Flare 镜头光晕特效就与 Photoshop 中的镜头光晕十分相像，Generate（生成）特效组中共有十一款特效滤镜。

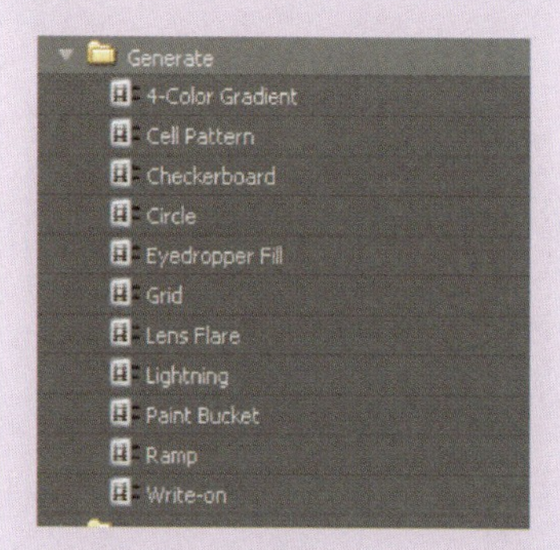

1. 4-Color Gradient（四色渐变）

该特效可以应用于纯黑视频来创建一个四色渐变，或者应用于图像来创建有趣的混合效果。

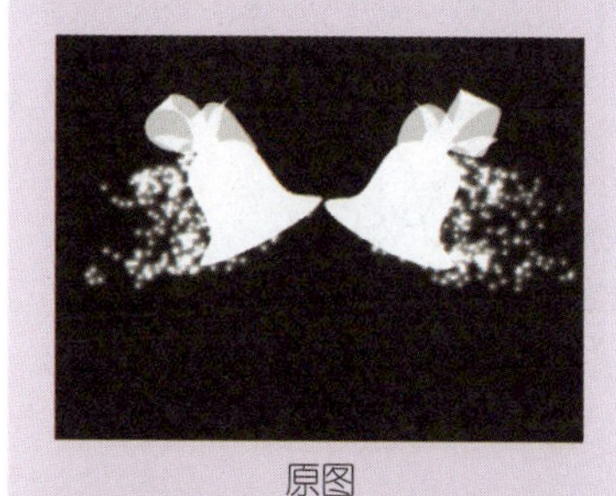

原图

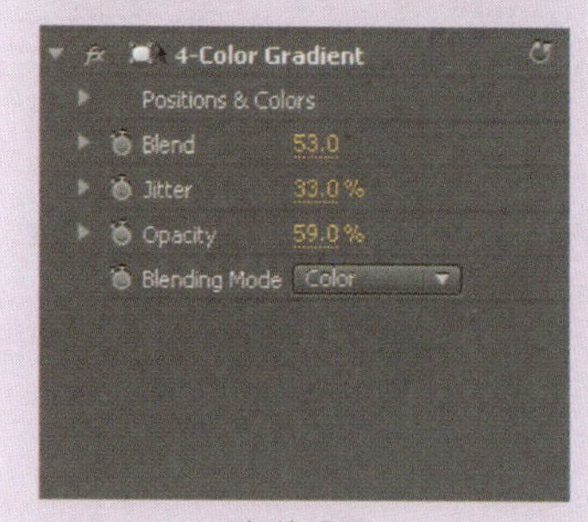

参数设置

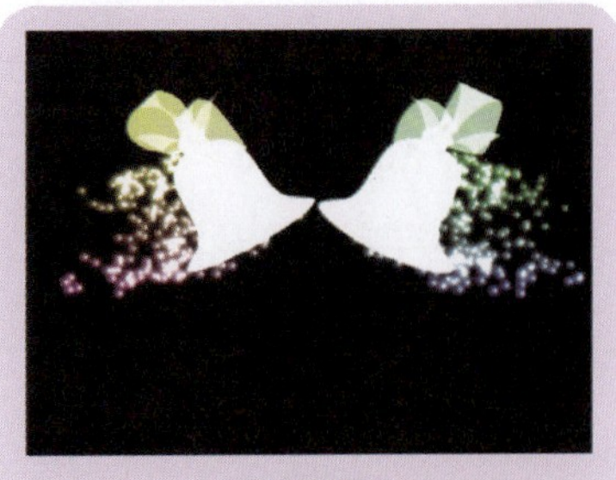

效果图

2. Cell Pattern(蜂巢图案)

该特效可以用于创建有趣的背景特效或者用作蒙版。

原图

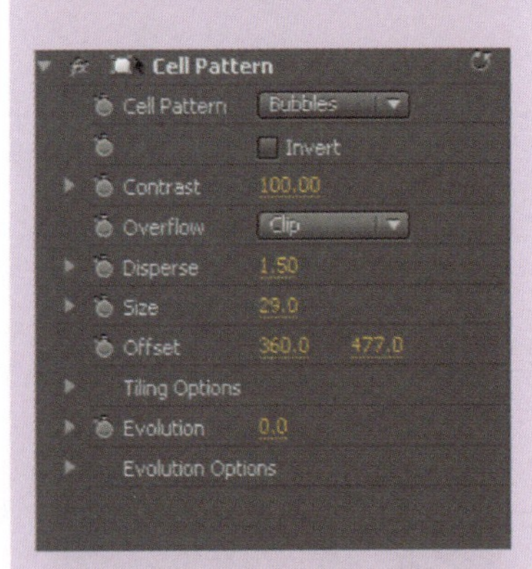

参数设置

效果图

02.

下面利用 Photoshop 来制作“公益行”栏目介绍的文字部分，启动 Photoshop，如图 15－3 所示。

图 15－3

使用〈Ctrl〉+〈N〉快捷键，新建一个文件，设定宽度为 720，高度为 576，背景内容为透明。展开高级选项，将像素长宽比选择为 D1/DV PAL(1.066)，如图 15－4 所示，单击“确定”按钮。

新建
名称(N): 未标题-1
确定
预设(P): 自定
取消
宽度(W): 720 像素
存储预设(S)...
高度(H): 576 像素
删除预设(D)...
分辨率(R): 72 像素/英寸
颜色模式(M): RGB 颜色 8 位
背景内容(C): 透明
图像大小:
1.19M
高级
颜色配置文件(O): sRGB IEC61966-2.1
像素长宽比(X): D1/DV PAL(1.066)

图 15－4

在文件中输入“公益行”，并为其选择合适的字体与大小。在此选择字体为隶书，字号为 72 点，颜色为黑色，如图 15－5 所示。

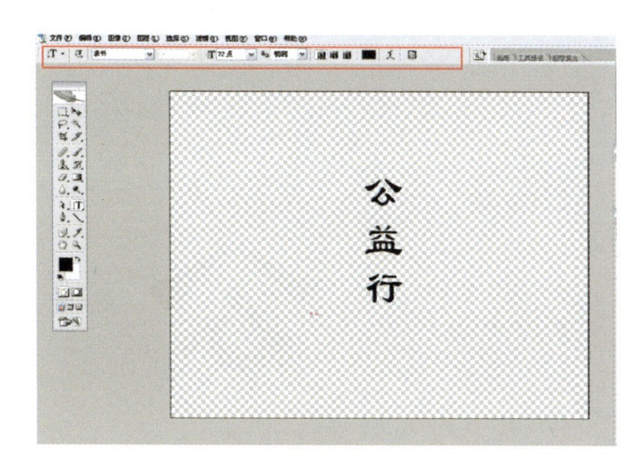

图 15－5

03.

利用钢笔工具，把“公益行”文字中的每一笔都抠画下来，放置在不同的图层上。

选择钢笔工具，确定为路径选择，按〈Ctrl〉+〈+〉键放大视窗，开始第一笔的抠画。用钢笔工具把第一笔选中，注意在此处不需要完全按照笔画的轮廓来做，只需要把第一笔从整体当中独立出来即可，如图 15－6 所示。

图 15－6

用〈Ctrl〉+〈Enter〉键将路径转化为转区，如图 15－7 所示。

选中文字图层，右键单击，在弹出的对话框中选择“栅格化文字”，如图 15－8 所示。

3. Checkerboard(棋盘格)

该特效应用到黑场视频或彩色蒙版可以创建一个棋盘背景，或者作为蒙版使用。棋盘图案也可应用到图像中并与其进行混合。

原图

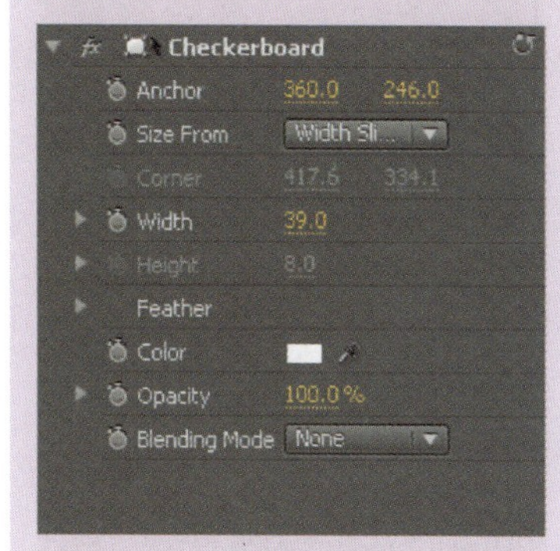

参数设置

效果图

 Http://www.Premiere 影视剪辑项目制作教程.com

4. Circle(圆)

对黑场视频或纯色蒙版应用该滤镜，可以创建圆或者圆环。

原图

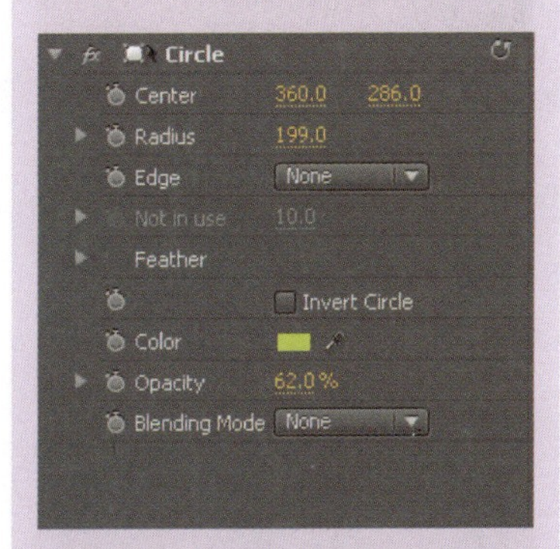

参数设置

效果图

5. Eyedropper Fill(吸色管填充)

该特效从应用了特效的素材中选择一种颜色，可以使用效果控制面板中的 Sample Point(采样点)和 Sample Radius(采样半径)控件。在 Average Pixelarea(平均像素色)下拉菜单中选择选取像素颜色的方法，增加 Blend with Original(与原素材混合)值可以查看受影响素材的更多细节。

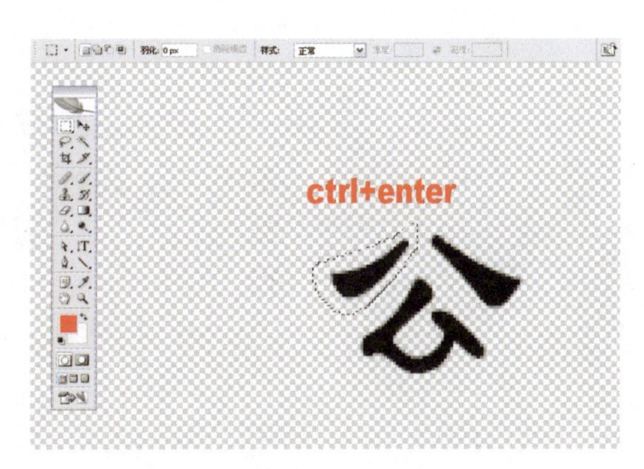

图 15-7

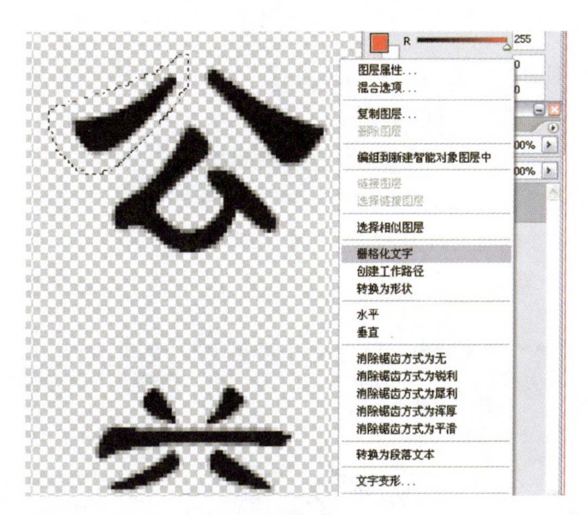

图 15-8

按〈Ctrl〉+〈J〉键将转区中的第一笔复制在新的图层上，如图 15-9 所示。

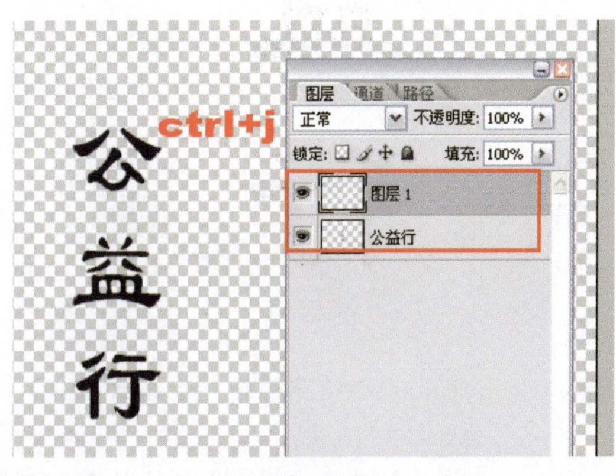

图 15-9

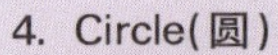

04.

继续选择钢笔工具，确定为路径选择，按〈Ctrl〉+〈+〉键放大视窗，开始第二笔的抠画。用钢笔工具把第二笔选中，如图 15－10 所示。

图 15－10

按〈Ctrl〉+〈Enter〉键将路径转化为转区，再按〈Ctrl〉+〈J〉键将转区中的第二笔复制在新的图层上，如图 15－11 所示。

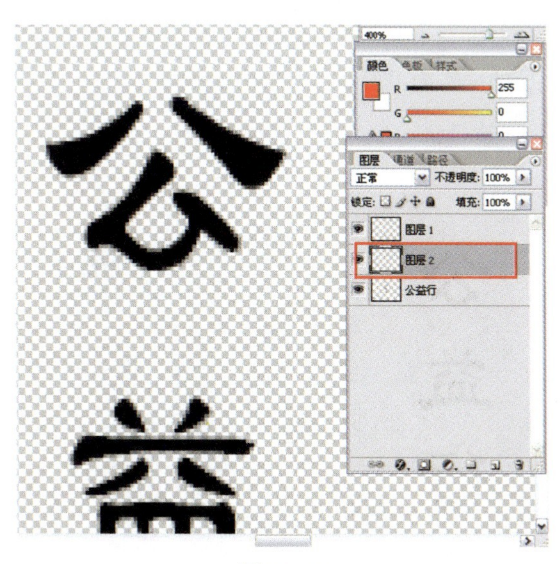

图 15－11

用同样的方法，将文字“公益行”所有的笔画都独立在新的图层上。最后在图层中一共有 20 个独立的图层，

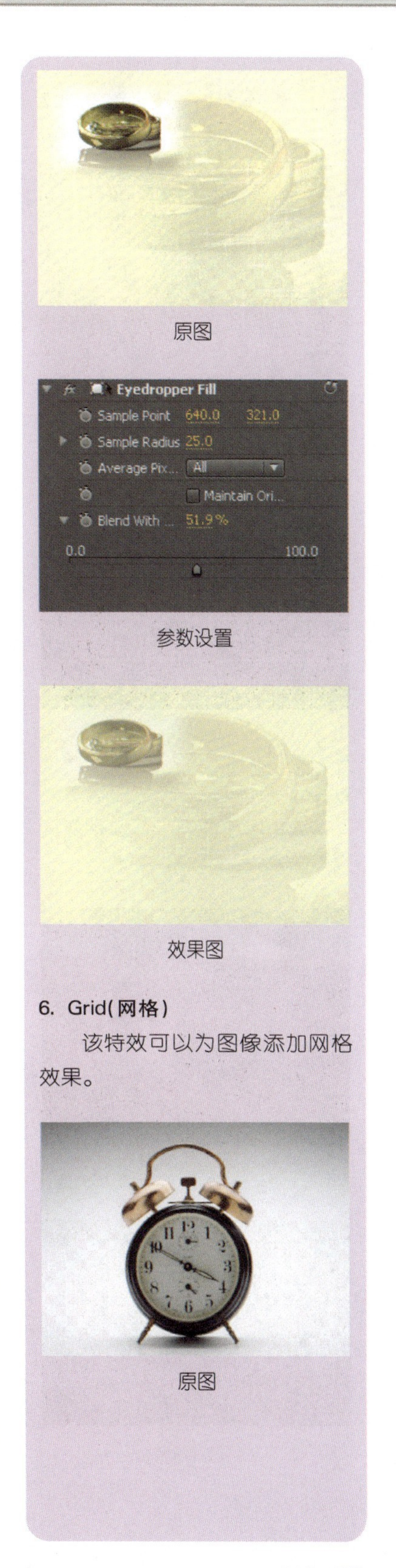

原图

参数设置

效果图

6. Grid(网格)

该特效可以为图像添加网格效果。

原图

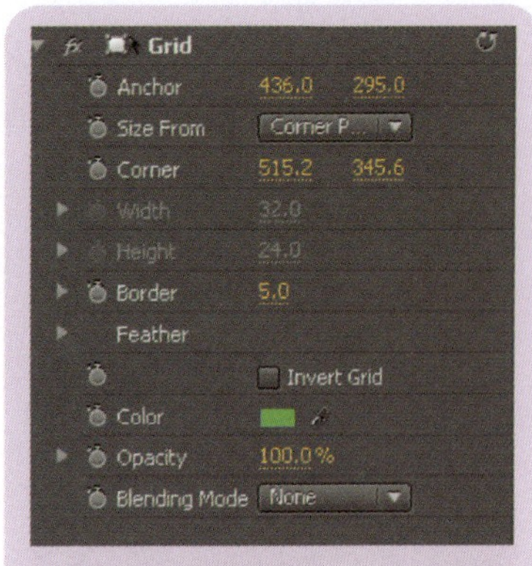

参数设置

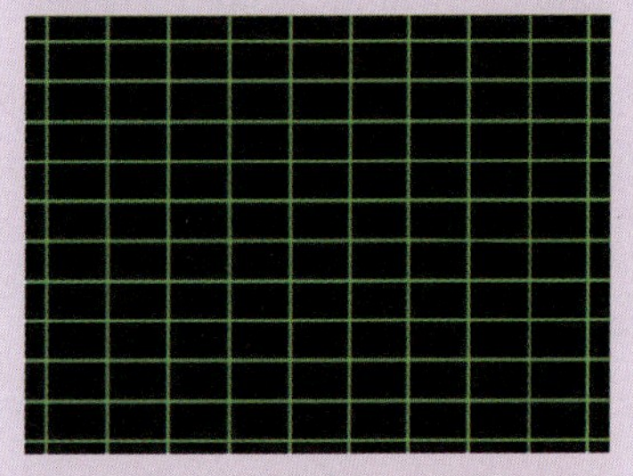

效果图

7. Lens Flare(镜头光晕)

该特效在画面中可以创建闪光灯的效果。

原图

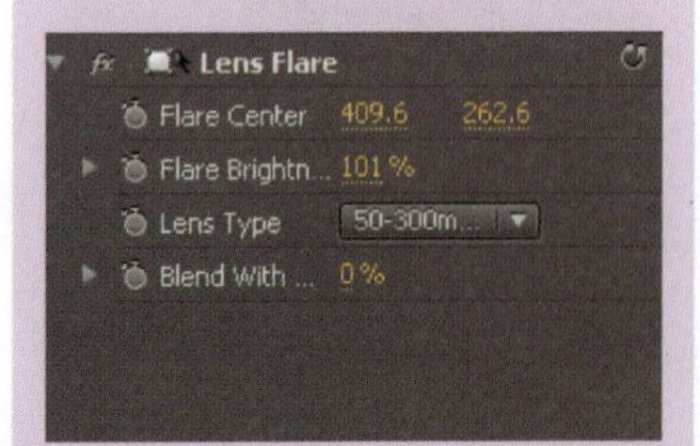

参数设置

放置的是“公益行”的每一笔,效果如图 15－12 所示。

图 15－12

05.

下面为文字添加渐变色。

按着键盘上的〈Ctrl〉键,配合单击第一笔所在的图层 1 前的缩略图,即图 15－13 中红色方框的位置,调选出其中选区。

图 15－13

单击工具箱中渐变工具，再单击属性栏中可编辑按钮，在弹出的对话框中编辑渐变色，如图 15－14 所示。

图 15－14

选择渐变条（图 15－14 中的红色方框位置）中的第一个色标，双击它，在弹出的拾色器对话框中，设置颜色为（R:0，G:0，B:0），如图 15－15 所示。

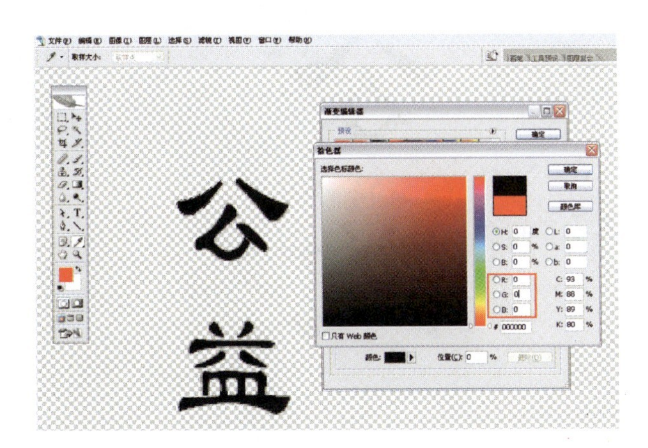

图 15－15

再选择渐变条中的第二个色标，双击它，在弹出的拾色器对话框中，设置颜色为（R:10，G:10，B:10），如图 15－16 所示。

效果图

8. Lightning（闪电）

该特效允许为图像添加闪电的效果，模拟出类似电火花和光电效果。

原图

参数设置

效果图

9. Paint Bucket(油漆桶)

该特效可以为图像着色或者对图像的某个区域应用纯色。其用法与 Photoshop 中的油漆桶的用法类似。

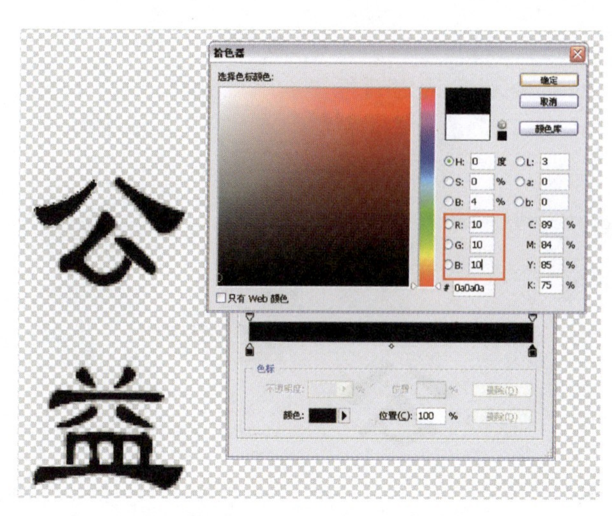

图 15－16

单击确定按钮，将调节好的渐变色运用到第一笔中，在第一笔的选区中，按笔画的书写习惯由上向下进行拖拉，填充渐变色，如图 15－17 所示。

图 15－17

06.

按着键盘上的〈Ctrl〉键，配合单击第二笔所在的图层 2 前的缩略图图板，调选出其中选区，如图 15－18 所示。

单击工具箱中渐变工具 ，再单击属性栏中可编辑按钮，如图 15－19 所示。

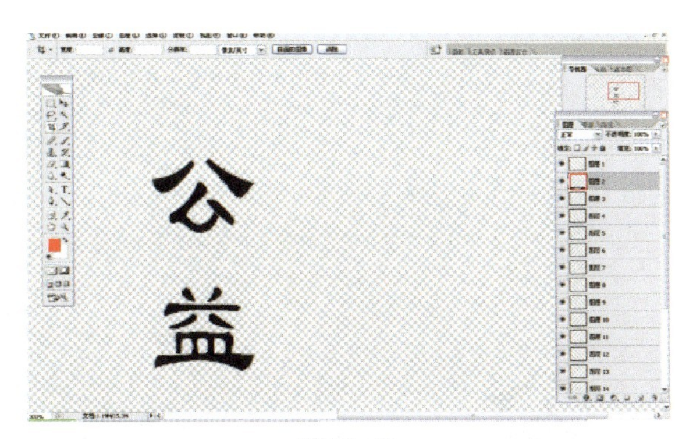
图 15－18

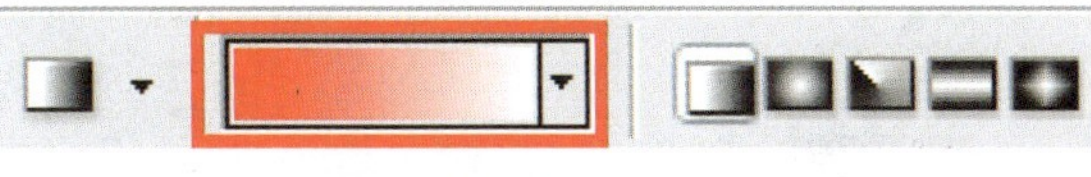
图 15－19

在弹出的对话框当中编辑其渐变色。选择渐变条(图 15－19 中的红色方框位置)当中的第一个色标，双击它，在弹出的拾色器对话框当中，设置颜色为(R:10, G:10, B:10)。

再选择渐变条中的第二个色标，双击它，在弹出的拾色器对话框中，设置颜色为(R:20, G:20, B:20)。

单击确定按钮，将调节好的渐变色运用到第二笔中，在第二笔的选区中，按笔画的书写习惯由左向右进行拖拉，填充入渐变色，如图 15－20 所示。

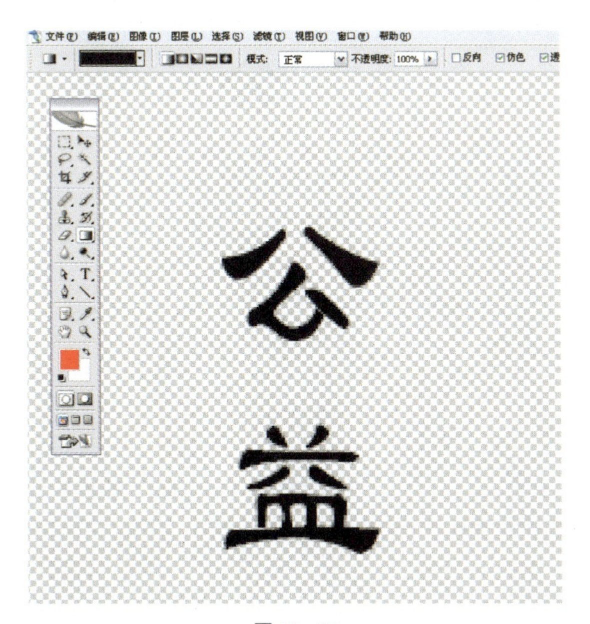

图 15－20

原图

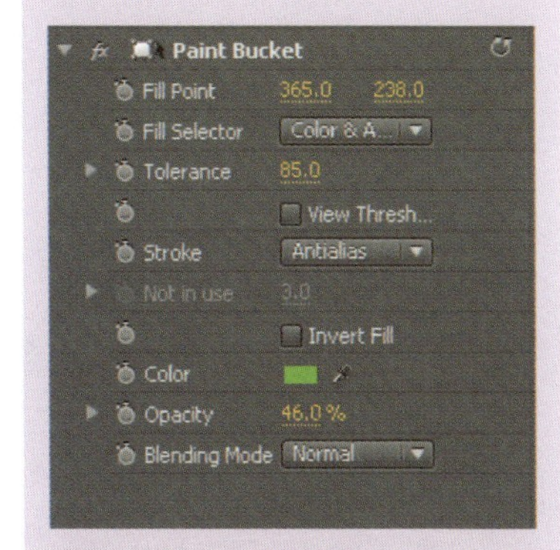

参数设置

效果图

10. Ramp(渐变)

该特效能够创建线性渐变或放射渐变。

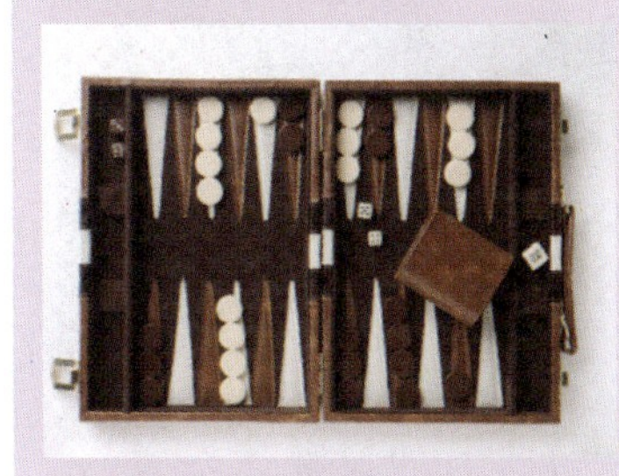
原图

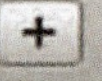

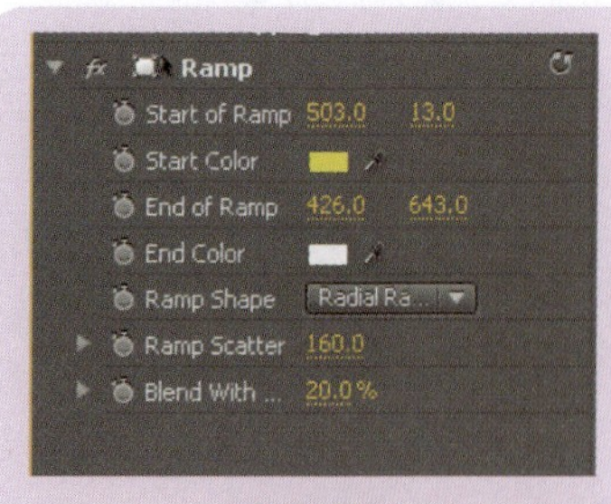

参数设置

效果图

11. Write-On(书写)

该特效可以用于在视频素材上制作彩色笔触动画，还可以和受其影响的素材一起使用。

（1）将一素材拖动到 Video 1 轨道中。

（2）将另一素材拖动到 Video 2 轨道中。

（3）将 Write-On(书写)特效应用到 Video 2 轨道中的素材上。

（4）调整相应参数。

Image Control(图像控制)滤镜组

Image Control(图像控制)包括多种色彩特效，如下图所示。

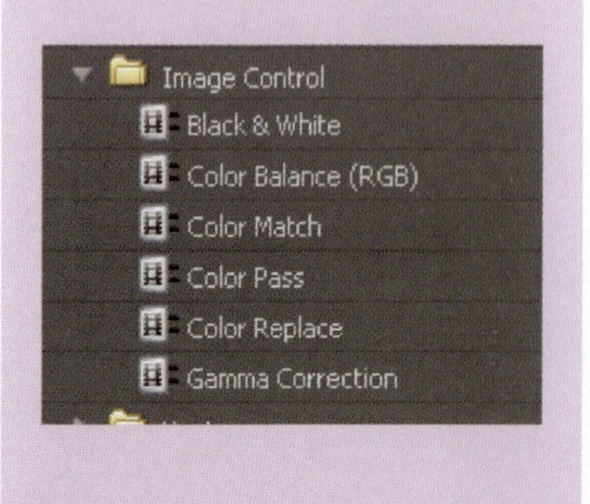

07.

按照同样的方法进行操作，对每笔的笔画进行渐变色的填充，使其在渐变的过程中，色彩逐渐减淡。

如图 15－21 所示，为填充到第十笔时的图片。

图 15－21

如图 15－22 所示，为全部填充完毕时的效果。

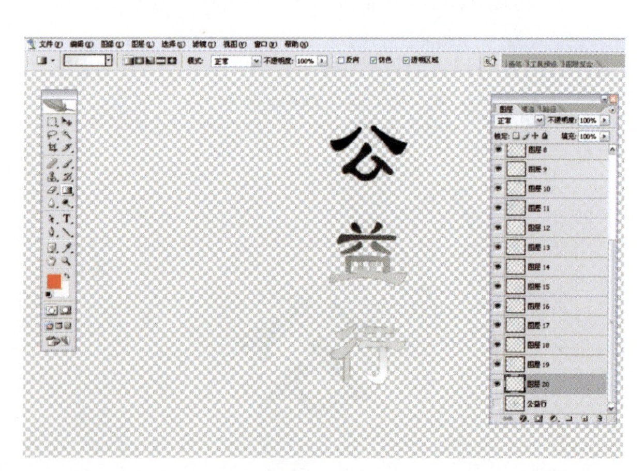

图 15－22

使用〈Ctrl〉+〈S〉快捷键将做好的渐变色彩的图片进行存储，在弹出的对话框中将其命名为“公益行”，在格式中选择 TGA 的格式，单击保存，如图 15－23 所示。

图 15-23

08.

在 Premiere 中，双击 Project 窗口的空白区域，选择好路径，导入刚做好的“公益行. tga”文件，如图 15-24 所示。

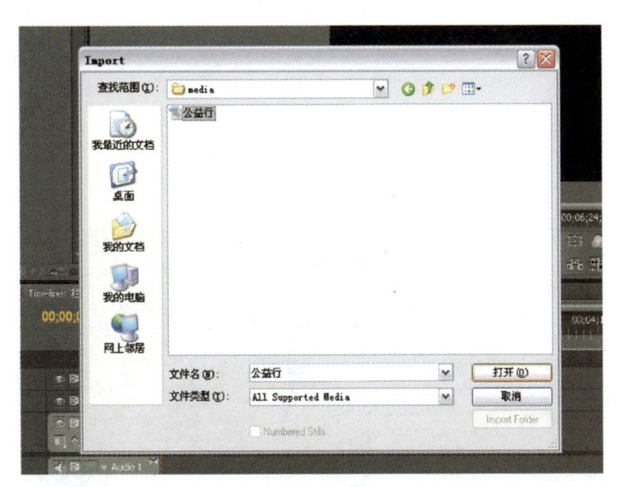

图 15-24

执行 File→New Color Matte 命令，新建一个彩色遮罩，在弹出的对话框中选择 DV-PAL，将长宽设为 720×576，如图 15-25 所示。

1. Black &White(黑 & 白)

该色彩特效可以使图像变成灰度素材。

原图

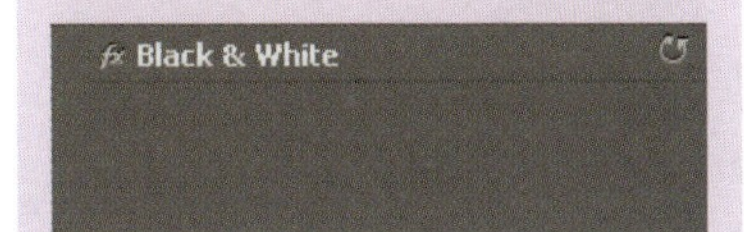

参数设置

效果图

2. Color Balance(RGB)(色彩平衡(RGB))

该特效能够添加或减少素材中的红色、绿色或蓝色值。

原图

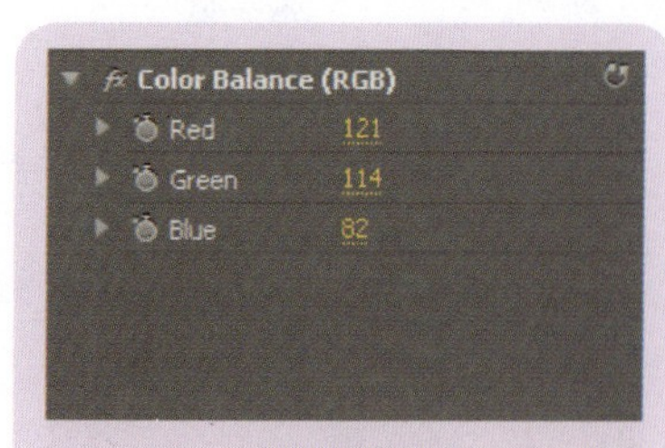

参数设置

效果图

3. Color Match(色彩匹配)

该特效允许将一个素材的颜色与另一个素材的颜色进行匹配。

原图

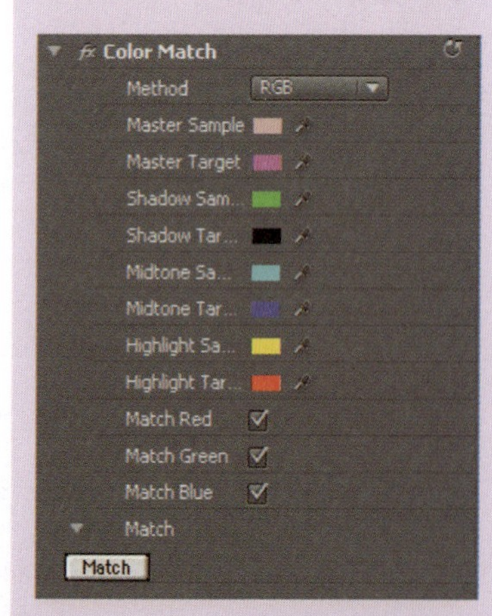

参数设置

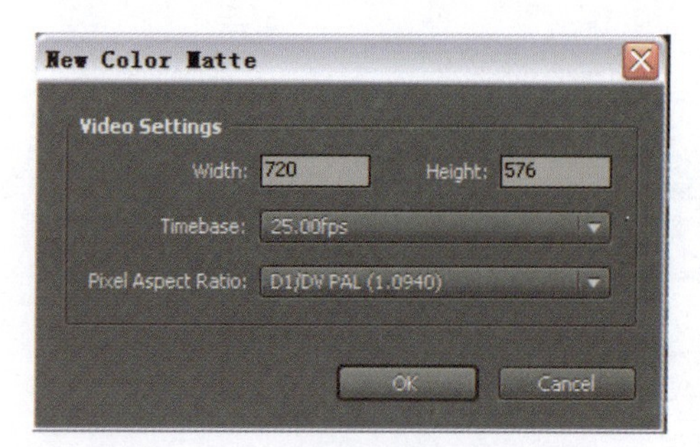

图 15－25

设置颜色为白色，如图 15－26 所示。

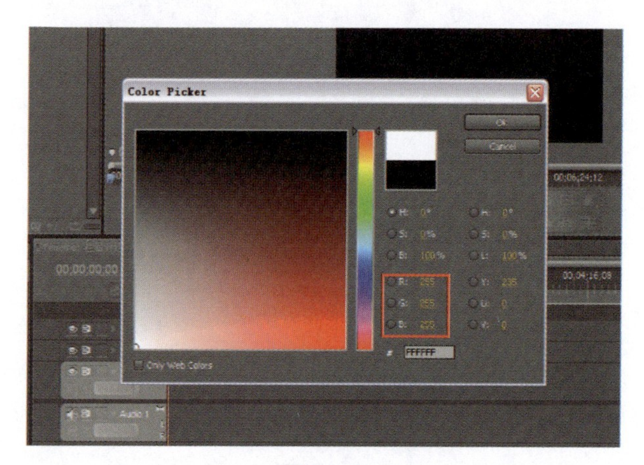

图 15－26

09.

将新生成的 Color Matte 拖动到 Timeline 窗口中的 Video 1 中，如图 15－27 所示。

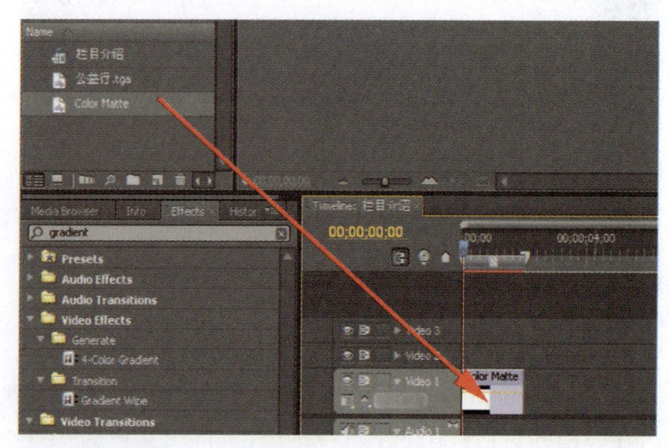

图 15－27

选中 Video 1 中的素材后，修改其持续时间为 00:00:05:00，如图 15－28 所示。

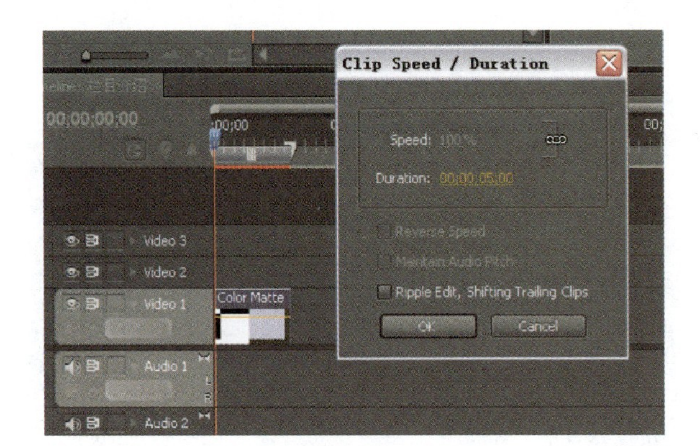

图 15－28

10.

在 Effects 面板中搜索 Gradient Wipe 特效，将其拖动到 Video 1 轨道素材的前端，如图 15－29 所示。

图 15－29

在弹出的对话框中选择 Select Image... 选项，设置 Softness 选项值为 10，如图 15－30 所示

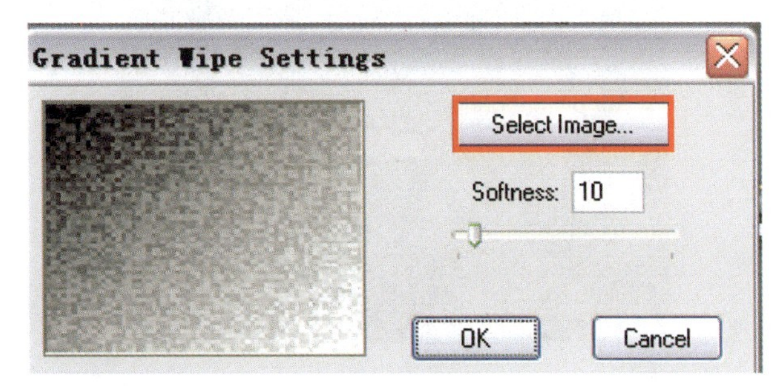

图 15－30

效果图

4. Color Pass(颜色传递)

该特效能够将素材中除一种颜色以外的所有颜色都转换成灰度颜色。

原图

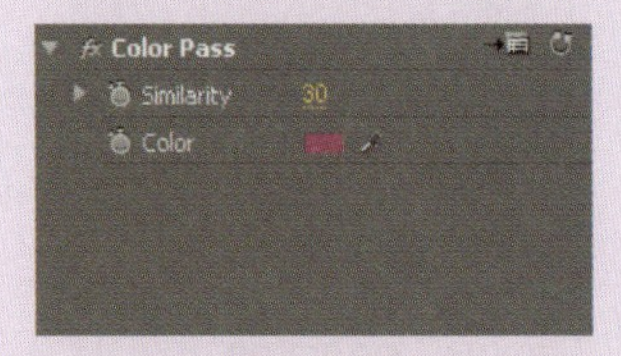

参数设置

效果图

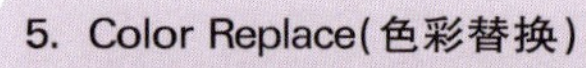

5. Color Replace(色彩替换)

该特效能够将一种颜色或某一范围内的颜色替换为其他颜色。

原图

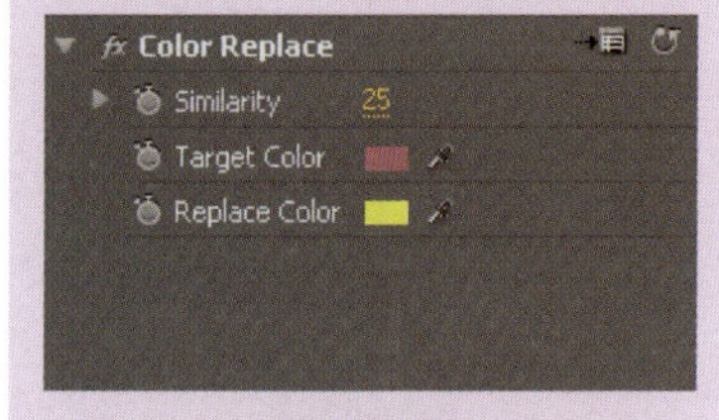

参数设置

效果图

6. Gamma Correction(校正)

该特效允许调节素材的中间调颜色级别。

原图

然后为其指定前面制作好的"公益行.tga"图片，单击"打开"按钮，如图 15－31 所示。

图 15－31

11.

双击刚在素材上添加的 Gradient Wipe 特效，在 Effect Controls 面板中，改变其持续的时间，将 Duration 选项改成 00:00:05:00，如图 15－32 所示。

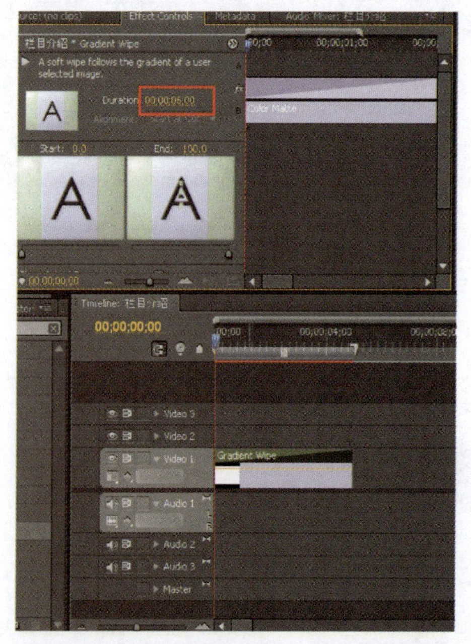

图 15－32

此时，可以通过 Program 窗口看到图像根据渐变色的不同，发生了变化，如图 15－33 所示。

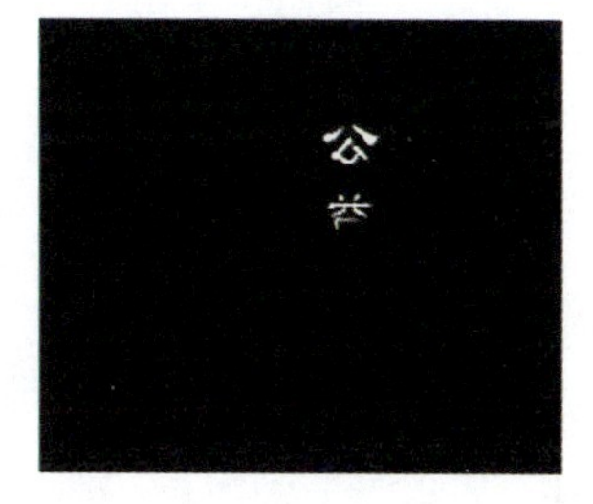

图 15－33

12.

下面为片头置入一个背景，在置入背景之前，先把 Video 1 中的素材，向上移动到 Video 2 中，空出 Video 1 轨道，如图 15－34 所示。

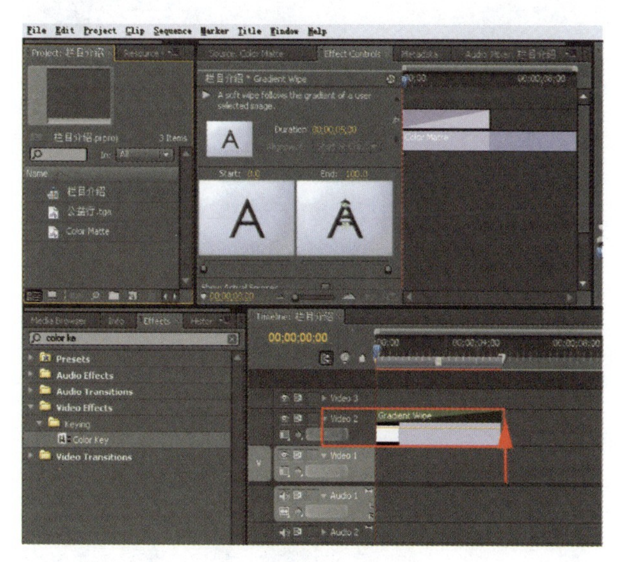

图 15－34

13.

双击 Project 窗口的空白区域，导入 chapter 15 中 media 文件夹中的“背景”素材，如图 15－35 所示。

将导入的“背景”素材，拖动到 Timeline 窗口中的 Video 1 轨道中，如图 15－36 所示。

此素材的长度明显长于 Video 2 轨道中素材的长度，此时选用工具箱中的剪刀工具，将其在 00:00:06:00 处剪断，并将剪下的素材删除，如图 15－37 所示。

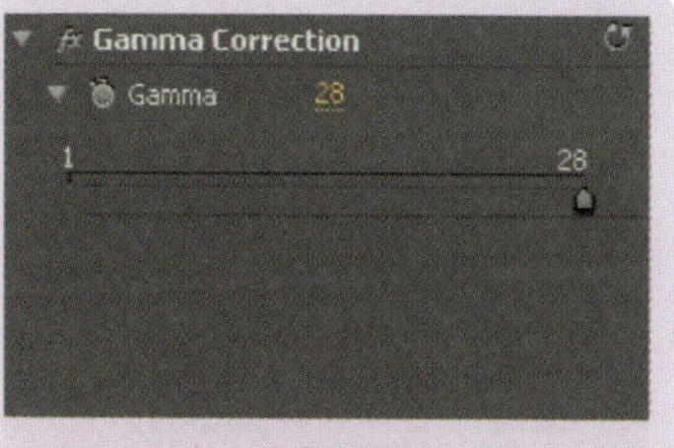

参数设置

效果图

Noise & Grain（噪波 & 颗粒）

该滤镜组中的特效可以使图像产生噪波效果。

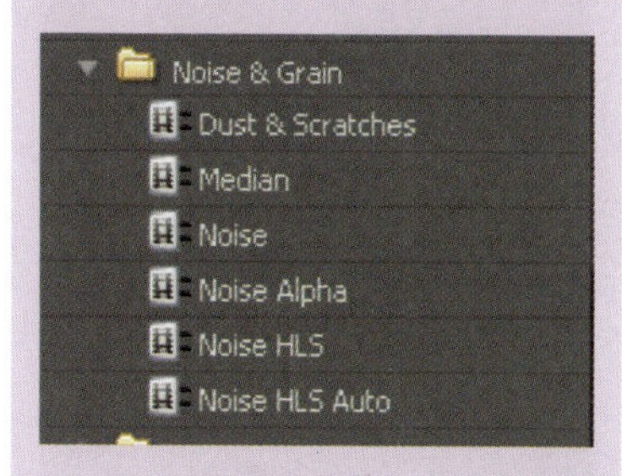

1. **Dust & Scratches（灰尘与划痕）**

该特效会对不相似的像素进行修改并创建噪波。

原图

Dust & Scratches
Radius 7
Threshold 0.4
Operate on ...

参数设置

效果图

2. Median(中值)

该特效可以减少噪波。

原图

图 15-35

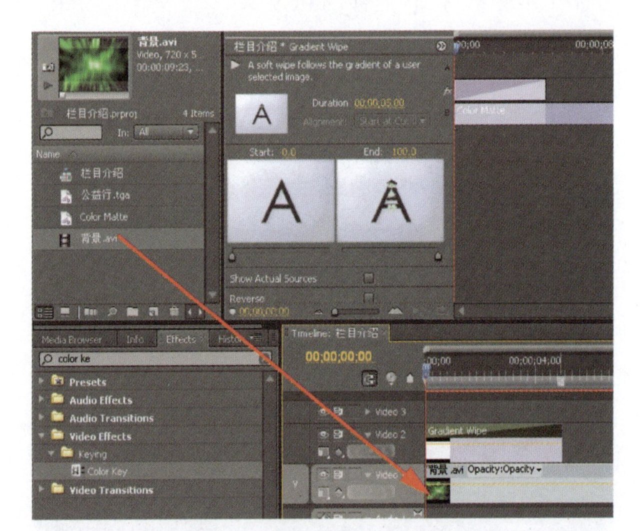

图 15-36

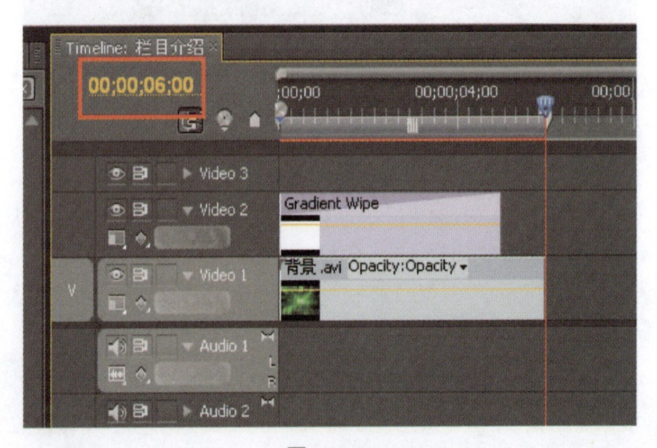

图 15-37

14.

将时间码改为 00:00:05:14,将 Video 2 中的素材,向后拖动,使其靠近时间指针位置,如图 15 - 38 所示。

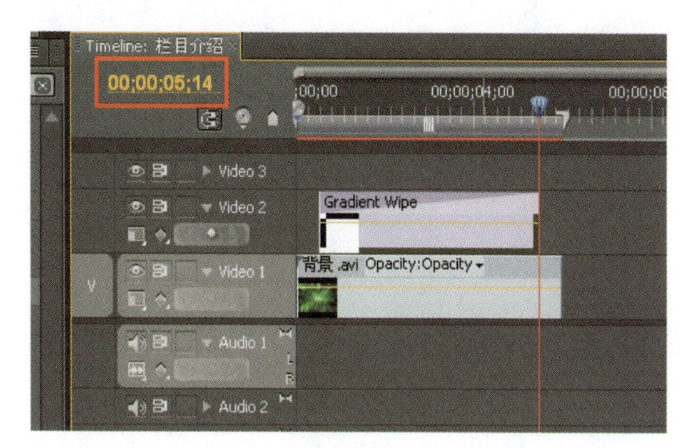

图 15 - 38

15.

如图 15 - 39 所示,创建新的序列,将其命令为"电视栏目片头"。

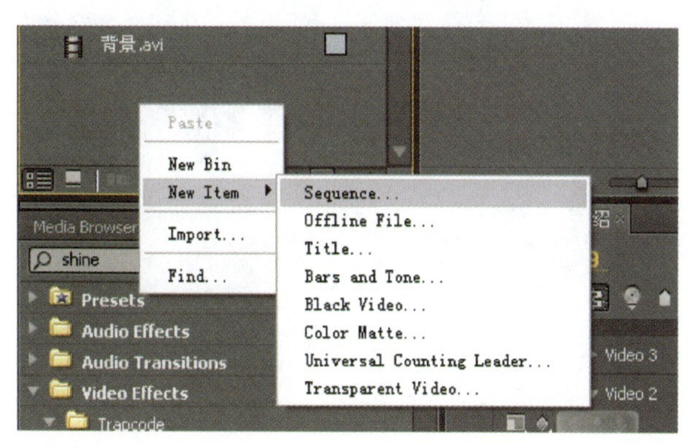

图 15 - 39

将"公益行"序列,拖动到 Timeline:电视栏目片头面板中的 Video 1 中,如图 15 - 40 所示。

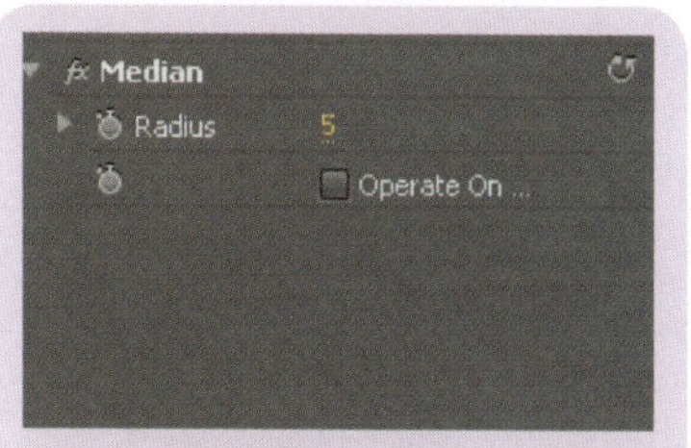

参数设置

效果图

3. Noise(噪波)

该特效随机修改素材中的颜色,使素材呈现出颗粒状。

原图

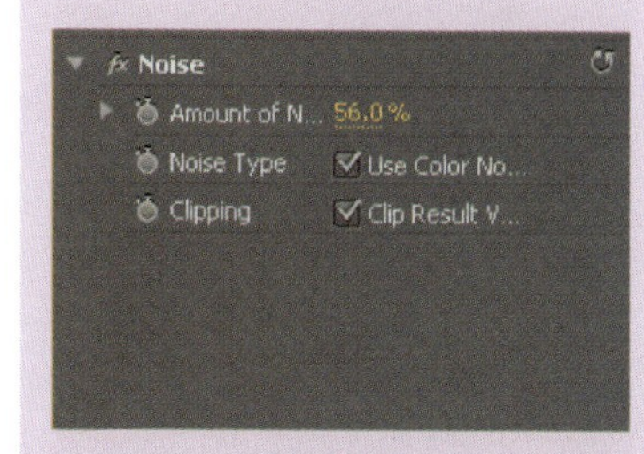

参数设置

效果图

4. Noise Alpha(噪波 Alpha)

该特效通过使用受影响素材的 Alpha 通道来创建噪波。

原图

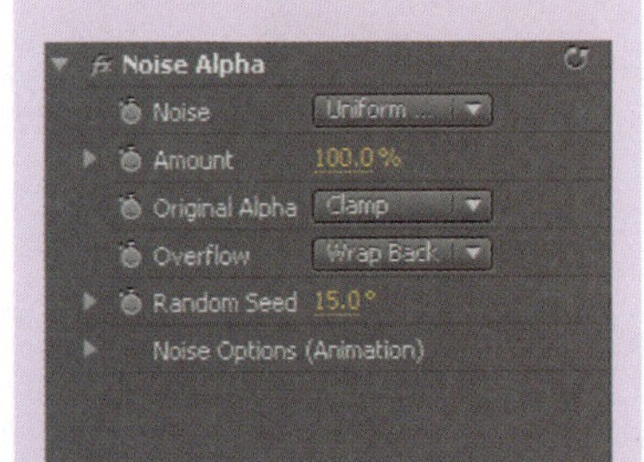

参数设置

效果图

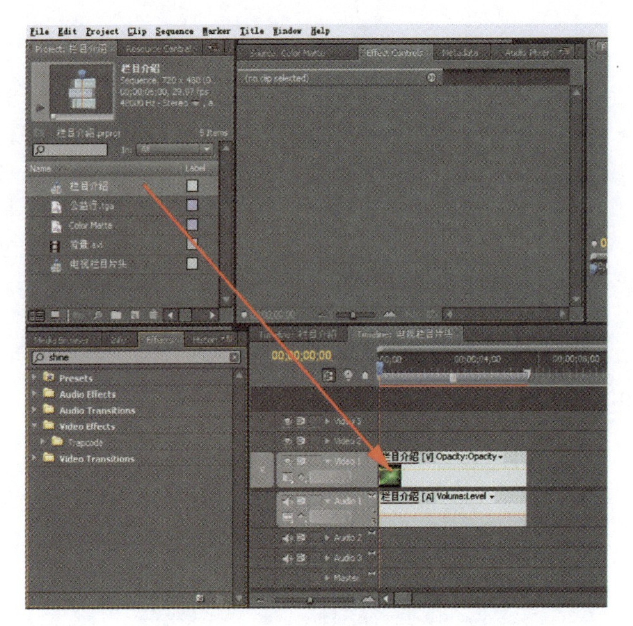

图 15-40

16.

在 Effects 特效面板中搜索 Shine 发光特效并将其拖动到 Video 1 素材中，如图 15-41 所示。

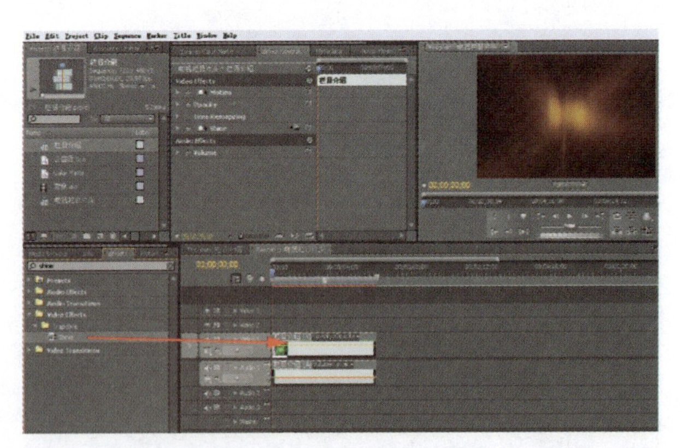

图 15-41

在 Effect Controls 特效控制面板中首先将 Transfer Mode(转变方式)改为 Screen。再将 Colorize(颜色)选项改为 Deepsea，如图 15-42 所示。

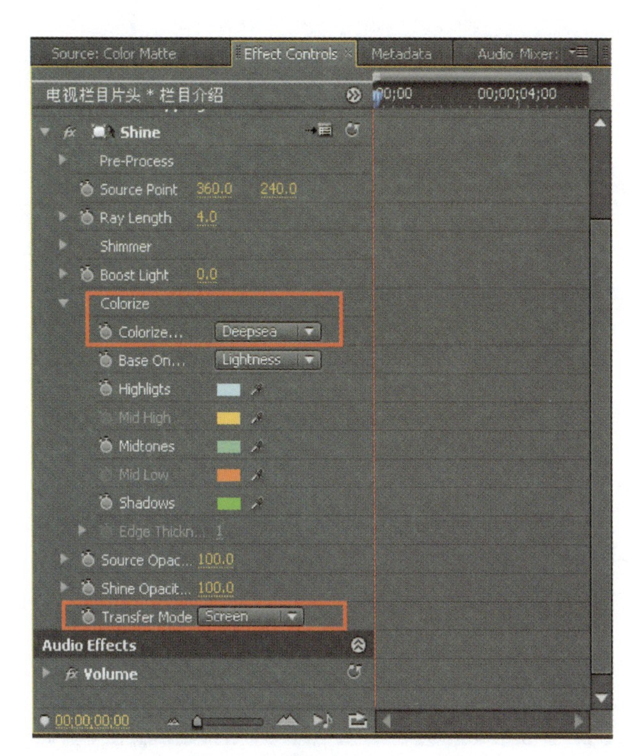

图 15－42

17.

将时间码调整为 00∶00∶01∶00，为 Source Point 添加关键帧，数值设置如图 15－43 所示。

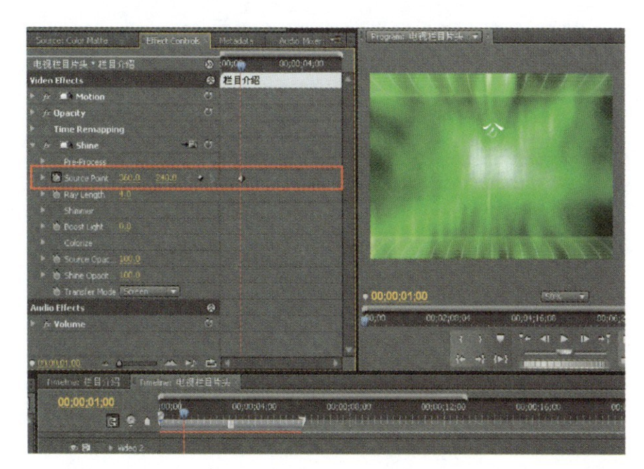

图 15－43

将时间码调整为 00∶00∶04∶20，为 Source Point 添加关键帧，将数值改为(360. 0，158. 0)，并将 Ray Length 改为 6. 9，如图 15－44 所示。

5. Noise HLS(噪波 HLS)和 Noise HLS Auto(自动噪波 HLS)

这两项特效允许使用色相、亮度和饱和度创建噪波，也可以制作噪波动画。

Render(渲染)滤镜组

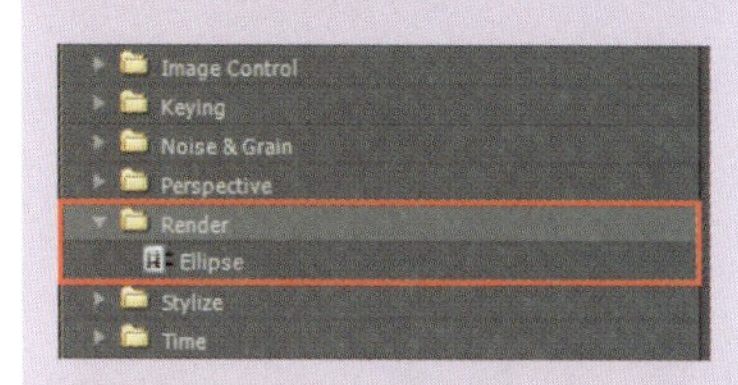

Ellipse(椭圆)

该特效以中心带洞的圆环形式绘制椭圆。

原图

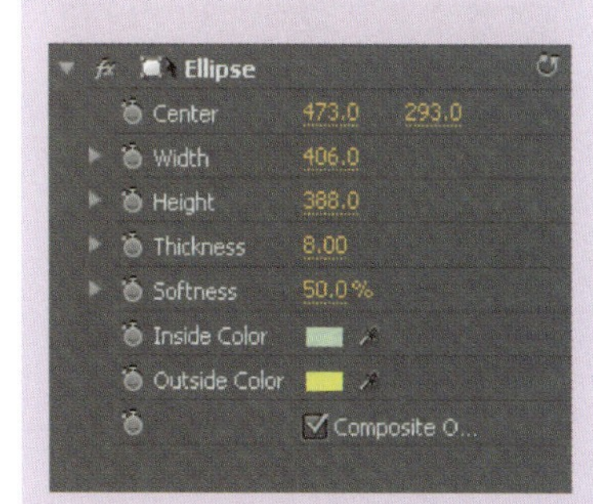

参数设置

效果图

Utility(实用工具)滤镜组

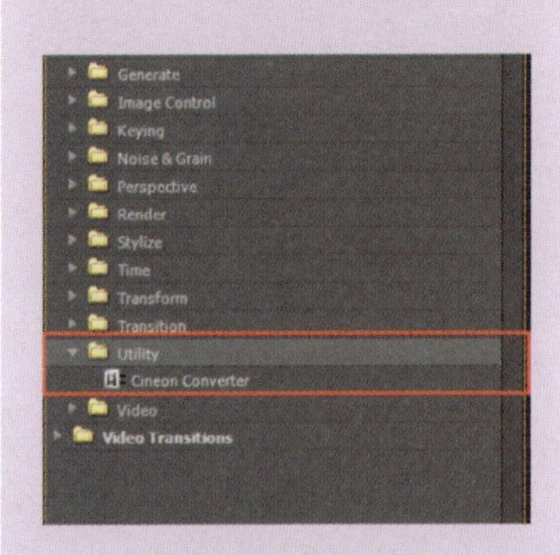

Cineon Converter (Cineon 转换)

该特效能够转换 Cineon 文件中的颜色。

Video(视频)滤镜组

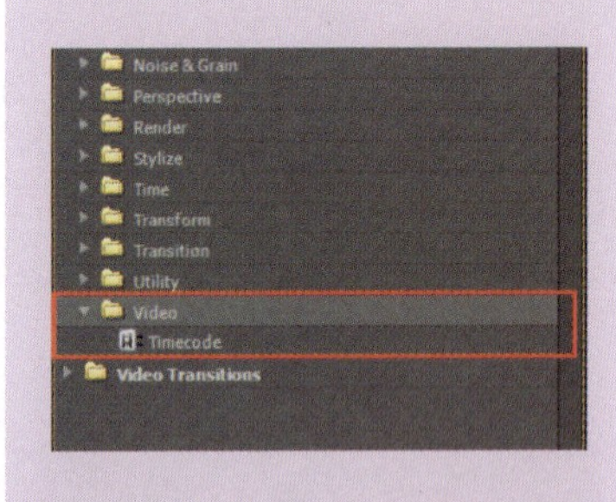

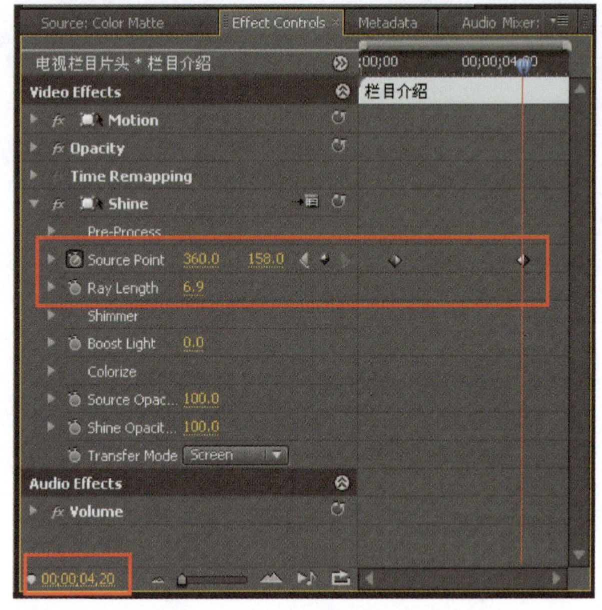

图 15 - 44

18.

在 Effects 特效面板中搜索 Dip to Black,将其添加到 Video 1 轨道的开头和结尾,如图 15 - 45 所示。

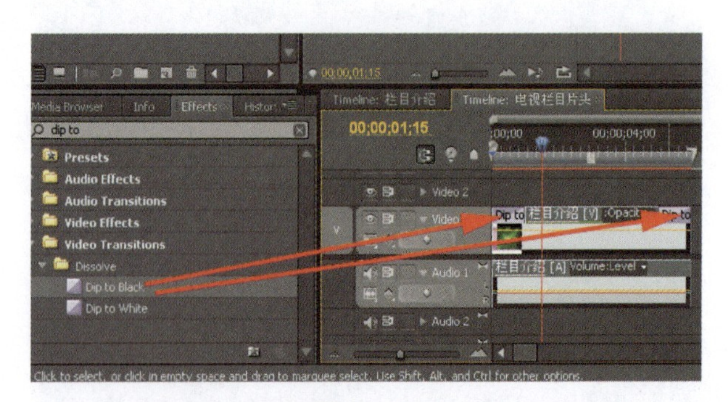

图 15 - 45

双击头尾添加的 Dip to Black 特效,将其持续的时间调整为 00:00:00:20,如图 15 - 46 所示。

19.

可以对画面进行预渲染，如图 15－47 所示，并最后输出成片，观看最终的效果，如图 15－48 所示。

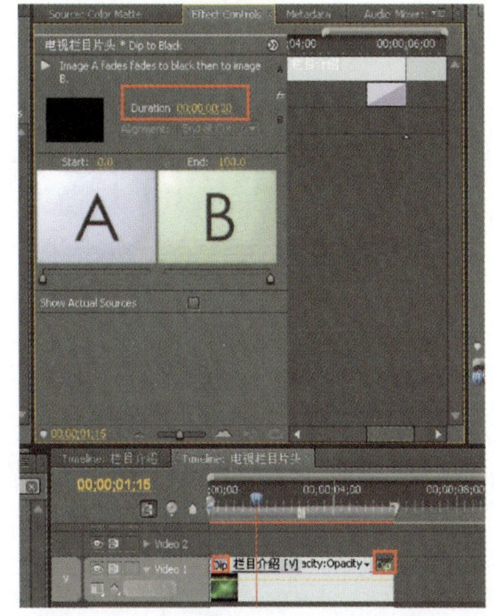

图 15－46

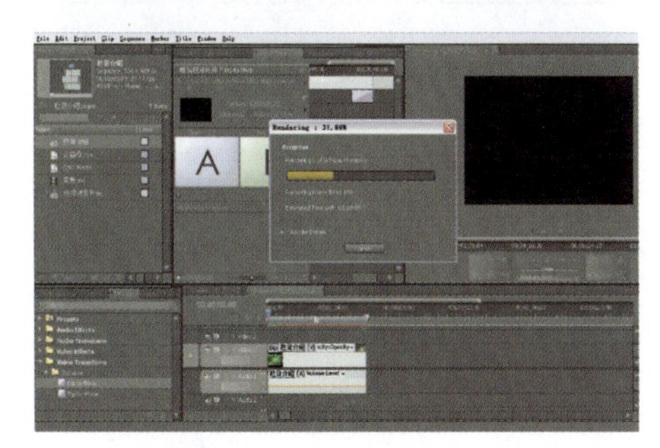

图 15－47

图 15－48

Timecode（时间密码）

该特效并不是用于增强色彩，而是用于将时间密码“录制”到影片中。

原图

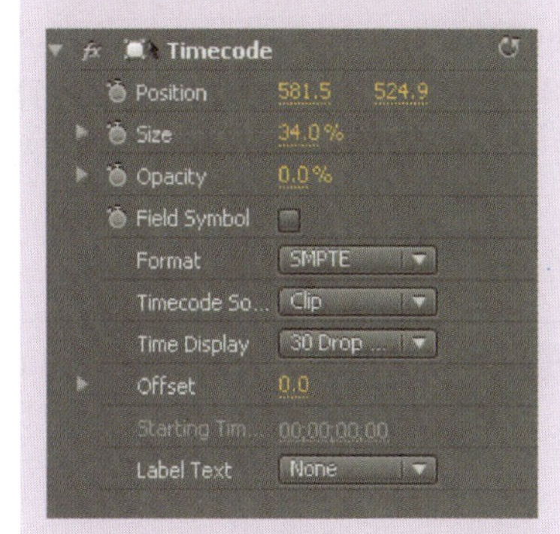

参数设置

效果图

本章小结

电视栏目片头是电视栏目开始前的宣传视频，本实例通过 Photoshop 将主题文字分解成不同的笔画，并为其设置不同灰度的渐变色，然后在 Premiere 中利用 Gradient Wipe 特效，使其以渐出的方式显现，同时配以绿色的背景层，更加突出公益的主题。当然，最后 Shine(发光)特效的应用也是画面不可缺少的元素，使人们在观看时，可以使视觉的焦点集中在此。

课后练习

1. ________的图片文件在利用 Gradient Wipe 特效进行渐变替换时可以被识别。
   A. JPG 类型
   B. PSD 类型
   C. TGA 类型
   D. TIFF 类型
2. 在 Premiere 中创建的 Color Matte 项目的颜色是否可以调节？
3. 序列之间是否可以互相置入？

16

"浪漫一生"婚礼纪念册

本章学习时间: 8课时

学习目标: 掌握用Premiere Pro CS4中提供的转场特效制作婚礼纪念相册的方法

教学重点: 素材的合理安排

教学难点: 运用转场特效使画面的转换自然、协调

讲授内容: Dissolve特效;Hollywood FX5特效;Title滚屏设计;各种转场参数的调整

课程范例文件: \chapter19\final\浪漫一生.proj

案例 "浪漫一生"婚礼纪念册

本章课程总览

本章将制作婚礼纪念相册,将照片编辑成动态的视频,然后添加上绚丽的转场效果,使照片富有鲜活的生命感。在本章实例制作的结婚纪念相册中,没有制作过多炫目的特效,仅以各种不同类型的转场效果逐次铺展出精美的结婚纪念照,最后展现出浪漫的爱情主题。合理安排好照片先后的排放次序,为其选择合理的转场特效,使画面看起来转接自然而流畅是制作的关键点。

知识点提示

Premiere 中提供了多种视频转场效果共分为如下图中的几个大类。下面将挑选其中常用的一些视频转场进行介绍。

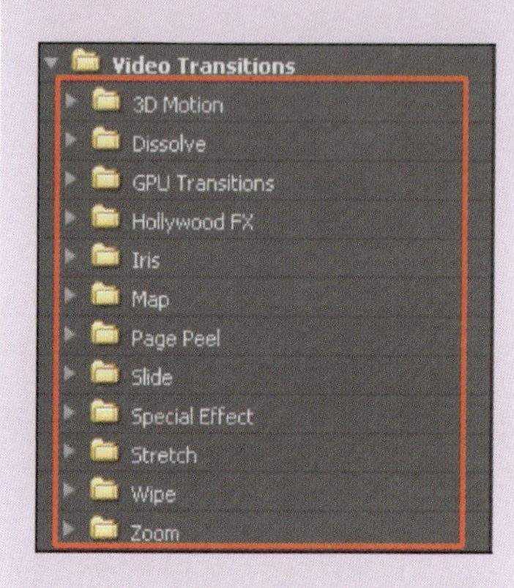

3D Motion (3D 运动)类

为前后两个要运用 3D 运动过渡的镜头进行层次化,获得三维立体的视觉效果,给人一种画面上的视觉冲击。

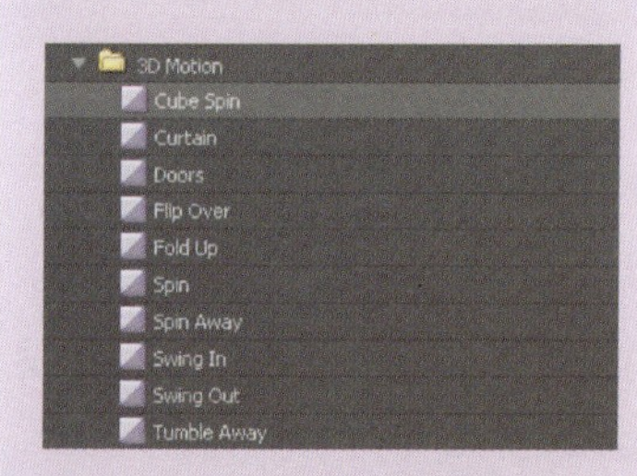

1. Cube Spin(立体旋转)

素材 A

01.

启动 Premiere 程序,创建 New Project 和 New Sequence,命名为“浪漫一生”,如图 16-1、图 16-2 所示。

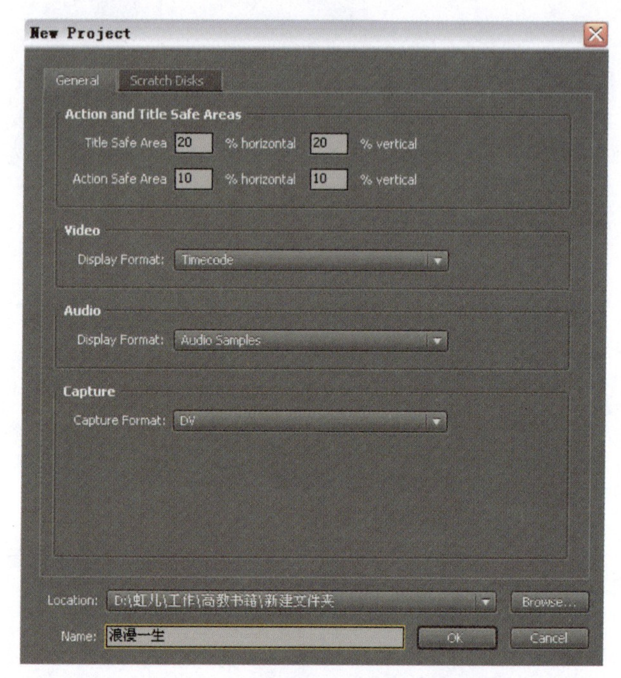

图 16-1

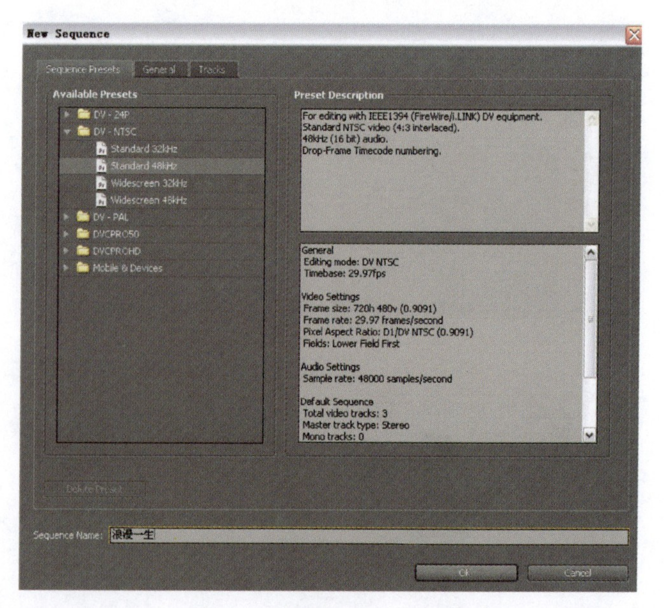

图 16-2

02.

导入“chapter 16\media”文件夹中的素材，将三个文件夹以 Import Folder 的形式导入，如图 16－3 所示。单击“Import Folder”按钮，将弹出如图 16－4 所示的对话框，在“Import As”下拉列表中选择“Individual Layers”后，单击 OK 按钮。

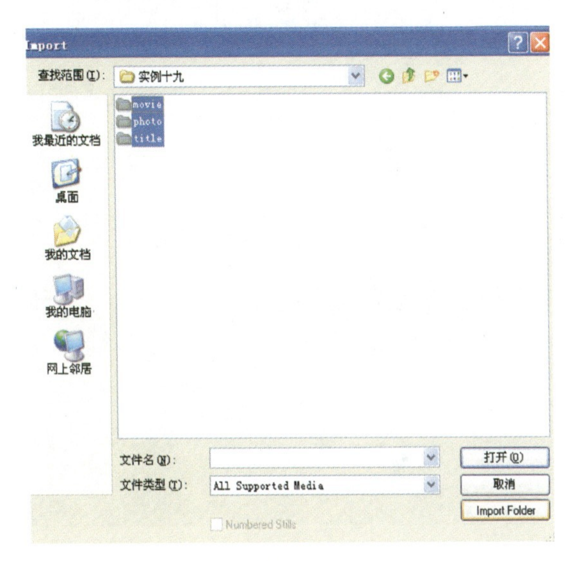

图 16－3

素材文件将以文件夹的形式出现在 Project 窗口中。因素材较多，以文件夹的方式导入可以方便对素材进行管理。

图 16－4

视频转场效果

素材 B

2. Curtain(窗帘)

素材 A

视频转场效果

素材 B

3. Doors(关门)

素材 A

视频转场效果

素材 B

03.

打开 movie 文件夹，将"1. avi"文件拖动到 Timeline 窗口中的 Video 1 轨道中，并适当的调整其在 Programe 窗口中的大小，使其和画面大小相当，并将其持续的时间调整为 12 秒，如图 16－5 所示。

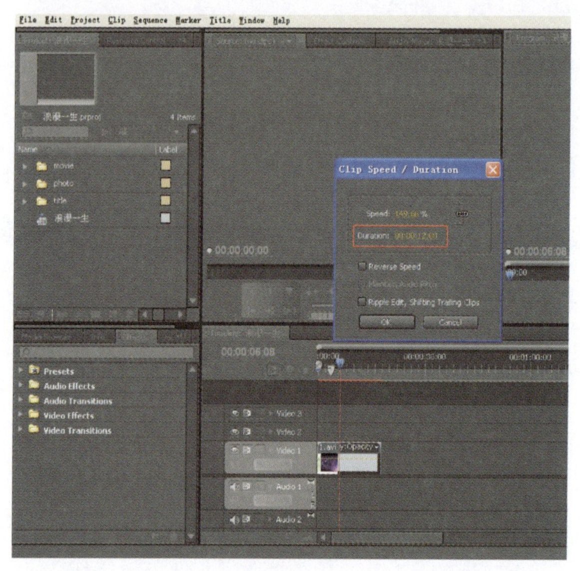

图 16－5

在 Effects 面板中搜索 Cross Dissolve 滤镜，将其分别添加到 Video 1 轨道当中素材"1. avi"的开头和结尾，如图 16－6 所示。

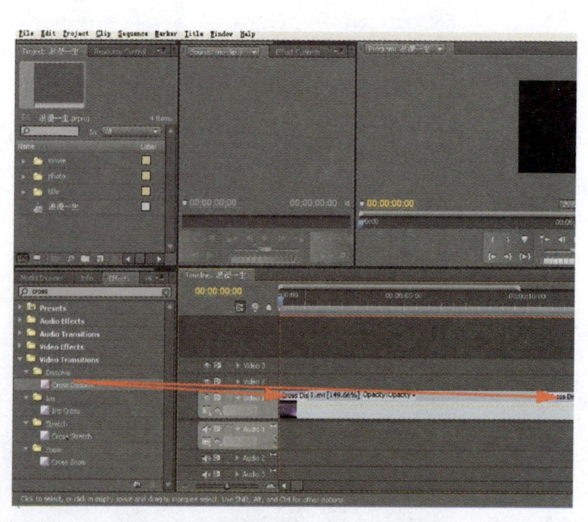

图 16－6

将时间码调整为00:00:04:00，将photo文件夹当中的"1. psd"文件，拖动到Video 2轨道中，如图16-7所示。

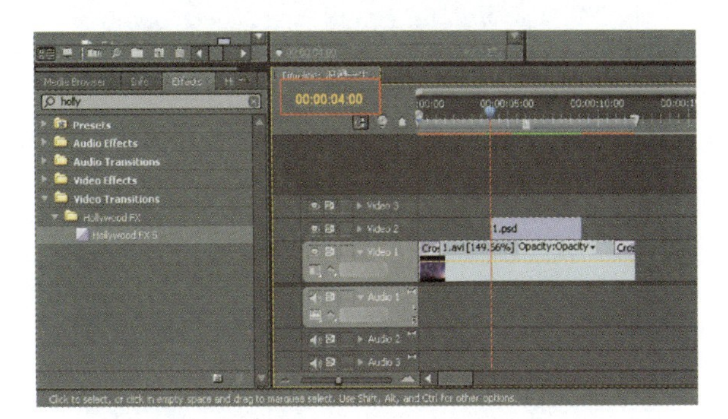

图16-7

在Effects面板中搜索Hollywood FX5，将其添加在"1. psd"的开头位置。单击Effect Control面板中的Custom选项，为其选择合适的滤镜效果，在此处选择Fx 09 - Doors and Borders中的PRO-Draw Bridge，如图16-8所示。

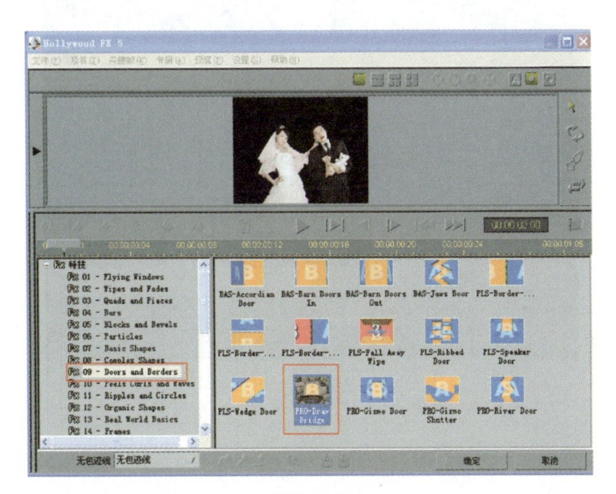

图16-8

选中添加的Hollywood FX5特效，在Effect Controls面板中调整其持续时间，使其持续的时间为3秒，如图16-9所示。

将时间指针拖动到00:00:09:00处，将"1. psd"素材拖动到时间指针处，并将Cross Dissolve滤镜添加在素材"1. psd"的结尾，使其淡出屏幕，如图16-10所示。

将title文件夹中的"Wedding/文字. psd"拖动到Video 3轨道中的00:00:09:00处，并将Cross Dissolve添加到素材的开始和结束处，如图16-11所示。

4. Flip Over(旋转)

素材A

视频转场效果

素材B

5. Fold Up(折叠)

素材A

视频转场效果

素材 B

6. Spin(翻转)

素材 A

视频转场效果

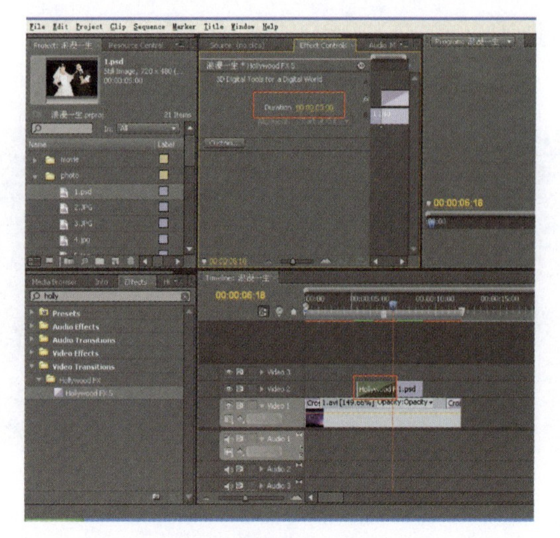

图 16－9

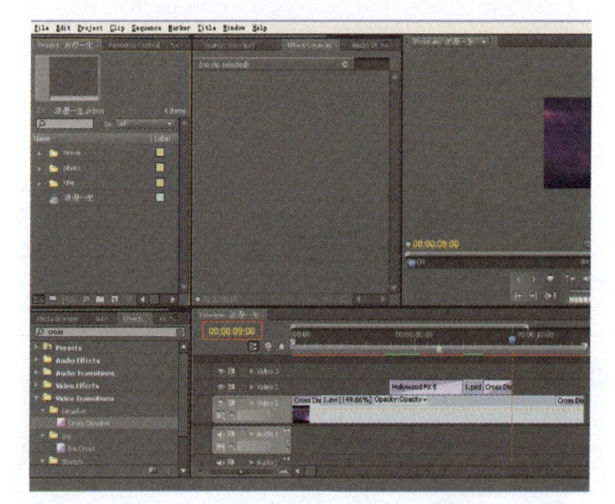

图 16－10

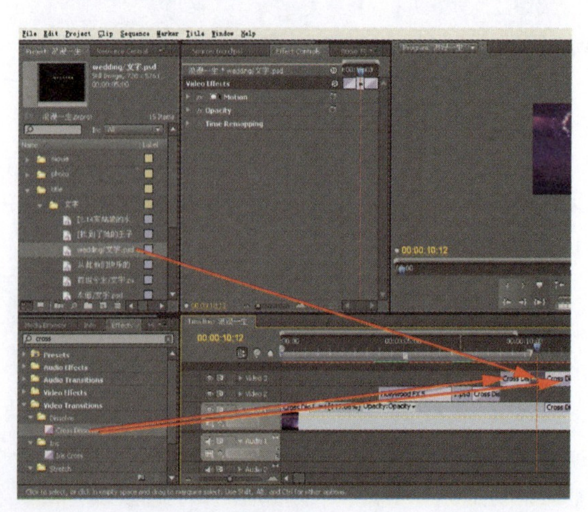

图 16－11

04.

将 movie 文件夹中的“2. avi”文件，拖动到 Video 1 轨道中素材“1. mov”的后面，并将其持续的时间修改为 12 秒，如图 16－12 所示。

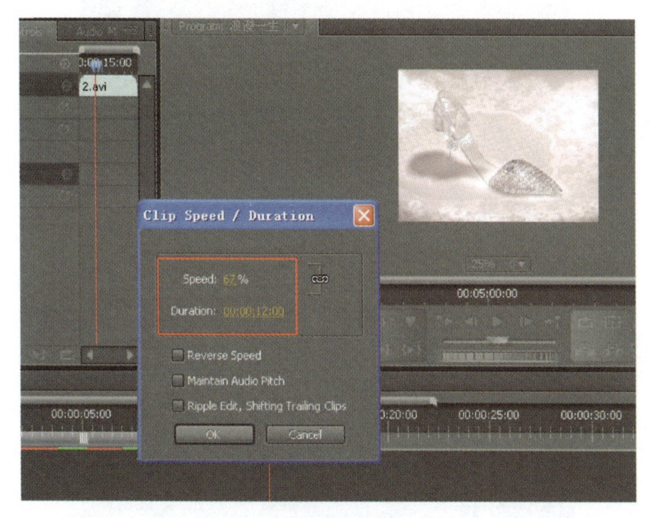

图 16－12

将 Cross Dissolve 滤镜添加在“2. avi”的开头和结尾，如图 16－13 所示。

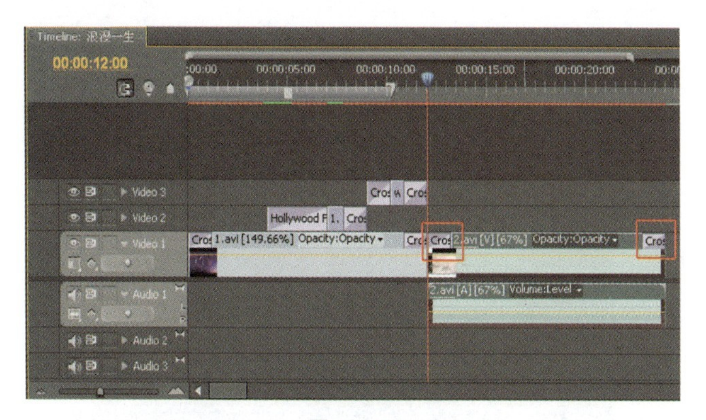

图 16－13

右键单击轨道头部，在弹出的下拉菜单中选择 Add Tracks...，添加两条新的轨道，如图 16－14 所示。

调整时间码为 00：00：13：00 将 title 文件夹中的“[2. 14灰姑娘的水晶鞋]/文字. psd”文件拖动到 Video 2 轨道中，并将其持续的时间调整为 4 秒，同时在素材的开头和结尾也加上 Cross Dissolve 滤镜，如图 16－15 所示。

素材 B

7. Spin Away(翻转离开)

素材 A

视频转场效果

素材 B

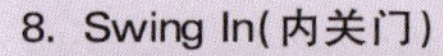

8. Swing In(内关门)

素材 A

视频转场效果

素材 B

9. Swing Out(外关门)

素材 A

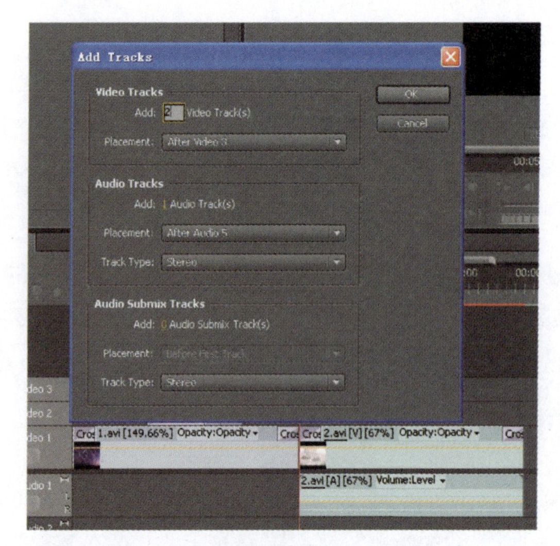

图 16-14

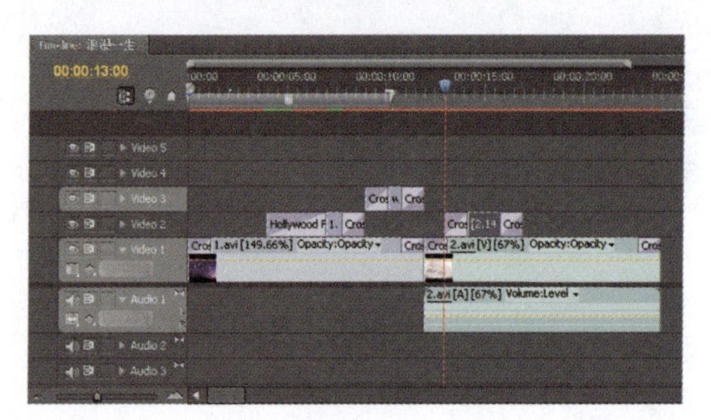

图 16-15

将时间指针移动到 00:00:15:20 处,将“[找到了她的王子]/文字.psd”素材添加到 Video 3 轨道中,调整持续的时间为 4 秒,并在素材的开头和结尾加上 Cross Dissolve 滤镜,如图 16-16 所示。

图 16-16

将时间指针移动到 00:00:18:15 处，将“从此他们快乐的生活在一起直到永远/文字.psd”素材添加到 Video 4 轨道中。并在素材的开头和结尾加上 Cross Dissolve 滤镜。拖动素材使其结尾与 Video 1 轨道中的素材平齐，如图 16－17 所示。

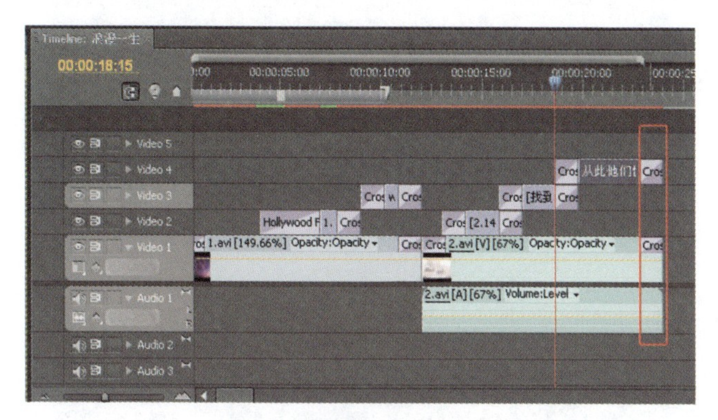

图 16－17

05.

将 movie 文件夹中的“3.avi”拖动到 Video 1 轨道中。选中素材，右键单击，选择 Speed/Duration... 选项，调整其持续时间为 20 秒，如图 16－18 所示。

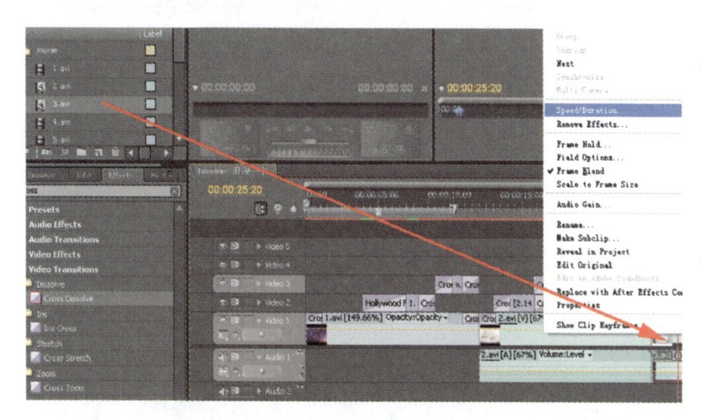

图 16－18

在素材的开头和结尾加上 Cross Dissolve 滤镜，如图 16－19 所示。

将时间码调整为 00:00:25:15，把 photo 文件夹中的“2.jpg”图片拖动到 Video 2 轨道中，如图 16－20 所示。

在 Program 窗口适当调整其大小，使其适合屏幕的大小。

视频转场效果

素材 B

10. Tumble Away(筋斗翻出)

素材 A

视频转场效果

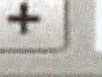

素材 B

Map 类

通过将前一个镜头的通道或者明度值映射到后一个镜头中来实现过渡。

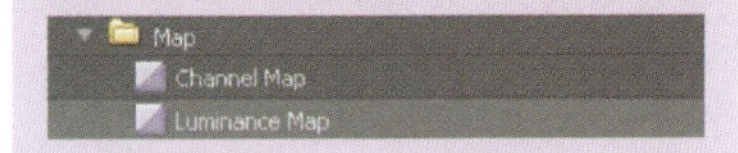

1. Cube Spin(立体旋转)

素材 A

视频转场效果

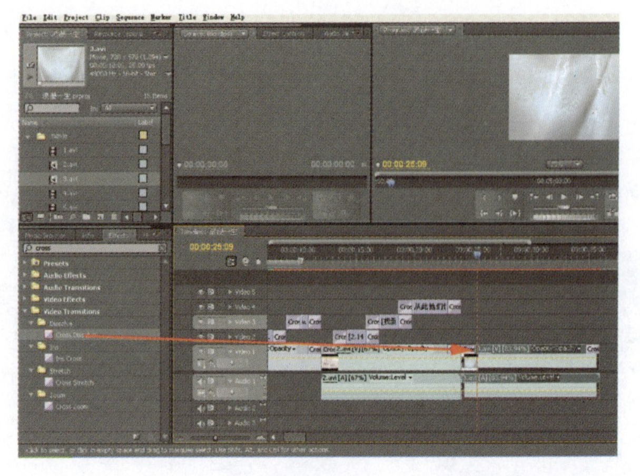

图 16-19

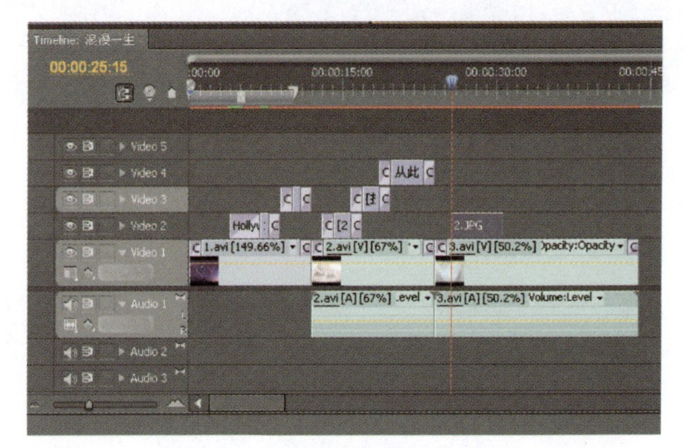

图 16-20

06.

将 Cross Dissolve 滤镜添加在“2. jpg”的开头和结尾，如图 16-21 所示，选中素材，在 Effect Controls 面板对素材的位置进行关键帧的设置。

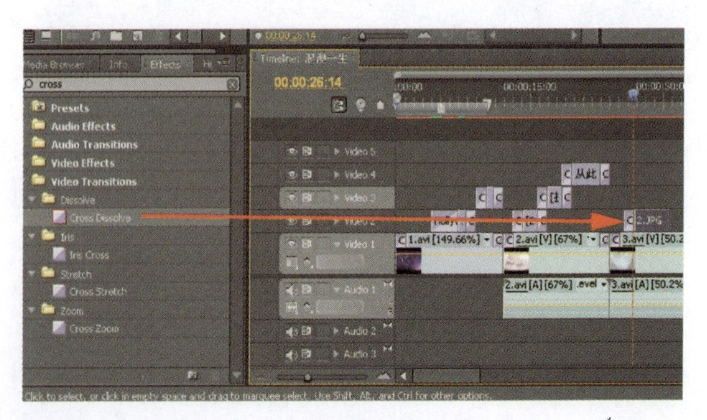

图 16-21

在 Effect Controls 面板中将时间码调整为 00:00:28:22，为 Position 和 Scale 添加关键帧，数值设置如图 16－22 所示。

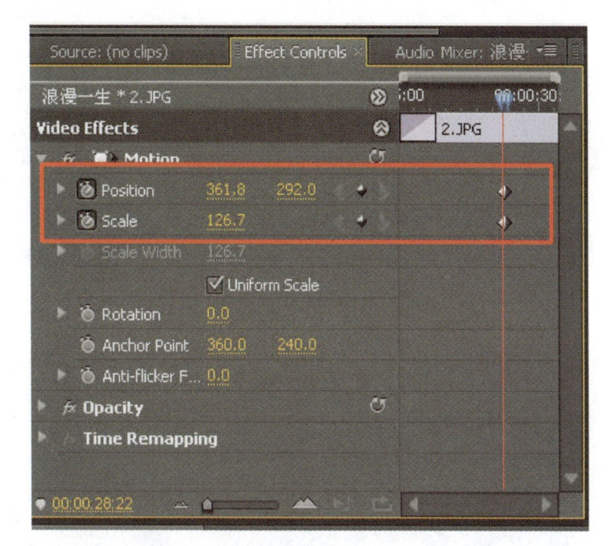

图 16－22

再将时间码调整为 00:00:29:20，为 Position 和 Scale 添加关键帧，数值如图 16－23 所示。

图 16－23

仍在 00:00:29:20 处，将“3. jpg”文件拖动到 Video 3 轨道中，如图 16－24 所示。

将时间码定为 00:00:29:21 在 Effect Controls 面板中，为 Position 和 Scale 添加关键帧，数值如图 16－25 所示。

素材 B

2. Luminance Map(亮度过渡)

素材 A

视频转场效果

素材 B

Page Peel(卷页)类

卷页又称为翻入翻出技巧。在一个画面将要结束的时候将其后面的一系列画面翻转从而翻出后面画面的过渡过程。这种表现手法多用于表现空间和时间的转换，常常用于对比前后的一系列画面。影视广告中常有应用。

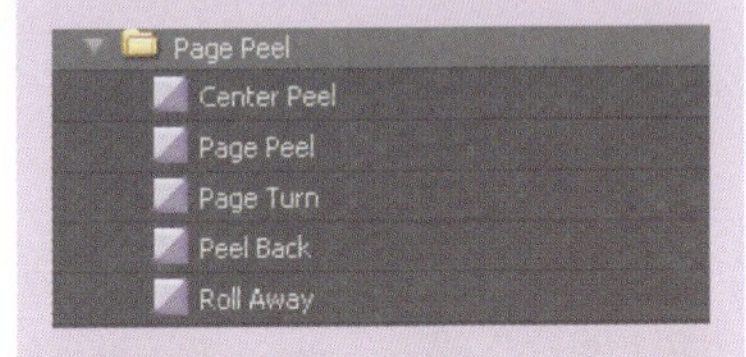

1. Center Peel(中心卷页)

素材 A

视频转场效果

素材 B

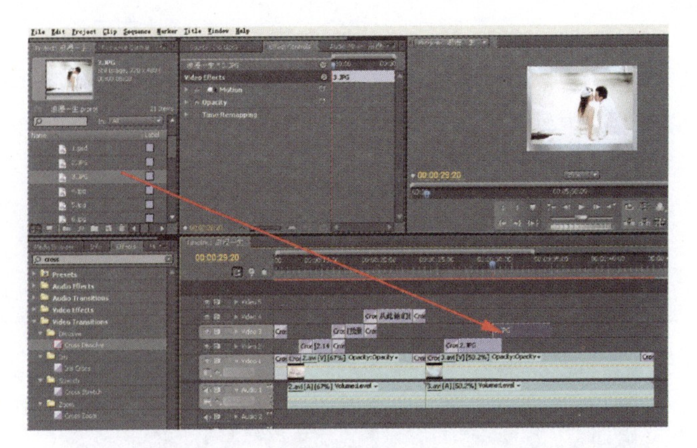

图 16 - 24

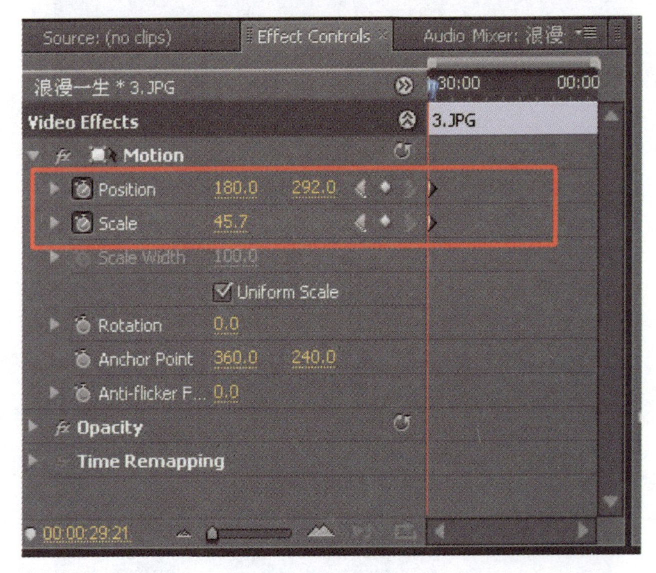

图 16 - 25

将 Cross Dissolve 滤镜添加在“3. jpg”的开头，如图 16 - 26 所示。

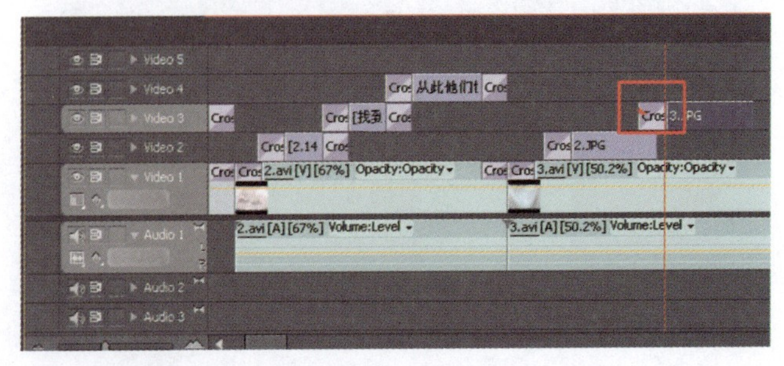

图 16 - 26

将时间码调整为 00:00:34:00,为 Position 和 Scale 添加关键帧,数值如图 16－27 所示。

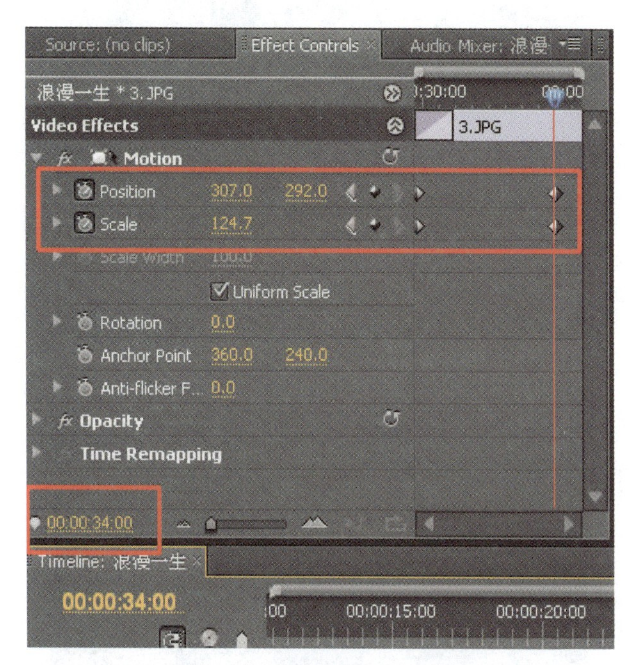

图 16－27

用工具箱中的选择工具,拉长 Video 2 轨道中的素材“2. jpg”的持续时间,使其结尾处于 00:00:34:00,如图 16－28 所示。

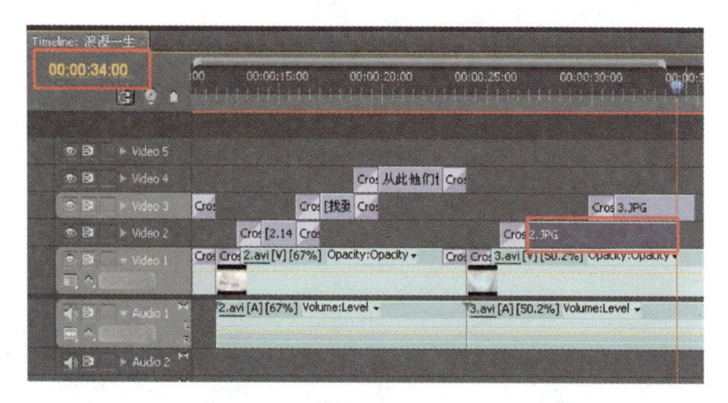

图 16－28

在 Effects 面板中搜索“Barn Doors”转场特效,并将其添加在“3. jpg”的结尾,如图 16－29 所示。

07.

将时间码设为 00:00:36:00,把“4. jpg”拖动到 Video 4 轨道中,如图 16－30 所示。

2. Page Peel(单一卷页)

素材 A

视频转场效果

素材 B

3. Page Turn(对角折页)

素材 A

视频转场效果

素材 B

4. Peel Back(四角卷页)

素材 A

视频转场效果

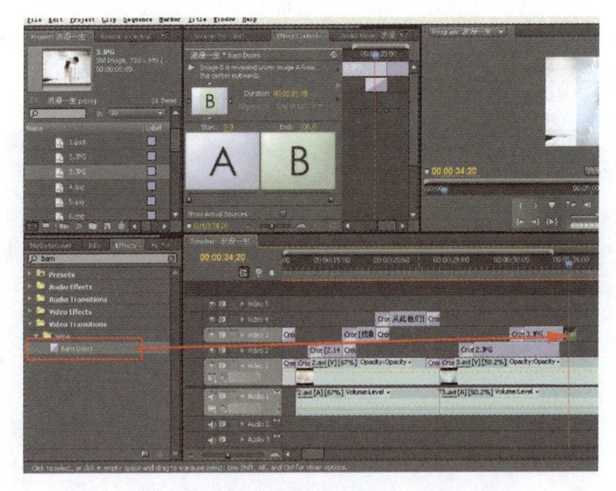

图 16－29

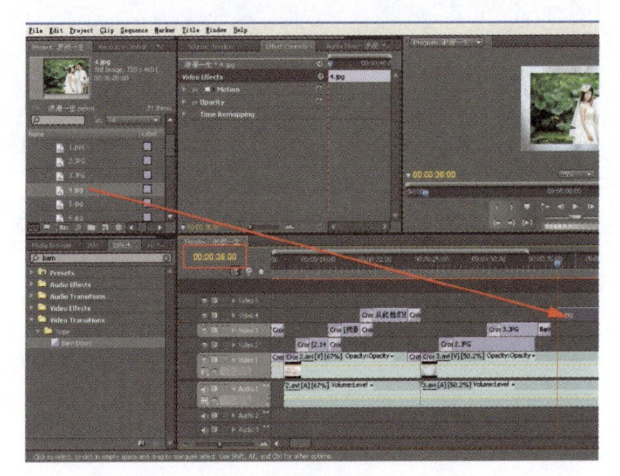

图 16－30

在 Program 窗口中,适当调整图像的大小,并在 Effects 窗口中搜索 Hollywood FX5 滤镜拖动到“4. jpg”的开始位置,如图 16－31 所示。

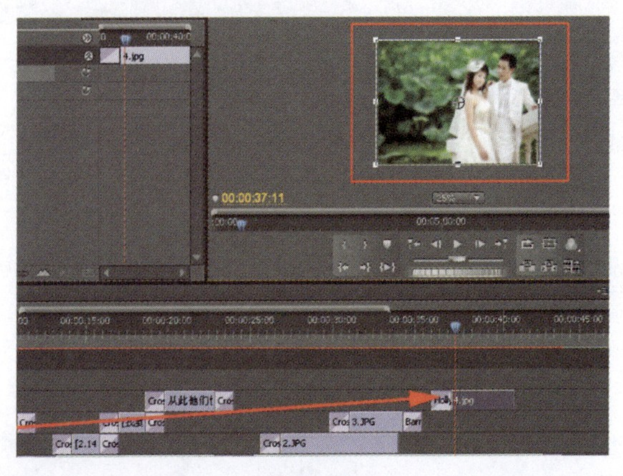

图 16－31

选中 Hollywood FX5 滤镜，在 Effect Controls 面板中单击 Custom 选项，选择 Fx15 - Video and Film 中的 BAS-Shutter Click 转场特效，如图 16 - 32 所示。

图 16 - 32

将 Cross Dissolve 滤镜拉动到“4. jpg”的结尾。在 00:00:40:23 处，将“5. jpg”素材拖动到 Video 5 轨道中，如图 16 - 33 所示。

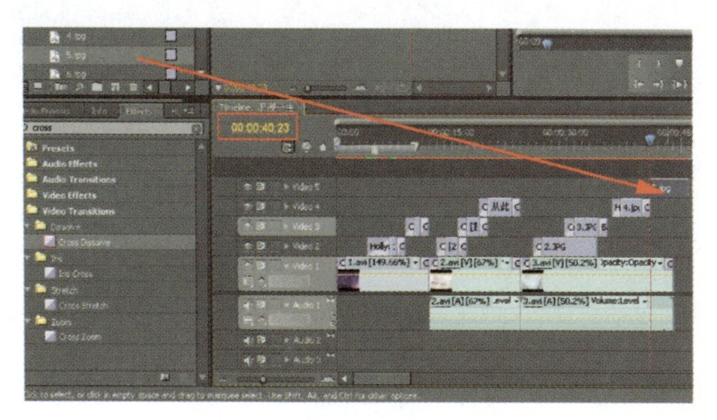

图 16 - 33

08.

将 Hollywood FX5 滤镜添加在“5. jpg”的开头，并在 Effect Controls 面板中单击 Custom... 选项，选择 Fx15 - Video and Film 中的 PLS-Photo Shop 转场特效，如图 16 - 34 所示。

在 Effect Controls 面板中修改滤镜的持续时间为 00:00:03:23，如图 16 - 35 所示。

在 Program 窗口中适当修改图像的大小，将 Cross Dissolve 滤镜添加到“5. jpg”的结尾，如图 16 - 36 所示。

素材 B

5. Roll Away（滚动卷页）

素材 A

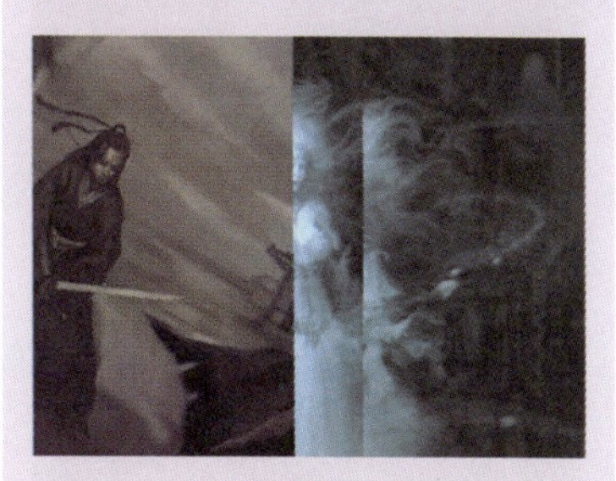

视频转场效果

素材 B

Sild(滑行)类

前一个镜头从画面中逐渐由大变小离开，后一个镜头则由小变大进入。

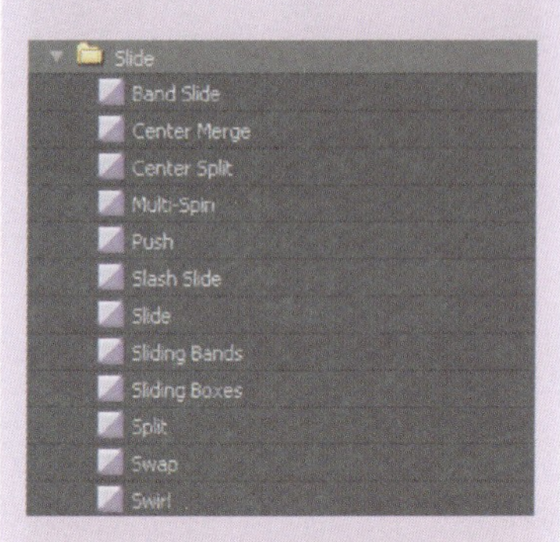

1. Bend Sild(带状滑行)

素材 A

视频转场效果

素材 B

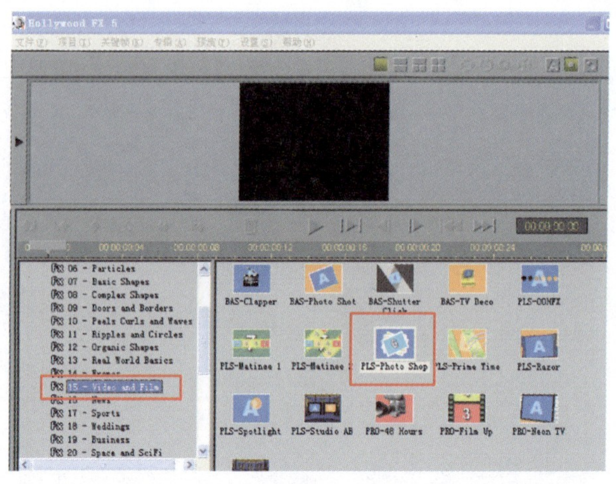

图 16－34

图 16－35

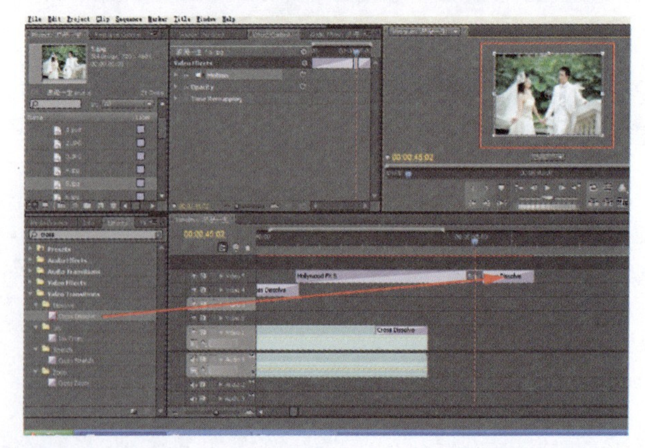

图 16－36

运用工具拖动 Video 1 轨道中的素材“3. avi”使其与 Video 5 中的素材平齐，如图 16－37 所示。

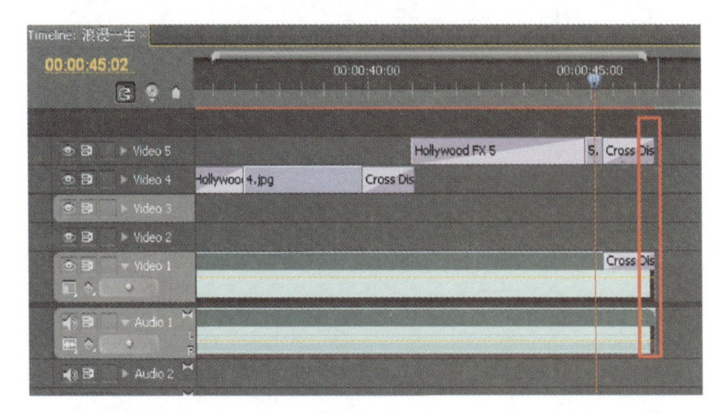

图 16－37

09.

将 movie 文件夹中的“4. avi”拖动到 Video 1 轨道中，并调整其持续时间为 12 秒，如图 16－38 所示。

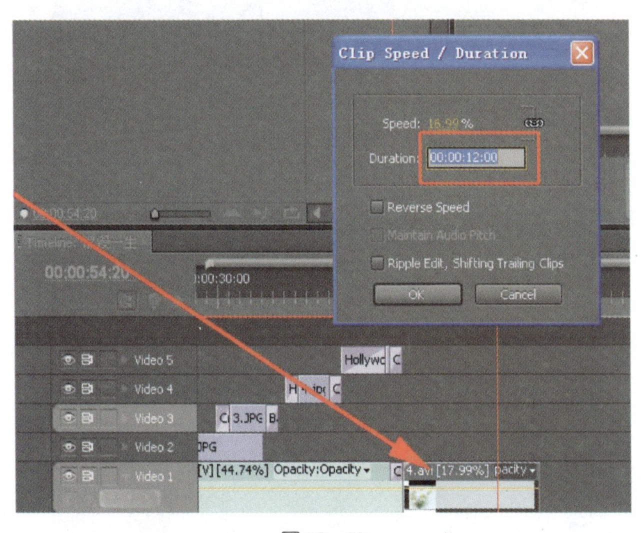

图 16－38

将 Cross Dissolve 滤镜添加在“4. avi”的开头。将时间码调整为 00：00：47：15，将 Photo 文件夹当中的“6. jpg”文件拖动到 Video 2 轨道中，如图 16－39 所示。

调整其持续时间为 4 秒，如图 16－40 所示。

在 Program 窗口中，适当调整图像以适合屏幕的大小，如图 16－41 所示。

2. Center Merge（中心合并）

素材 A

视频转场效果

素材 B

3. Center Split（中心分裂）

素材 A

视频转场效果

素材 B

4. Multi-Spin(多格旋转)

素材 A

视频转场效果

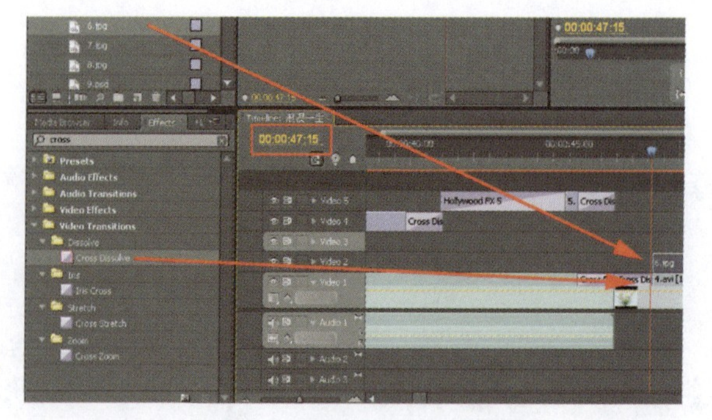

图 16 - 39

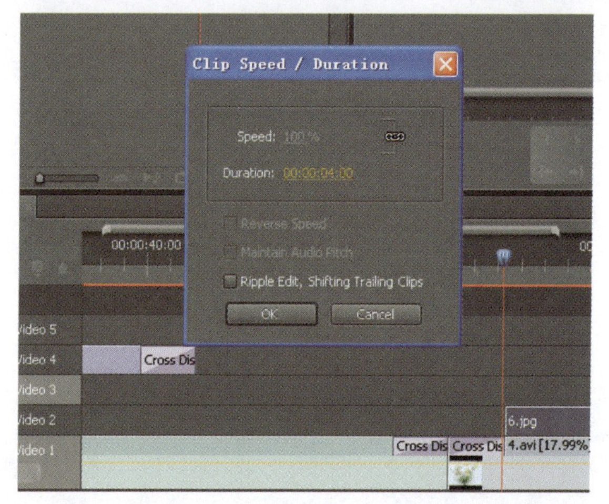

图 16 - 40

图 16 - 41

10.

将时间码调整为 00:00:51:15,将"7. jpg"拖动到

Video 3 轨道中，并将其持续时间调整为00:00:02:23，如图16-42所示。

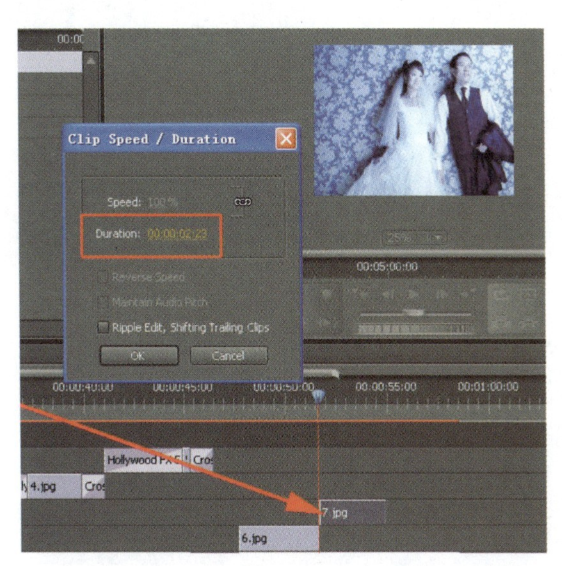

图16-42

将时间码调整为00:00:54:14，将“8.jpg”拖动到Video 4 轨道当中，并将其持续时间调整为00:00:03:22，如图16-43所示。

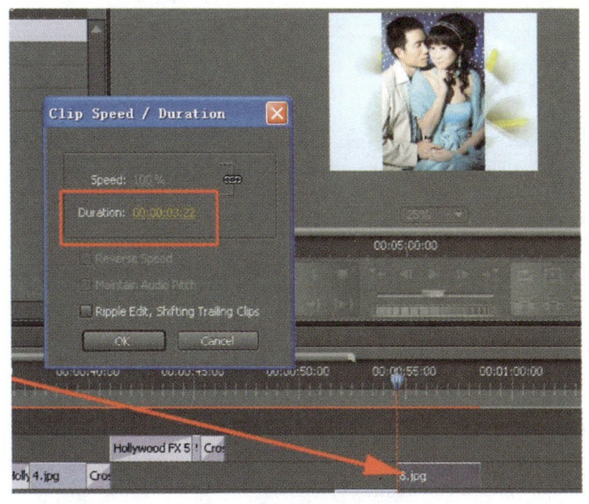

图16-43

将 Hollywood FX5 滤镜分别添加到“6.jpg”、“7.jpg”、“8.jpg”的开头位置，如图16-44所示。

选中“6.jpg”前添加的Hollywood FX5滤镜，在Effect Controls面板中，单击Custom...选项，选择Fx15 - Video and Film中的PLS-Matinee1效果，如图16-45所示。

素材 B

5. Push(推出)

素材 A

视频转场效果

素材 B

6. Slash Slide(斜线滑行)

素材 A

视频转场效果

素材 B

7. Slide(滑行)

素材 A

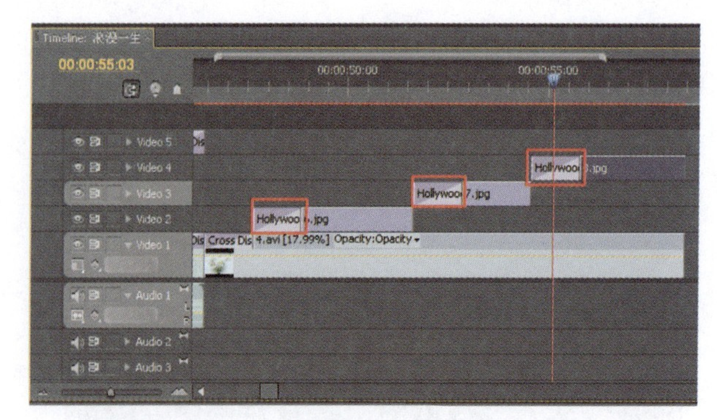

图 16 - 44

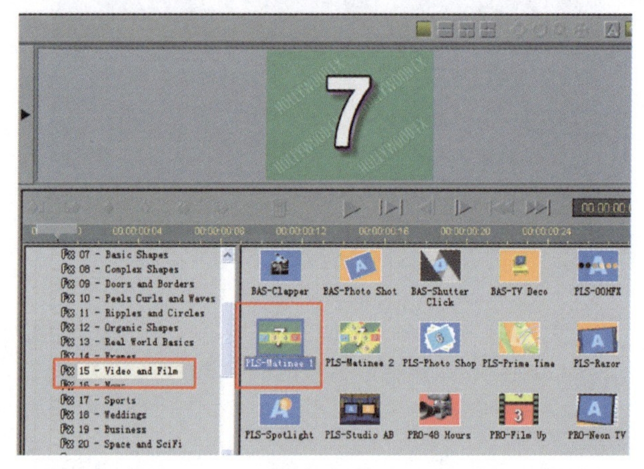

图 16 - 45

用同样的方法，也将“7. jpg”和“8. jpg”前添加的 Hollywood FX5 滤镜，在 Effect Controls 面板中，通过单击 Custom 选项，选择 Fx15 - Video and Film 中的 PLS-Matinee1 效果。

将 Cross Dissolve 滤镜添加在“8. jpg”和“4. avi”的结尾，并保持两素材结尾处长度平齐，如图 16 - 46 所示，使他们渐出整个画面。

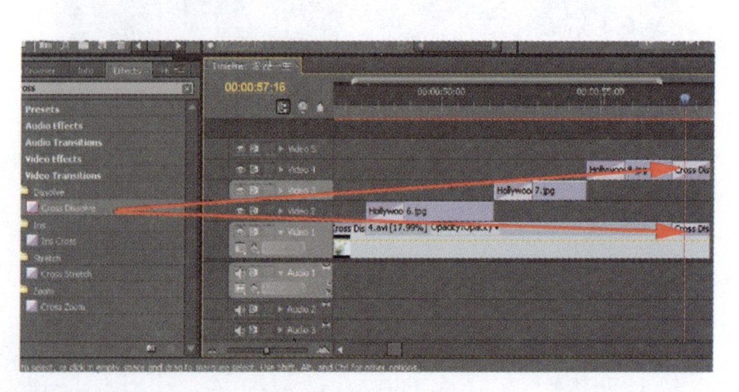

图 16 - 46

11.

将时间码调整为 00:00:58:11 再将“5. avi”拖动到 Video 1 轨道中。在 Program 窗口中适当调整其大小,如图 16-47 所示。

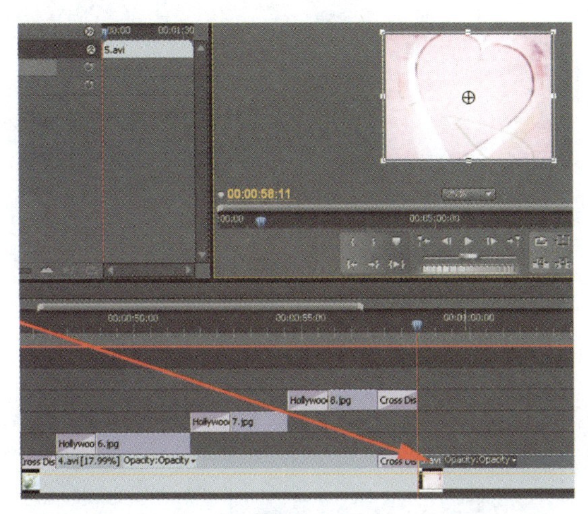

图 16-47

将 Cross Dissolve 滤镜添加在“5. avi”的开头部分,并将“5. avi”的持续时间改为 00:00:17:00,如图 16-48 所示。

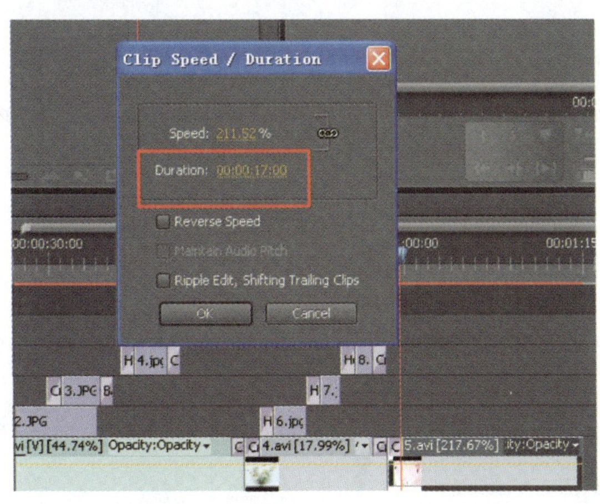

图 16-48

将时间码定为 00:00:59:15,将“9. psd”文件拖动到 Video 2 轨道中,修改其持续时间为 00:00:05:00,如图 16-49 所示。

将“10. psd”和“11. psd”也拖动到 Video 2 轨道中,并用 工具拖动“11. psd”的结尾,使其与 Video 1 轨道上的素材平齐,如图 16-50 所示。

视频转场效果

素材 B

8. Sliding Bands(滑行带子)

素材 A

视频转场效果

素材 B

9. Sliding Boxes(滑行盒子)

素材 A

视频转场效果

素材 B

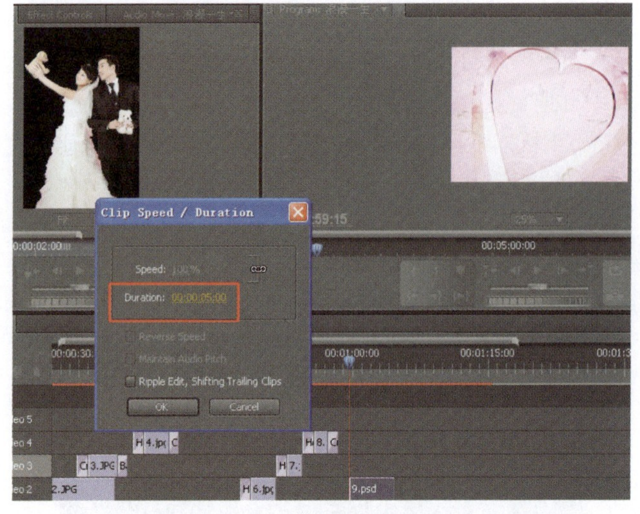

图 16－49

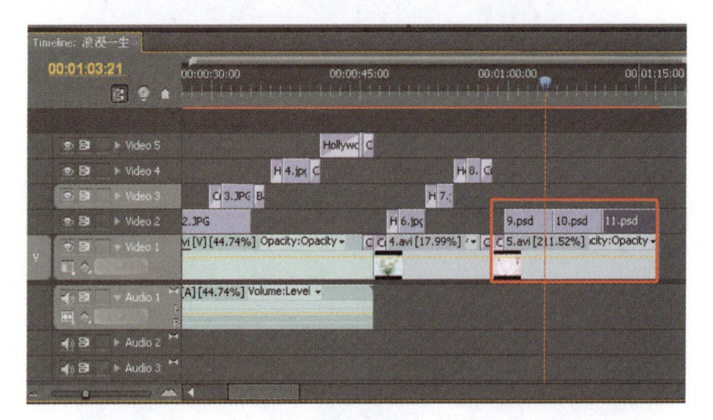

图 16－50

在 Program 窗口中调整“10. psd”的位置，使图像下部与画面平齐，如图 16－51 所示。

图 16－51

然后再调整"11. psd"的位置,使人像处于画面的右侧,如图 16-52 所示。

图 16-52

12.

将 Cross Dissolve 滤镜分别添加在"9. psd"的开头以及"9. psd"和"10. psd","10. psd"和"11. psd"素材相连的位置,如图 16-53 所示。

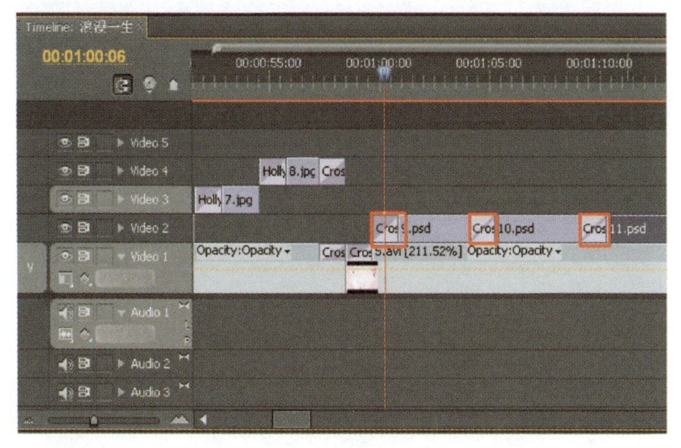

图 16-53

将 title 文件夹中"深情"、"甜蜜"、"永恒"三个文字素材拖动到 Video 3 轨道中,并用 工具调整它们的长度,使其与各自对应的下部素材等长,如图 16-54 所示。

将 movie 文件夹中的"a. gif"、"b. gif"、"c. gif"文件,拖动到 Video 4 轨道中,并用 工具调整其持续的时间,使其与各自对应的下部素材等长,如图 16-55 所示。同时,可在 Program 窗口把素材放置在认为合适的位置。

为 Video 1 至 Video 4 轨道上结尾处所有的素材加上 Cross Dissolve 滤镜,使其渐出画面,如图 16-56 所示。

10. Split(分裂)

素材 A

视频转场效果

素材 B

11. Swap(交换)

素材 A

视频转场效果

素材 B

12. Swirl(漩涡)

素材 A

视频转场效果

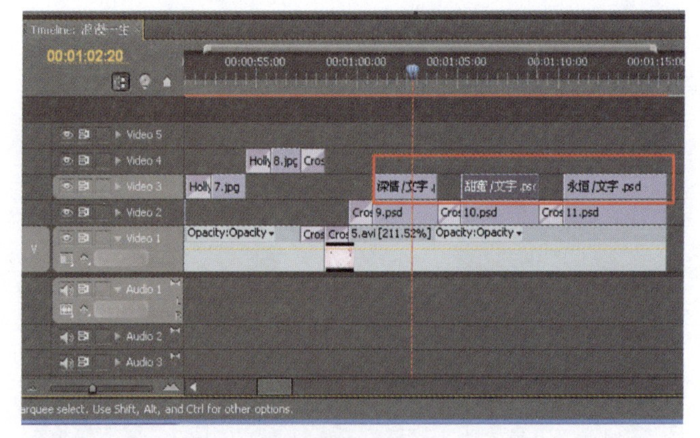

图 16－54

图 16－55

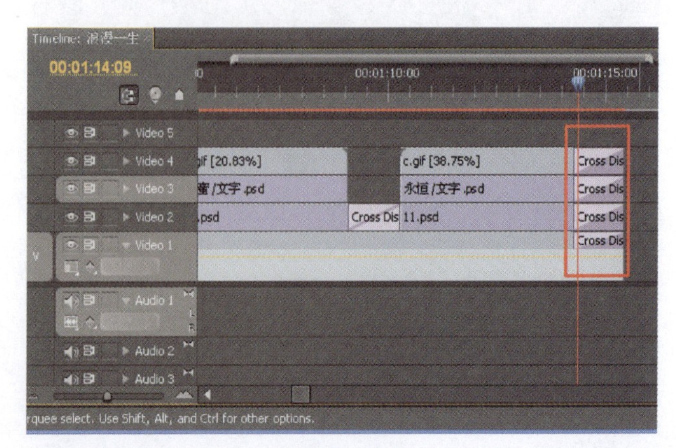

图 16－56

13.

将时间码调整为 00∶01∶15∶11，将"6. avi"拖到 Video 1 轨道中，并在其开头添加 Cross Dissolve 滤镜，如图 16－57 所示。

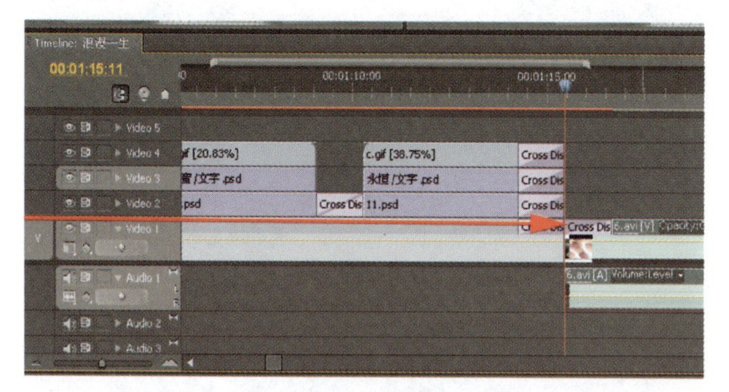

图 16－57

调整"6. avi"的持续时间为 00∶00∶20∶00，如图 16－58所示。

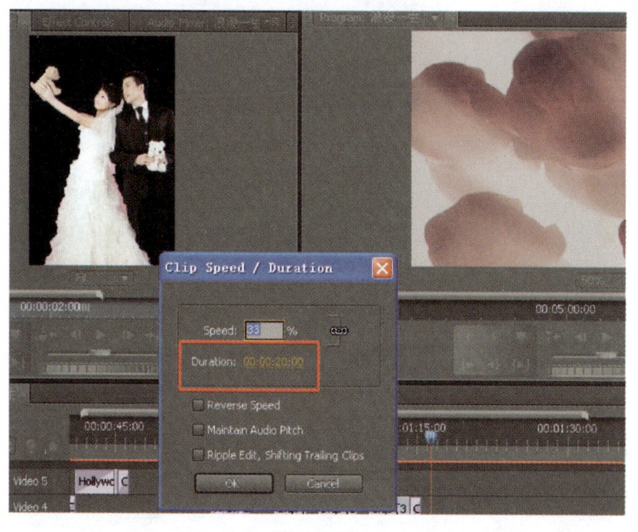

图 16－58

将时间码调整为 00:01:16:20，将 photo 文件夹中的"12. jpg"～"17. jpg"文件拖动到 Video 2 轨道中，如图 16－59所示。

调整"12. jpg"～"16. jpg"每张图片素材的持续时间都为 3 秒，使"17. jpg"与 Video 1 的素材平齐，如图 16－60 所示。

素材 B

Special Effect(特殊效果)类

用于影视片头的制作，这些技巧往往都需要与其他的图形图像处理软件一起使用。

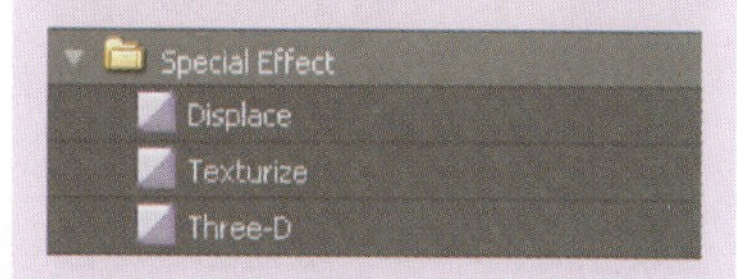

1. Displace(置换)

素材 A

视频转场效果

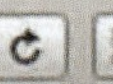

素材 B

2. Texturize(纹理)

素材 A

视频转场效果

素材 B

图 16-59

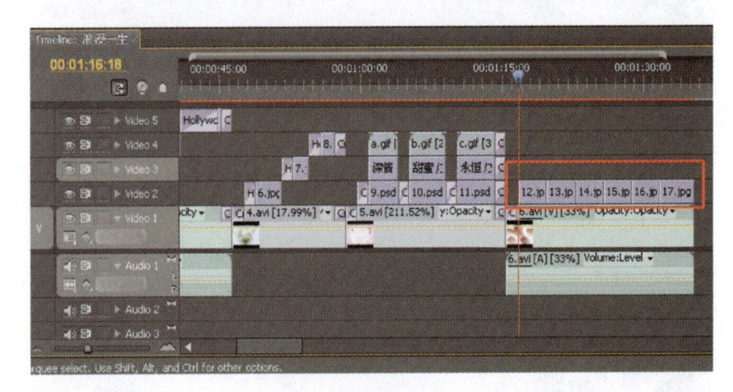

图 16-60

选用 Video Transitions 视频转场特效中 Slide 滤镜组中的特效添加在 12. jpg～17. jpg 中。其中 Band Slide 使用两次，一次在 12. jpg 的开头，一次在 16. jpg 与17. jpg 的连接处；Slash Slide 使用在 12. jpg 与 13. jpg 的连接处；Slide 使用三次，分别为 13. jpg 与 14. jpg、14. jpg 与 15. jpg 和15. jpg 与 16. jpg 的连接处，如图 16-61 所示。

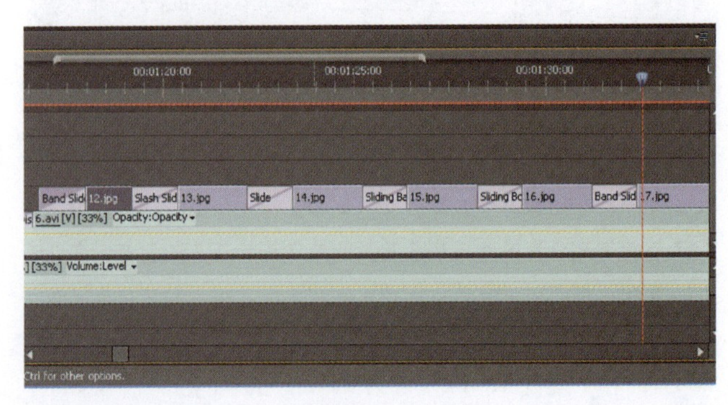

图 16-61

将 Cross Dissolve 滤镜添加在 17. jpg 和 6. avi 的结尾，使其渐出画面，如图 16－62 所示。

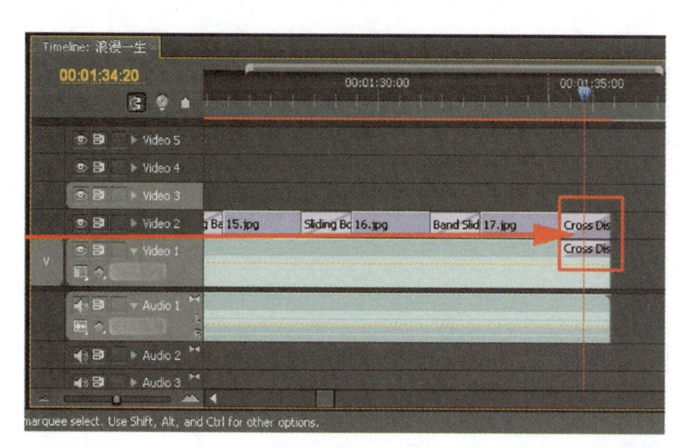

图 16－62

14.

将 movie 文件夹中素材“7. avi”拖动到 Vide1 轨道中，调整其持续时间为 00：00：08：00，如图 16－63 所示。

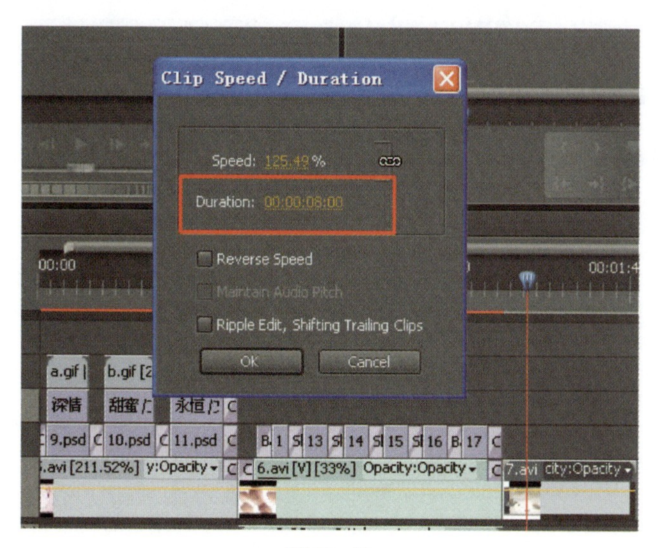

图 16－63

在 Cross Dissolve 特效添加在“7. jpg”的开头。

在 Project 窗口的空白区域右键单击，在弹出的对话框中选择 New Item→Title... 命令，创建字幕文字，在弹出的 New Title 对话框中进行相关参数的设置，如图 16－64所示。

3. Three-D(红蓝输出)

素材 A

视频转场效果

素材 B

Stretch(拉伸)类

通过素材的变形来实现过渡。

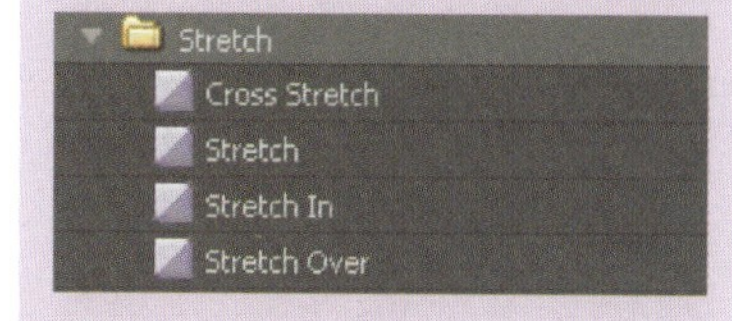

1. Cross Stretch(交叉伸展)

素材 A

视频转场效果

素材 B

2. Stretch(伸展)

素材 A

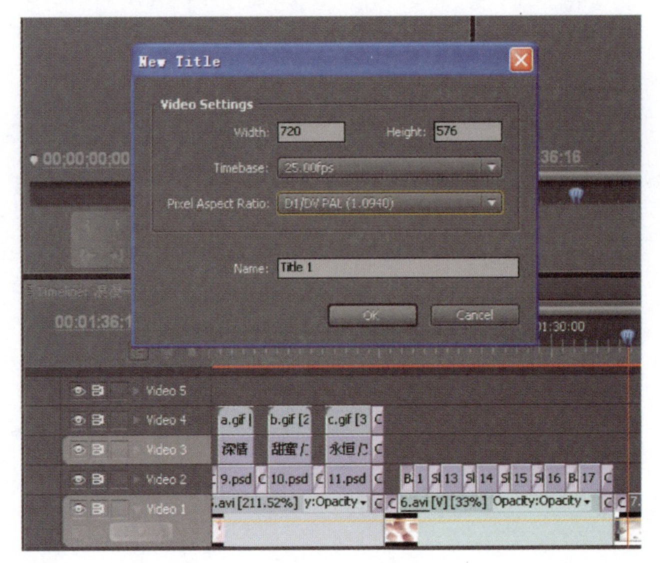

图 16-64

在字幕编辑区域输入相关文字，参数设置如图16-65中红色方框所示。

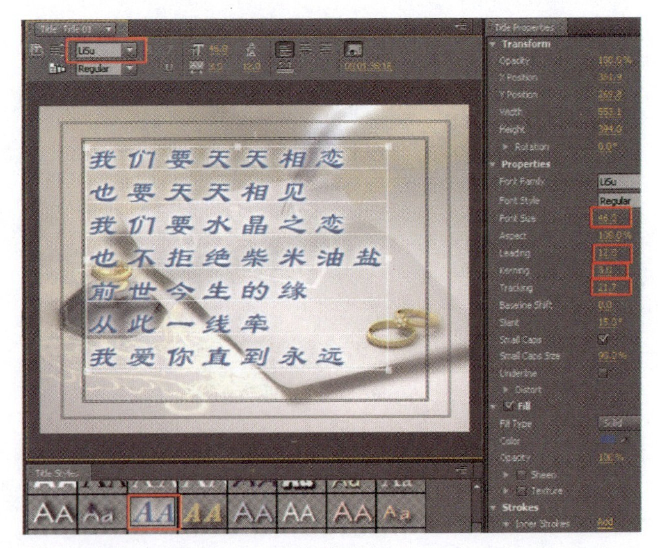

图 16-65

单击字幕编辑区域的 按钮，在弹出的对话框中勾选 Title Type 下的 Roll 选项及 Timing(Frames)下的 Start Off Screen 和 End Off Screen 选项，如图16-66所示。

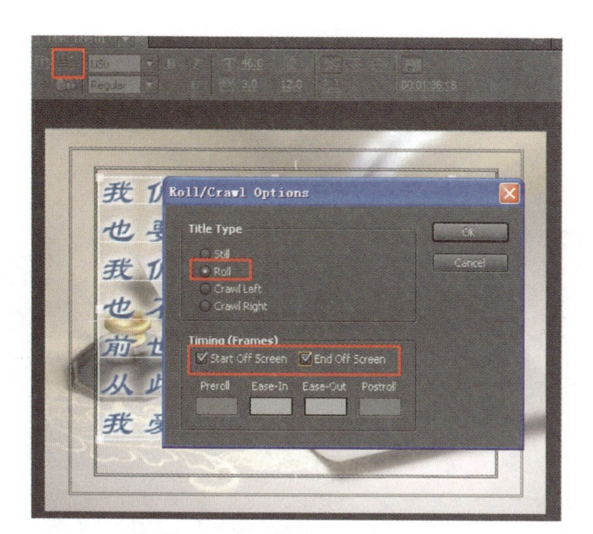

图 16-66

设置好之后，关闭对话框。将生成的“Title01”字幕动画文件拖动到 Video 2 轨道中。用 工具拉动字幕文件，使其与 Video 1 轨道中素材等长，如图 16-67 所示。

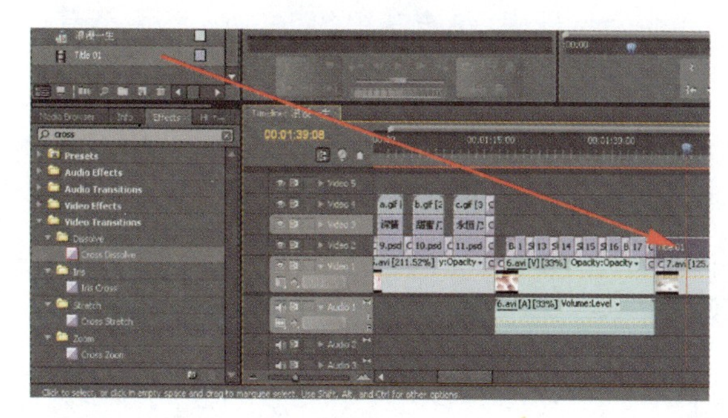

图 16-67

将 Cross Dissolve 滤镜分别添加在“7. avi”的开头和结尾及“Title01”的开头和结尾，如图 16-68 所示。

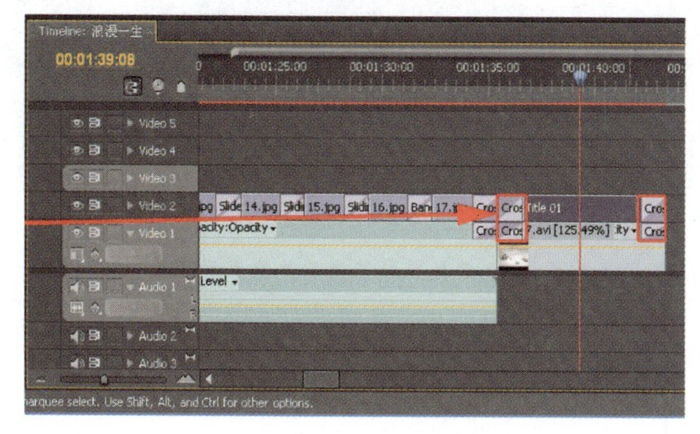

图 16-68

视频转场效果

素材 B

3. Stretch In(缩小伸展)

素材 A

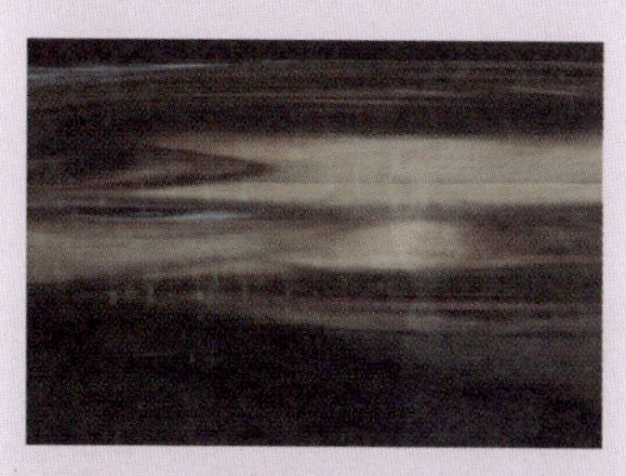

视频转场效果

素材 B

4. Stretch Over(放大伸展)

素材 A

视频转场效果

素材 B

Zoom(缩放)类

模拟实际拍摄过程中镜头的推拉。

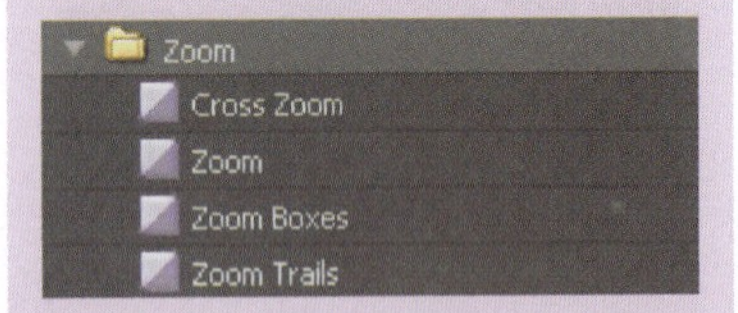

15.

将"8. avi"拖动到 Video 1 轨道中,并在其开头和结尾都添加上 Cross Dissolve 滤镜,如图 16 - 69 所示。

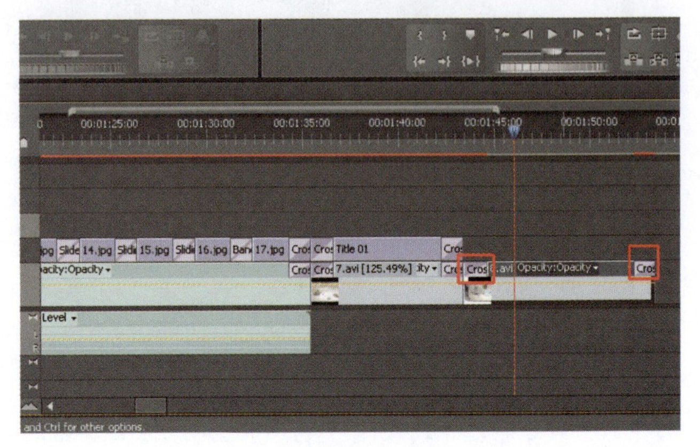

图 16 - 69

选中"8. avi"右键单击,在弹出的 Clip Speed/Duration 对话框中,勾选其中的 Reverse Speed(反转速度),为素材设置倒放,如图 16 - 70 所示。

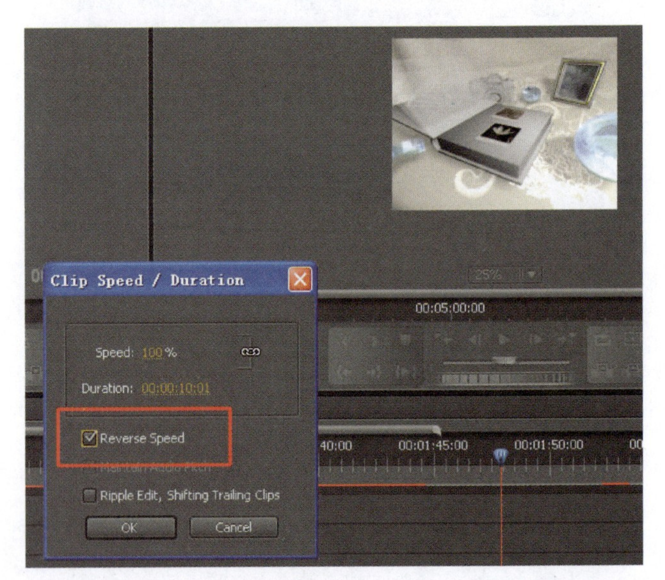

图 16 - 70

将 title 文件夹中的"缘定今生/文字"拖动到 Video 2 轨道中,调整其播放的时间为 00:00:05:00,如图 16 - 71 所示。

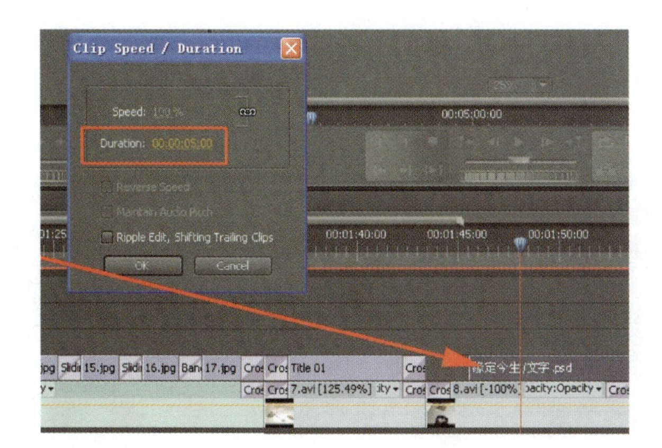

图 16－71

将“缘定今生/文字”素材的结尾与 Video 1 轨道中的素材对齐，并在“缘定今生”的开头和结尾都加上 Cross Dissolve 滤镜，如图 16－72 所示。

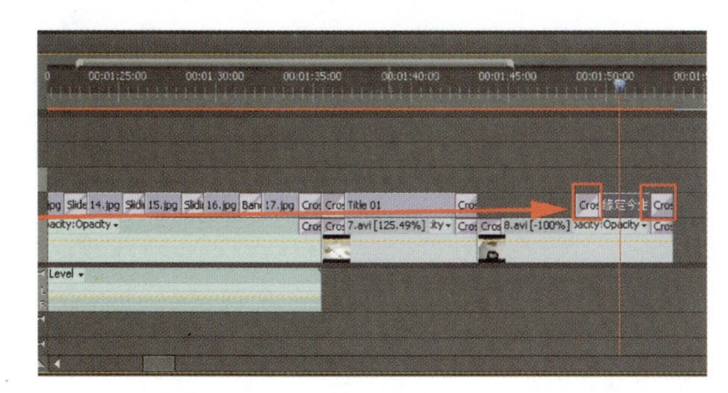

图 16－72

16.

分别右键单击“2. avi”、“3. avi”和“6. avi”，在弹出的下拉菜单中选择 Unlink，解除“2. avi”、“3. avi”、“6. avi”中视频与音频的链接，如图 16－73 所示。

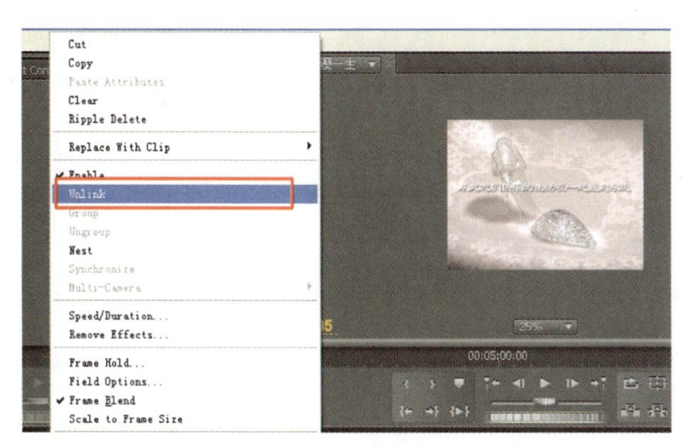

图 16－73

1. Cross Zoom(交叉缩放)

素材 A

视频转场效果

素材 B

2. Zoom(缩放)

素材 A

视频转场效果

素材 B

3. Zoom Boxes(盒状缩放)

素材 A

删除 Audio1 轨道中的音频文件，如图 16 - 74 所示。

图 16 - 74

此时导入“chapter16\media\月亮代表我的心. mp3”音乐素材，如图 16 - 75 所示。

图 16 - 75

用工具将音频素材在 00:01:53:12 处剪断，并将剪下的片断删除，如图 16 - 76 所示。

图 16-76

最后为音频设置淡入淡出效果，整个的婚礼纪念册视频就完成了。

素材 B

4. Zoom Trails(跟踪缩放)

素材 A

视频转场效果

素材 B

本章小结

好的视频转场特效可以为视频作品赋予生命，不仅可以使静态的图片在瞬间运动起来，而且画面也同时被丰富，但过多的转场应用会使画面凌乱，削减整个视频作品的整体性。选择适合的素材转场特效，以及各特效相互间的组接是一门很大的学问，学好它不是朝夕之功，大家可以通过加强制作此种类型的视频作品的练习来达到应用自如的目的。

课后练习

1. 简要地介绍一下对 Video Transitions（视频转场）的理解，视频编辑过程中，它起到了何种作用？
2. 用自己的生活照制作属于自己的电子相册。
3. 何种转场特效可以实现通过为透明度设置关键帧，达到使画面渐入渐出的效果。

附录1

全国信息化工程师—NACG数字艺术人才培养工程简介

一、工业和信息化部人才交流中心

工业和信息化部人才交流中心(以下简称中心)是工业和信息化部直属的正厅局级事业单位,是工业和信息化部在人才培养、人才交流、智力引进、人才市场、人事代理、国际交流等方面的支撑机构,承办工业和信息化部有关人事、教育培训、会务工作。

"全国信息化工程师"项目是经国家工业和信息化部批准,由工业和信息化部人才交流中心组织的面向全国的国家级信息技术专业教育体系。NACG数字艺术人才培养工程是该体系内针对数字艺术领域的专业教育体系。

二、工程概述

- 项目名称:全国信息化工程师—NACG数字艺术才培养工程
- 主管单位:国家工业和信息化部
- 主办单位:工业和信息化部人才交流中心
- 实施单位:NACG教育集团
- 培训对象:高职、高专、中职、中专、社会培训机构

现代艺术设计离不开信息技术的支持,众多优秀的设计类软件以及硬件设备支撑了现代艺术设计的蓬勃发展,也让艺术家的设计理念得以完美的实现。为缓解当前我国数字艺术专业技术人才的紧缺,NACG教育集团整合了多方资源,包括业内企业资源、先进专业类院校资源,经过认真调研、精心组织推出了NACG数字艺术&动漫游戏人才培养工程。NACG数字艺术人才培养工程以培养实用型技术人才为目标,涵盖了动画、游戏、影视后期、插画/漫画、平面设计、网页设计、室内设计、环艺设计等数字艺术领域。这项工程得到了众多高校及培训机构的积极响应与支持,目前遍布全国各地的300多家院校与NACG进行教学合作。

经过几年来自实践的反馈,NACG教育集团不断开拓创新、完善自身体系,积极适应新技术的发展,及时更新人才培养项目和内容,在主管政府部门的领导下,得到越来越多合作企业、合作院校的高度认可。

三、工程特色

NACG数字艺术才培养工程强调艺术设计与数字技术相结合，跟踪业界先进的设计理念与技术创新，引入国内外一流的课程设计思想，不断更新完善，成为适合国内的职业教育资源，努力打造成为国内领先的数字艺术教育资源平台。

NACG数字艺术才培养工程在课程设计上注重培养学生综合及实际制作能力，以真实的案例教学让学生在学习中可以提前感受到一线企业的要求，及早弥补与企业要求之间存在的差距。NACG实训平台的建设让学生早一步进入实战，在学生掌握职业技能的同时，相应提高他们的职业素养，使学生的就业竞争力最大限度地得以提高。

NACG教育集团通过与院校在合作办学、合作培训、学生考证、师资培训、就业推荐等方面的合作，帮助学校提升办学质量，增强学生的就业竞争力。

四、与院校的合作模式

- 数字艺术专业学生的培训 & 考证
- 数字艺术专业教材
- 合作办学
- 师资培训
- 学生实习实训
- 项目合作

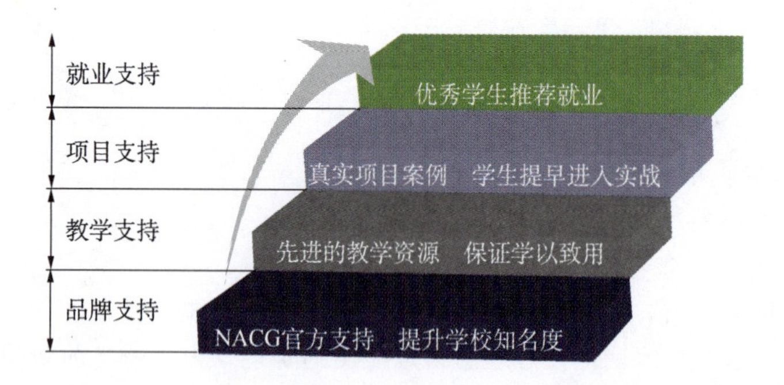

五、NACG发展历程

- NACG自2006年9月正式发布以来，以高品质的课程、优良的服务，得到了越来越多合作院校的认可
- 2007年1月获得包括文化部、教育部、广电总局、新闻出版总署、科技部在内的十部委扶

持动漫产业部级联席会议的高度赞赏与认可，并由各部委协助大力推广

- 2007 年 5 月在上海建立了动漫游戏实训中心
- 2007 年 9 月受上海市信息委的委托开发动漫系列国家 653 知识更新培训课程，出版了一系列动漫游戏专业教材
- 2008 年与合作院校共同开发的“三维游戏角色制作”课程被评为教育部高职高专国家精品课程
- 2009 年 8 月出版了系列动漫游戏专业教材
- 2009 年 9 月 NACG 开发的“数码艺术”系列课程通过国家信息专业技术人才知识更新工程认定，正式被纳入国家信息技术 653 工程
- 2010 年 10 月纳入工业和信息化部主管的“全国信息化工程师”国家级培训项目
- 截至 2012 年 3 月，合作院校达到 300 多家
- 截至 2012 年 3 月，和教育部师资培训基地合作，共举办 20 期数字艺术师资培训，累计培训人数达 1 200 多人次，涉及动画、游戏、影视特效、平面及网页设计等课程
- 截至 2012 年 3 月，举办数字艺术高校技术讲座 260 余场、校企合作座谈会 60 多场
- 2012 年 5 月，组编“工信部全国信息化工程师—NACG 数字艺术人才培养工程指定教材/高等院校数字媒体专业‘十二五’规划教材”，由上海交通大学出版社出版

六、联系方式

全国服务热线：400 606 7968 或 02151097968

官方网站：www. nacg. org. cn

Email：info@nacg. org. cn

附录 2

全国信息化工程师——NACG 数字艺术人才培养工程培训及考试介绍

一、全国信息化工程师—NACG 数字艺术水平考核

全国信息化工程师水平考试是在国家工业和信息化部及其下属的人才交流中心领导下组织实施的国家级专业政府认证体系。该认证体系力求内容中立、技术知识先进、面向职业市场、通用知识和动手操作能力并重。NACG 数字艺术考核体系是专业针对数字艺术领域的教育认证体系。目前全国有近 300 家合作学校及众多数字娱乐合作企业，是目前国内政府部门主管的最权威、最专业的数字艺术认证培训体系之一。

二、NACG 考试宗旨

NACG 数字艺术人才培养工程培训及考试是目前数字艺术领域专业权威的考核体系之一。该认证考试由点到面，既要求学生掌握单个技术点，更注重实际动手及综合能力的考核。每个科目均按照实际生产流程，先要求考生掌握具体的技术点(即考核相应的软件使用技能)；再要求学生制作相应的实践作品(即综合能力考，要求考生掌握宏观的知识)，帮助学生树立全局观，为今后更高的职业生涯打下坚实基础。

三、NACG 认证培训考试模块

学校可根据自身教学计划，选择 NACG 数字艺术人才培养工程下不同的模块和科目组织学生进行培训考试。

由于培训科目不断更新，具体的培训认证信息请浏览www. nacg. org. cn 网站。

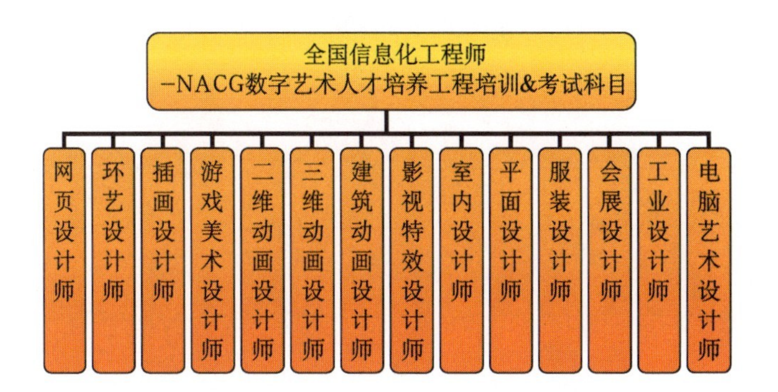

四、证书样本

通过考核者可以获得由工业和信息化部人才交流中心颁发的“全国信息化工程师”证书。

五、联系方式

全国服务热线：400 606 7968 或 02151097968

官方网站：www. nacg. org. cn

Email：info@nacg. org. cn